普通高等教育"十三五"规划教材
电工电子基础课程规划教材

模拟电子技术实验与课程设计

程春雨　主编

吴雅楠　高庆华　王　然　编著

电子工业出版社
Publishing House of Electronics Industry
北京·BEIJING

内 容 简 介

全书内容分为三大部分：常用电子仪器的使用、模拟电子技术基础实验、模拟电子技术课程设计。第一部分介绍模拟电子技术实验用到的几种常用电子仪器设备：万用表、直流稳压电源、信号发生器、示波器、毫伏表、面包板。第二部分主要包括：常用二极管的使用、单管放大电路、射极耦合差分放大电路、集成运放的线性应用、波形的产生与变换电路。第三部分介绍几个典型的模拟电子技术课程设计实验教学案例：电源电路设计、音响系统设计、压控函数发生器、温度检测与控制系统、直流电机PWM调速系统设计、模拟滤波器设计、晶体三极管输出特性曲线测试系统设计。

本书可作为电气工程及自动化、电子信息工程、电子科学与技术、通信工程、微电子科学与工程、光电信息科学与工程、信息工程、自动化、计算机科学与技术、测控技术与仪器等专业的教材，也可以作为相关实验教师的参考用书。

未经许可，不得以任何方式复制或抄袭本书之部分或全部内容。
版权所有，侵权必究。

图书在版编目（CIP）数据

模拟电子技术实验与课程设计 / 程春雨主编. —北京：电子工业出版社，2016.2
电工电子基础课程规划教材
ISBN 978-7-121-27882-2

I. ①模… II. ①程… III. ①模拟电路－电子技术－实验－高等学校－教材 ②模拟电路－电子技术－课程设计－高等学校－教材 IV. ①TN710-33

中国版本图书馆 CIP 数据核字（2015）第 304214 号

策划编辑：王晓庆
责任编辑：王晓庆
印　　刷：北京捷迅佳彩印刷有限公司
装　　订：北京捷迅佳彩印刷有限公司
出版发行：电子工业出版社
　　　　　北京市海淀区万寿路 173 信箱　　邮编：100036
开　　本：787×1092　1/16　　印张：12.5　　字数：320 千字
版　　次：2016 年 2 月第 1 版
印　　次：2024 年 8 月第 8 次印刷
定　　价：29.80 元

凡所购买电子工业出版社图书有缺损问题，请向购买书店调换。若书店售缺，请与本社发行部联系，联系及邮购电话：(010) 88254888，88258888。
质量投诉请发邮件至 zlts@phei.com.cn，盗版侵权举报请发邮件至 dbqq@phei.com.cn。
本书咨询联系方式：(010) 88254113，wangxq@phei.com.cn。

前　言

本书的编写主要参照现行普通高等理工科院校电子类相关专业模拟电子技术实验教学大纲、模拟电子技术实验教材和模拟电子技术课程设计教材编写而成，其中大部分实验内容是我校相关实验教师多年实践教学工作的整理与总结。

本书按总学时 16～60 学时编写，实验内容分为三大部分：常用电子仪器的使用、模拟电子技术基础实验、模拟电子技术课程设计。其中第一部分主要介绍模拟电子技术实验用到的几种电子仪器设备：直流稳压电源、信号发生器、万用表、毫伏表、示波器、面包板。第二部分主要包括：常用二极管的使用、单管放大电路的设计与实现、射极耦合差分放大电路的设计与实现、集成运放的线性应用、波形的产生与变换电路等。本部分实验内容通过对模拟电子技术基础知识和基本原理的复习与应用，加强学生对专业基础理论知识的学习，培养学生运用常用电子元器件设计实用电路的综合实践能力。第三部分主要介绍几个典型的模拟电子技术课程设计实验教学案例：电源电路的设计与实现、音响系统的设计与实现、压控函数发生器的设计与实现、温度检测与控制系统的设计与实现、直流电机 PWM 调速系统的设计与实现、模拟滤波器的设计与实现、晶体三极管输出特性曲线测试系统的设计与实现。本部分实验内容通过对典型的实验教学案例进行具体详细的分析，帮助学生全面复习模拟电子技术理论知识，学习系统电路设计的基本概念，掌握系统电路设计的基本方法，充分理解信号的灵敏度、动态范围、系统带宽、级间的干扰与匹配、常用电子元器件的选择依据和方法等工程设计基础知识。

从基础实验内容介绍到系统电路设计举例，本书实验内容丰富、覆盖面广。本书通过由浅入深、循序渐进的方式，帮助学生全面复习模拟电子技术基础理论知识，学习电路系统设计的基本方法，是一本比较实用的实验教材和教学参考书。

全书内容由程春雨老师负责组织，其中第 1 章由吴雅楠老师编写；第 2～10 章、第 13 章由程春雨老师编写，其中的部分图片由吴雅楠老师提供；第 11 章由高庆华老师编写；第 12 章是在吴雅楠老师指导下由王然编写的。

全书大部分实验内容都已经用于大连理工大学模拟电子技术实验和模拟电子技术课程设计的实际教学，经过了多年的实验教学验证。

在本书的编写过程中，得到了大连理工大学"模拟电子技术"理论教学组组长林秋华教授的支持和指导，实验教学组郭学满老师参与审阅了部分章节内容并提出了宝贵的修改意见。在本书的编写过程中，还得到了阮建涛、陈建辉、陈龙喜、屠睿博、尹宝杰等学生的支持和协助。在此对所有帮助过我们的老师、学生及电子工业出版社的王晓庆编辑表示诚挚的谢意！

由于编者水平有限，加之时间仓促，书中难免有许多不足之处，恳请使用本书的广大师生批评指正。

作　者

2016 年 1 月

目　　录

第一部分　常用电子仪器的使用

第1章　常用电子仪器的使用 ... 2
1.1　万用表 ... 2
1.1.1　主要技术指标 ... 2
1.1.2　面板及显示介绍 ... 2
1.1.3　测量方法 ... 3
1.2　直流稳压电源 ... 5
1.2.1　GPS-2303C 型直流稳压电源的主要性能指标 ... 5
1.2.2　面板介绍 ... 5
1.2.3　GPS-2303C 型直流稳压电源的使用方法 ... 6
1.3　信号发生器 ... 8
1.3.1　主要性能指标 ... 8
1.3.2　TFG6025A 型任意波形发生器界面介绍 ... 9
1.3.3　TFG6025A 型任意波形发生器使用说明 ... 10
1.4　示波器 ... 12
1.4.1　主要技术指标 ... 12
1.4.2　显示区域介绍 ... 12
1.4.3　控制面板介绍 ... 13
1.4.4　波形参数的测量方法 ... 15
1.4.5　测量举例 ... 17
1.5　毫伏表 ... 18
1.5.1　GVT-417B 型毫伏表使用注意事项 ... 19
1.5.2　GVT-417B 型毫伏表面板介绍 ... 19
1.5.3　GVT-417B 型毫伏表操作方法 ... 20
1.6　面包板 ... 20
1.6.1　面包板的结构及导电机制 ... 20
1.6.2　面包板的使用方法及注意事项 ... 21

第二部分　模拟电子技术基础实验

第2章　常用二极管的使用 ... 24
2.1　预习思考题 ... 24
2.2　实验电路的设计与测量 ... 24
2.2.1　通用二极管的电路设计与参数测量 ... 24
2.2.2　发光二极管的电路设计与参数测量 ... 25
2.2.3　稳压二极管的电路设计与参数测量 ... 25

	2.2.4 双向稳压管的电路设计与参数测量	25
	2.2.5 整流电路的设计与参数测量	25
	2.2.6 双色发光二极管的电路设计与参数测量	26
	2.2.7 数码管驱动电路的设计与测量	26
	2.2.8 光电二极管的使用与测量	26
2.3	常用二极管电路设计基础	27
	2.3.1 二极管的基本特性	27
	2.3.2 二极管的主要参数	28
2.4	常用二极管介绍	29
	2.4.1 整流二极管	29
	2.4.2 常用小功率二极管	30
	2.4.3 肖特基二极管	31
	2.4.4 发光二极管	31
	2.4.5 稳压二极管	32
	2.4.6 双向稳压管	34
	2.4.7 双色发光二极管	35
	2.4.8 数码管	36
	2.4.9 光电二极管	37
2.5	常用二极管主要技术参数	37
	2.5.1 普通二极管	37
	2.5.2 发光二极管	38
	2.5.3 稳压二极管	38
	2.5.4 双向稳压管	40

第3章 单管放大电路 … 41

3.1	预习思考题	41
3.2	实验电路的设计与测试	41
	3.2.1 晶体三极管单管放大电路静态工作点的设置与测试	41
	3.2.2 共发射极单管放大电路的设计与测试	42
	3.2.3 共集电极单管放大电路的设计与测试	44
	3.2.4 共基极单管放大电路的设计与测试	44
	3.2.5 放大电路输入阻抗的测试	44
	3.2.6 放大电路输出阻抗的测试	46
3.3	晶体三极管单管放大电路设计基础	46
	3.3.1 晶体三极管的引脚判别	46
	3.3.2 晶体三极管的主要技术参数	47
	3.3.3 晶体三极管单管放大电路	47
	3.3.4 共发射极单管放大电路的伏安特性曲线	50
3.4	常用小功率晶体三极管	52

第4章 射极耦合差分放大电路 … 53

4.1	预习思考题	53

	4.2	实验电路的设计与测试	53
		4.2.1 电阻负反馈射极耦合差分放大电路的设计与测试	54
		4.2.2 恒流源负反馈射极耦合差分放大电路的设计与测试	55
		4.2.3 两种不同负反馈方式下射极耦合差分放大电路的设计与比较	55
	4.3	射极耦合差分放大电路设计	57
		4.3.1 射极耦合差分放大电路	58
		4.3.2 电阻负反馈射极耦合差分放大电路	60
		4.3.3 恒流源负反馈射极耦合差分放大电路	61
		4.3.4 共模抑制比 K_{CMR}	61
		4.3.5 射极耦合差分放大电路的电压传输特性	62

第 5 章 集成运放的线性应用 ... 64

	5.1	预习思考题	64
	5.2	实验电路的设计与测试	64
		5.2.1 反相比例放大器的设计与实现	65
		5.2.2 反相加法器的设计与实现	65
		5.2.3 同相比例放大电路的设计与实现	66
		5.2.4 求差电路的设计与实现	67
		5.2.5 积分运算电路的设计与实现	68
		5.2.6 微分运算电路的设计与实现	68
	5.3	集成运算放大器	69
		5.3.1 集成运算放大器的主要技术参数	70
		5.3.2 使用集成运放需要注意的几个问题	70
	5.4	集成运放线性应用电路设计基础	71
		5.4.1 反相放大电路	71
		5.4.2 同相放大电路	72
		5.4.3 电压跟随器	73
		5.4.4 求差电路	73
		5.4.5 积分电路	74
		5.4.6 微分电路	75
	5.5	常用集成运放介绍	76
		5.5.1 集成运放的种类及其应用	76
		5.5.2 单运放 μA741/LM741	76
		5.5.3 双运放 LM358	77
		5.5.4 四运放 LM324	78
		5.5.5 集成运放 NE5532	79

第 6 章 波形的产生与变换电路 ... 80

	6.1	预习思考题	80
	6.2	实验电路的设计与测试	80
		6.2.1 RC 桥式正弦波振荡电路的设计与测试	80
		6.2.2 单门限电压比较器的设计与测试	81

	6.2.3 迟滞比较器的设计与测试	81
	6.2.4 窗口电压比较器的设计与测试	81
6.3	波形的产生与变换电路设计基础	82
	6.3.1 振荡电路起振后的平衡条件	82
	6.3.2 RC 桥式正弦波振荡电路起振后的平衡条件	82
	6.3.3 RC 桥式正弦波振荡电路的建立与稳定	84
	6.3.4 单门限电压比较器	86
	6.3.5 迟滞电压比较器	87
	6.3.6 窗口电压比较器	90
6.4	集成电压比较器	90
	6.4.1 双电压比较器 LM393	91
	6.4.2 四电压比较器 LM339	92

第三部分　模拟电子技术课程设计

第 7 章　电源电路设计　94

7.1　设计要求及注意事项　94
- 7.1.1　设计要求　94
- 7.1.2　注意事项　94

7.2　设计指标　95
7.3　系统设计框图　95
7.4　设计分析　95
- 7.4.1　电压变换电路　95
- 7.4.2　整流电路　97
- 7.4.3　滤波电路　99
- 7.4.4　稳压电路　101

第 8 章　音响系统设计　109

8.1　设计要求及注意事项　109
- 8.1.1　设计要求　109
- 8.1.2　注意事项　109

8.2　设计指标　110
8.3　系统框图　110
8.4　设计分析　110
- 8.4.1　电源电路　110
- 8.4.2　语音放大电路　111
- 8.4.3　前置混合放大电路　113
- 8.4.4　音调控制电路　114
- 8.4.5　音量控制电路　120
- 8.4.6　功率放大电路　122
- 8.4.7　音响系统设计电路原理图　130

第9章 压控函数发生器 131
9.1 设计要求及注意事项 131
9.1.1 设计要求 131
9.1.2 注意事项 131
9.2 设计指标 132
9.3 系统设计框图 132
9.4 设计分析 133
9.4.1 直流电压产生电路 133
9.4.2 极性变换电路 134
9.4.3 三角波产生电路 136
9.4.4 反馈控制信号产生电路和方波产生电路 138
9.4.5 正弦波产生电路 140
9.4.6 增益连续可调电压放大电路 142
9.4.7 压控函数发生器电路原理图 142

第10章 温度检测与控制系统 144
10.1 设计要求和注意事项 144
10.1.1 设计要求 144
10.1.2 注意事项 144
10.2 设计指标 145
10.3 系统框图 145
10.4 设计分析 146
10.4.1 信号采集电路 146
10.4.2 信号放大电路 148
10.4.3 温度检测电路 149
10.4.4 控制状态指示电路 150
10.4.5 控制执行电路 151
10.4.6 温度检测与控制系统电路原理图 152

第11章 直流电机PWM调速系统设计 154
11.1 设计要求及注意事项 154
11.1.1 设计要求 154
11.1.2 注意事项 154
11.2 设计指标 155
11.3 系统框图 155
11.4 设计分析 155
11.4.1 数码管显示模块 156
11.4.2 直流电机驱动模块 158

第12章 模拟滤波器设计 162
12.1 设计要求及注意事项 162
12.1.1 设计要求 162
12.1.2 注意事项 162

12.2 设计任务 162
12.3 模拟滤波器基本概念 163
12.3.1 滤波器常用定义 163
12.3.2 滤波器的分类 163
12.3.3 传递函数 164
12.3.4 传递函数（零、极点）反映滤波器本质 165
12.4 滤波器的设计方法 165
12.4.1 单极点 RC 滤波器 166
12.4.2 萨伦·基滤波电路 166
12.5 设计举例（以二阶低通萨伦·基滤波器为例） 167
12.5.1 最大平坦型（巴特沃斯型）滤波器设计 167
12.5.2 等波纹型（切比雪夫型）滤波器设计 169
12.5.3 高阶滤波器设计 171
12.6 状态变量滤波器 171
12.7 借助软件进行滤波器设计 172
12.7.1 Filter Wizard 滤波器设计向导（推荐使用） 172
12.7.2 FILTERPRO 173
12.8 有源器件（运放）的局限性 173

第 13 章 晶体三极管输出特性曲线测试系统设计 174
13.1 设计要求和注意事项 174
13.1.1 设计要求 174
13.1.2 注意事项 175
13.2 设计指标 175
13.3 系统框图 175
13.4 设计分析 175
13.4.1 矩形波产生电路 176
13.4.2 阶梯波产生电路 179
13.4.3 锯齿波产生电路 181
13.4.4 电压变化及测试电路 182
13.4.5 晶体三极管输出特性曲线系统电路原理图 183

附录 A 电阻标称值和允许偏差 184
附录 B 陶瓷电容器和钽电容器 185
附录 C 电感 186
附录 D 二极管和三极管 187
参考文献 189

第一部分

常用电子仪器的使用

第1章 常用电子仪器的使用

1.1 万 用 表

万用表又称多用表,它可以用来测量交直流电压、交直流电流、电阻等,是电子测量中最常用的仪表之一。UT39E 是一种功能齐全、性能稳定、结构新颖、安全可靠、高精度的手持式手动切换量程数字万用表。它具有 28 个测量挡位。整机电路设计以大规模集成电路、双积分 A/D 转换器为核心,并配以全功能过载保护,可用于测量交直流电压和电流、电阻、电容、频率、三极管的放大倍数 β、二极管正向压降及电路通断,具有数据保持和睡眠功能。

1.1.1 主要技术指标

UT39E 万用表主要技术指标如表 1.1.1 所示。

表 1.1.1 UT39E 万用表主要技术指标

基本功能	量 程	基本精度
直流电压	200mV/2V/20V/200V/1000V	±(0.05%+3)
交流电压	2V/20V/200V/750V	±(0.5%+10)
直流电流	2mA/200mA/20A	±(0.5%+5)
交流电流	2mA/200mA/20A	±(0.8%+10)
电阻	200Ω/2kΩ/20kΩ/2MΩ/20MΩ	±(0.3%+1)
电容	2nF/20nF/200nF/20μF	±(0.4%+10)
频率	2kHz/20kHz	±(1.5%+5)
特殊功能		
二极管测试通断蜂鸣、三极管测试、睡眠模式、低电压显示、数据保持等		
电压输入阻抗	10MΩ	
最大显示	19999	

1.1.2 面板及显示介绍

1. 面板介绍

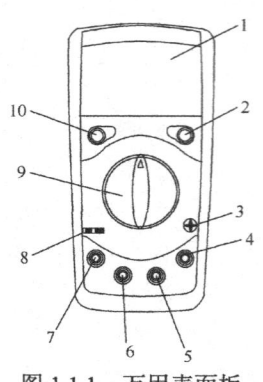

图 1.1.1 万用表面板

UT39E 型数字万用表的面板如图 1.1.1 所示,各部件名称如下。

(1) LCD 显示器;

(2) 数据保持选择按键 HOLD,按一下该键,LCD 上保持显示当前测量的数据,再按一下该键,则退出数据保持显示状态;

(3) 晶体管放大倍数测试输入座;

(4) 公共输入端;

(5) 其余测量输入端;

(6) 200mA 量程及以下电流测量输入端;

(7) 20A 量程电流测量输入端;

（8）电容测试座；

（9）功能/量程开关；

（10）电源开关 POWER，电源开关键，按键按下，电源打开，按键抬起，电源关闭。

2．显示符号介绍

UT39E 型数字万用表屏幕显示符号如图 1.1.2 所示，各显示符号说明如表 1.1.2 所示。

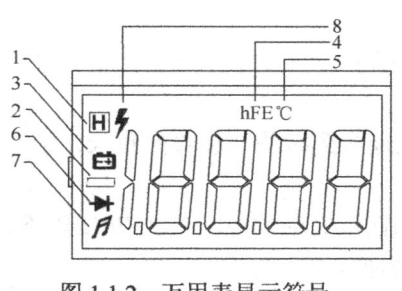

图 1.1.2 万用表显示符号

表 1.1.2 各显示符号说明

1	H	数据保持提示符
2	—	显示负的读数
3		电池欠压提示符
4	hFE	显示晶体管放大倍数标识
5	℃	温度：摄氏度符号
6		二极管测量提示符
7		电路通断测量提示符
8		高压提示符

1.1.3 测量方法

1．交/直流电压测量

（1）将红表笔插入 VΩ 插孔，黑表笔插入 COM 插孔，如图 1.1.3 所示；

（2）将功能/量程开关置于交流电压（V～）/直流电压（V⎓）挡位相应的量程上，并将测试表笔并联到待测电源或负载上；

（3）从显示器上读取测量结果。

2．交/直流电流测量

（1）将红表笔插入 mA 或 20A 插孔（当测量 200mA 以下的电流时，插入 mA 插孔；当测量 200mA 及以上的电流时，插入 20A 插孔），黑表笔插入 COM 插孔，如图 1.1.4 所示；

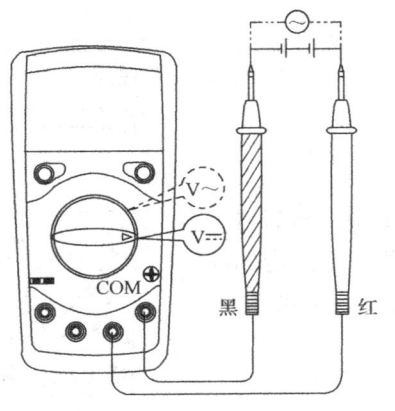

图 1.1.3 电压测量连接图

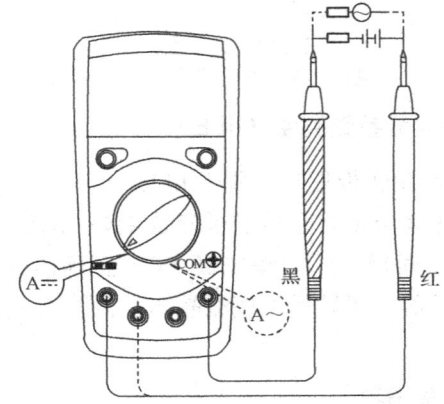

图 1.1.4 电流测量连接图

（2）将功能/量程开关置于交流电流（A～）/直流电流（A⎓）挡位相应的量程上，并将测试表笔串联接入待测负载回路中；

（3）从显示器上读取测量结果。

3．电阻测量

（1）将红表笔插入 VΩ 插孔，黑表笔插入 COM 插孔，如图 1.1.5 所示；

（2）将功能开关置于 Ω 量程，将测试表笔并联接到待测电阻上；

（3）从显示器上读取测量结果。

4．二极管和蜂鸣通断测量

（1）将红表笔插入 VΩ 插孔，黑表笔插入 COM 插孔；

（2）将功能开关置于二极管和蜂鸣通断测量挡位；

（3）如将红表笔连接到待测二极管的正极，黑表笔连接到待测二极管的负极，则 LCD 上的读数为二极管正向压降的近似值；

（4）将表笔连接到待测线路的两端，如果被测线路两端之间的电阻值在 70Ω 以下，则仪表内置蜂鸣器发声，同时 LCD 显示被测线路两端的电阻值。

5．电容测量

（1）将功能开关置于电容量程挡；

（2）将待测电容插入电容测试座，选择合适的量程，如图 1.1.6 所示；

（3）从显示器上读取测量数据。

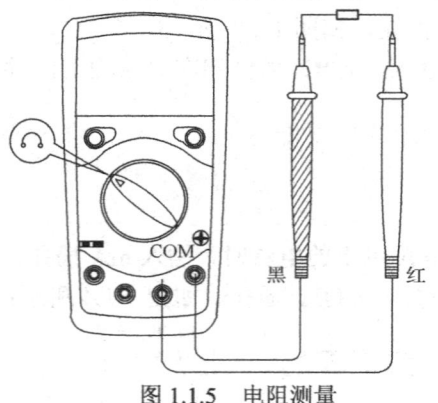

图 1.1.5　电阻测量

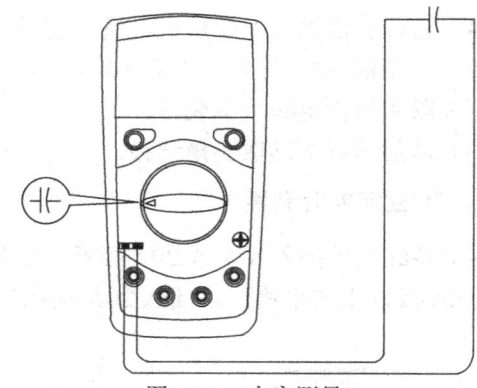

图 1.1.6　电容测量

6．晶体管参数测量（hFE）

（1）将功能/量程开关置于 hFE；

（2）先确定待测晶体三极管是 PNP 型还是 NPN 型，然后将基极（B）、发射极（E）、集电极（C）正确插入四脚测试座对应的插孔内，显示器上即显示出被测晶体三极管的 h_{FE} 近似值，如图 1.1.7 所示。

图 1.1.7　晶体管参数测量

7．注意事项

（1）当不知道被测电压的量程范围时，应将功能/量程开关旋至最大量程，再根据读数调低量程；

（2）当 LCD 只在最高位上显示"1"时，说明被测数据已经超出当前量程，须调高量程；

（3）不要用该万用表测高于 1000V DC 的直流电压和有效值高于 $750V_{rms}$ 的交流电压。测量高压时，要格外注意，应避免用身体接触，以防止触电；

（4）用 200Ω 和 $200M\Omega$ 量程测量电阻时，应先将表笔短接，测出表笔引线引入的误差，然后在实测值中减去误差，最后才能得到较为准确的被测电阻值；

（5）测量大电阻时，须数秒钟后方可读到较为稳定的数据；

（6）测量电容时，须先将电容充分放电。

1.2 直流稳压电源

电源电路是一切电子设备的基础，直流稳压电源可以为各种电子线路提供稳定的直流电压源，当电网电压或负载电阻发生变化时，要求直流稳压电源输出的电压应保持相对稳定。实验室使用的 GPS-2303C 型直流稳压电源是由两组相互独立、性能相同、可连续调整的直流电源组成的。它拥有过载及反向极性保护，可应用于逻辑线路和追踪式正负电压误差非常小的精密仪器系统上。

1.2.1 GPS-2303C 型直流稳压电源的主要性能指标

GPS-2303C 型直流稳压电源有三种工作模式：独立输出、串联追踪输出和并联追踪输出。主要性能指标如下。

输入电压：$220V\pm10\%$，50/60Hz

独立模式：两路独立的直流电源输出：电压 0～30V、电流 0～3A

串联模式：输出电压 0～60V、输出电流 0～3A

     电源变动率（源效应）≤0.01%+5mV

     负载变动率（负载效应）≤300mV

并联模式：输出电压 0～30V，输出电流 0～6A

     电源变动率≤0.01%+3mV

     负载变动率≤0.01%+3mV（额定电流≤3A）

     负载变动率≤0.02%+5mV（额定电流>3A）

纹波和噪声（5Hz～1MHz）：$CV\leq1mV_{rms}$

纹波电流：$CA\leq3mA_{rms}$

1.2.2 面板介绍

GPS-2303C 型直流稳压电源前面板结构如图 1.2.1 所示。

（1）POWER——电源开关；

（2）Meter V——显示 CH1 的输出电压；

（3）Meter A——显示 CH1 的输出电流；

（4）Meter V——显示 CH2 的输出电压；

（5）Meter A——显示 CH2 的输出电流；

（6）VOLTAGE Control Knob——调整 CH1 输出电压，并在并联或串联追踪模式时，用于最大输出电压调整；

（7）CURRENT Control Knob——调整 CH1 输出电流，并在并联模式时，用于最大输出电流调整；

（8）VOLTAGE Control Knob——用于独立模式时，CH2 输出电压的调整；

（9）CURRENT Control Knob——用于 CH2 输出电流的调整；

（10）C.V./C.C.指示灯——C.V./C.C.绿灯亮时，CH1 的输出为恒压源；C.V./C.C.红灯亮时，CH1 的输出为恒流源；

（11）C.V./C.C.指示灯——C.V./C.C.绿灯亮时，CH2 的输出为恒压源；C.V./C.C.红灯亮时，CH2 的输出为恒流源；

（12）OUTPUT——输出开关，打开/关闭输出；

（13）"+"输出端子——CH1 正极输出端子；

（14）"-"输出端子——CH1 负极输出端子；

（15）GND 端子——大地和机壳接地端子；

（16）"+"输出端子——CH2 正极输出端子；

（17）"-"输出端子——CH2 负极输出端子；

（18）TRACKING（追踪模式按键）——两个按键可选择 INDEP（独立）、SERIES（串联）、PARALLEL（并联）三种追踪模式。

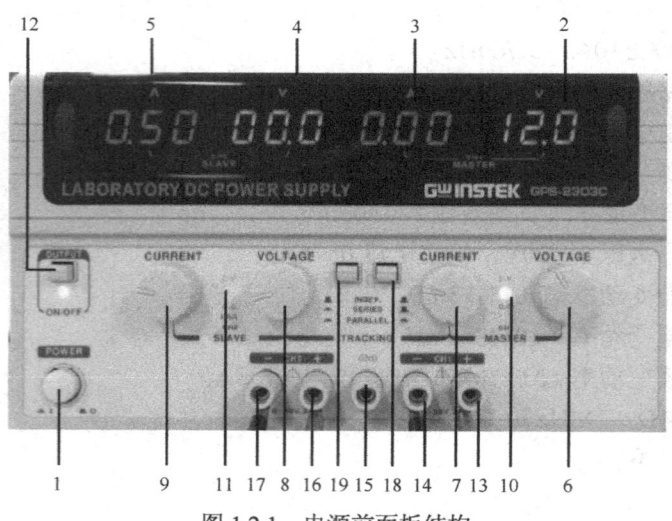

图 1.2.1 电源前面板结构

1.2.3 GPS-2303C 型直流稳压电源的使用方法

GPS-2303C 型直流电源具有恒压/恒流自动转换功能。作电压源使用时，当输出电流达到预定值时，会自动将电压输出转换成电流输出。作电流源使用时，当输出电压达到预定值时，会自动将电流输出转换成电压输出。

GPS-2303C 型直流电源有三种工作模式：独立输出、串联追踪输出和并联追踪输出。

1. 独立输出模式（Independent）

当设定为独立输出模式时，CH1 和 CH2 为分别独立的两组电源，可单独或两组同时使用，连接方式如图 1.2.2(a)所示。

在设定电流限制下，独立输出模式给出两组独立的电源 CH1 和 CH2，分别可以提供 0～设定值的输出电压，设定流程如下。

（1）按下电源开关，开启电源。

（2）将设定追踪 TRACKING 模式的两个按键同时抬起，设定电源为独立输出模式。

（3）按下电源输出开关 OUTPUT，状态指示灯点亮。

（4）选择输出通道，如 CH1。将 CH1 的电流调节旋钮调至设定限流点（超载保护），CH1 输出电压调节旋钮调至设定电压值。

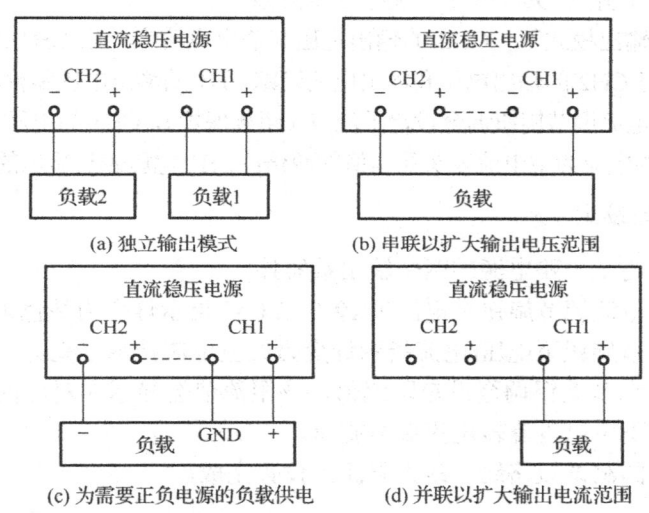

图 1.2.2 直流稳压电源几种使用方式

2. 串联追踪输出模式（Series Tracking）

当设定为串联追踪输出模式时，在电源内部，CH2 输出端的正极自动与 CH1 输出端的负极连接，此时 CH1 为主电源，CH2 为从电源，CH1 的电压调节旋钮可以同时调节 CH1 和 CH2 的输出电压，设定流程如下。

（1）按下电源开关，开启电源。

（2）将设定追踪 TRACKING 模式的左边按键按下，右边按键抬起，设定电源为串联追踪模式。

（3）按下电源输出开关 OUTPUT，状态指示灯点亮。

（4）将 CH1 和 CH2 的电流调节旋钮调至设定限流点（超载保护），CH1 输出电压调节旋钮调至设定电压值。此时实际输出的电压值为 CH1 表头显示电压值的两倍，实际输出的电流值可以直接从 CH1 或 CH2 的电流表头读出。

（5）单电源供电方式如图 1.2.2(b)所示，CH2 的负端接负载地，CH1 的正端接负载的正电源，此时两端提供的电压为主控输出电压显示值的两倍。注意：串联追踪输出模式输出电压超过 60V DC 时，将对使用者造成危险。

(6) 双电源供电连接如图 1.2.2(c)所示，在电源内部，CH2 输出端的正极自动与 CH1 输出端的负极连接后一起作为参考地，此时 CH2 的负端相对于参考地输出负电压，CH1 的正端相对于参考地输出正电压。

3. 并联追踪输出模式（Parallel Tracking）

当设定为并联追踪输出模式时，CH1 为主电源，CH2 为从电源。在电源内部，CH1 输出端的正极和负极自动与 CH2 输出端的正极和负极两两互相连接，此时，CH1 表头显示两路并联电源输出的电压值，输出连接如图 1.2.2(d)所示，设定流程如下：

（1）按下电源开关，开启电源。
（2）将设定追踪 TRACKING 模式的两个按键同时按下，设定电源为并联追踪输出模式。
（3）按下电源输出开关 OUTPUT，状态指示灯点亮。
（4）在并联追踪输出模式下，CH2 的输出电压和输出电流完全由 CH1 的电压调节旋钮和电流调节旋钮控制，并且 CH2 的输出电压和输出电流追踪 CH1 的输出电压和输出电流，即两路输出同时变化。将 CH1 的电流调节旋钮调至设定限流点（超载保护），CH1 的电压调节旋钮调至设定电压值。电源实际输出的电流为主电流表头显示值的两倍；CH1 电压表头显示的是实际输出电压。

4. 最大限流点的设定

（1）用测试导线将某一路电源的两个输出端短接。
（2）顺时针旋转电流调节旋钮至电压/电流 C.V./C.C.指示灯变为绿色电压指示灯亮，然后再顺时针旋转电压调节旋钮至电压/电流指示灯变为红色电流指示灯亮。
（3）将电流输出调节旋钮调至设定限流值，该限流值会显示在对应的电流表头上。最大限流点一旦设定，就不可以再旋转电流调节旋钮。
（4）拿掉输出端的测试短路线，最大限流点设置完成。

1.3 信号发生器

信号发生器也称为任意波形发生器，可以产生不同波形和频率的待测信号，是电子测量中经常使用的仪器之一。本实验室使用的是 TFG6025A 型任意波形发生器。

TFG6025A 型任意波形发生器采用直接数字合成技术（DDS）、大规模集成电路（LSI）、软核嵌入式系统（SOPC），具有优异的技术指标和强大的功能特性，能快速实现多种待测波形的输出。

1.3.1 主要性能指标

TFG6025A 型任意波形发生器的主要性能指标如表 1.3.1 所示。

表 1.3.1 TFG6025A 型任意波形发生器的主要性能指标

产品型号		TFG6025A
频率特性	频率范围	正弦波：1μHz～25MHz　方波：1μHz～15MHz 脉冲波：1μHz～5MHz　斜波：1μHz～1MHz 任意波：1μHz～5MHz
	频率分辨率	1μHz
	准确度	±20ppm

续表

产品型号			TFG6025A
波形	标准波形		正弦波，方波，斜波，脉冲波，直流
	任意波形	固定	指数、对数、噪声等 5 种
		自制	心电波、地震波、阶梯波等 5 种
	振幅分辨率		14 位（包括符号位）
	采样率		100MSa/s
输出特性	幅度（偏移 0）	范围	$0\sim10V_{pp}$（50Ω）$0\sim20V_{pp}$（高阻）
		分辨率	$0.1mV_{pp}$
	偏移（幅度 0）	范围	±5V（50Ω），±10V（高阻）
		分辨率	1mV DC

1.3.2　TFG6025A 型任意波形发生器界面介绍

1．前面板介绍

TFG6025A 型任意波形发生器前面板如图 1.3.1 所示。

（1）电源开关；
（2）显示屏；
（3）单位软按键；
（4）选项软按键；
（5）功能按键；
（6）方向按键；
（7）调节旋钮；
（8）计数输入端口；
（9）同步输入端口；
（10）主输出端口；
（11）USB 接口。

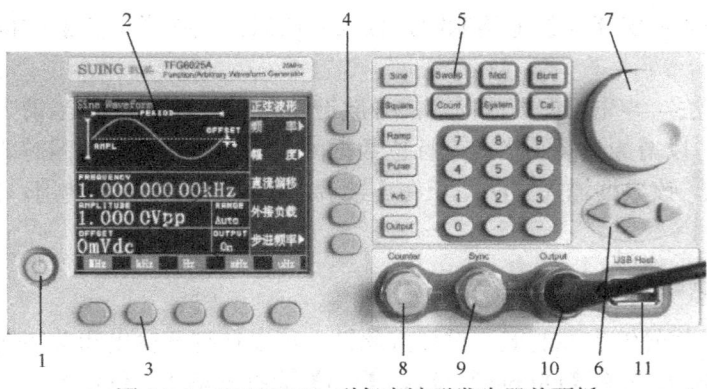

图 1.3.1　TFG6025A 型任意波形发生器前面板

2．显示区介绍

TFG6025A 型任意波形发生器显示区共分为以下 5 个部分，如图 1.3.2 所示。
（1）功能菜单区；

（2）波形显示区；
（3）选项菜单区；
（4）参数显示区；
（5）单位显示区。

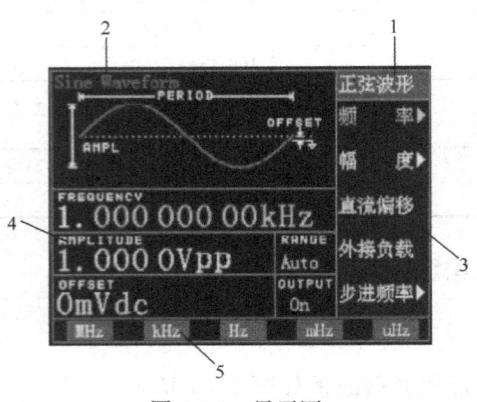

图 1.3.2　显示区

3．键盘说明

TFG6025A 型任意波形发生器有 24 个带有键名的键，用符号【】表示。屏幕右边有 5 个空白键，称为选项软按键，屏幕下边有 5 个空白键，称为单位软按键，不带键名按键的定义是随着不同应用而变化的，用符号【】表示。调节旋钮下面有 4 个导航键，用【↑】【↓】【←】【→】表示。长按某一按键时间超过 1s 时，会自动显示该按键在当前状态下的帮助信息。

1.3.3　TFG6025A 型任意波形发生器使用说明

1．两种数据输入方法——键盘输入法和旋钮输入法

（1）键盘输入法——数据用数字键【0～9】、小数点键【·】、负号键【–】输入，发生错误时，可以用向左的导航键【←】退格删除，输入完成后必须按【单位】软按键结束，否则输入的数据无效。

（2）旋钮输入法——先用向左或向右的导航键【←】【→】确定好当前光标的位置，然后旋转【调节旋钮】，以增加或减小当前光标位数据的大小，数字改变的同时即刻生效，无须按单位键即结束输入。该数据输入方法适于在连续调节参数值的情况下使用，光标位向左移动，旋钮转动可以粗调。

2．输出控制按键 Output

【Output】——信号输出控制键，循环按此键，可以在打开输出和关闭输出两种状态下切换，由显示区内的输出状态【Output】指示，【On】为打开输出，【Off】为关闭输出。

3．设置输出频率

如果要将频率设置为 2.5kHz，可按下列步骤操作：
（1）按【频率】软按键，选中"频率"选项，"频率"显示为绿色；

（2）按数字键【2】【·】【5】输入数据参数值，绿色参数显示为：2.5_；
（3）按【kHz】软按键输入数据的单位，绿色参数显示为：2.500 000 00kHz；
（4）单位软按键按下后，仪器即按照新设置的参数改变输出波形的频率；
（5）也可以使用大旋钮和【←】【→】按键相结合，连续改变输出波形的频率；
（6）按【频率】软按键，选中"周期"选项，可以设置周期参数。

4．设置输出幅度

如果要将幅度设置为 $3.6V_{rms}$，可按下列步骤操作：
（1）按【幅度】软按键，选中"幅度"选项，"幅度"显示为绿色；
（2）按数字键【3】【·】【6】输入数据参数值，绿色参数显示为：3.6_；
（3）按【Vrms】软按键，输入数据的单位，绿色参数显示为：3.600 0Vrms；
（4）单位软按键按下后，仪器即按照新设置的参数改变输出波形的幅度；
（5）也可以使用大旋钮和【←】【→】按键相结合，连续改变输出波形的幅度；
（6）按【Vpp】或【mVpp】单位软按键，幅度显示为峰峰值。按【Vrms】或【mVrms】单位软按键，幅度显示为有效值。

5．频率/幅度步进

按【步进频率】软按键，选中"步进频率"选项，设置一个步进频率值，如 2.5kHz。再按【频率】软按键，选中"频率"选项。然后每按一次【↑】按键，频率增加 2.5kHz；每按一次【↓】按键，频率减少 2.5kHz。使用这个方法，可以非常方便地输出一系列步进递增和步进递减的频率序列。

按【步进幅度】软按键，选中"步进幅度"选项，设置一个步进幅度值，如 1.6V。再按【幅度】软按键，选中"幅度"选项。然后每按一次【↑】按键，幅度增加 1.6V；每按一次【↓】按键，幅度减少 1.6V。使用这个方法，可以非常方便地输出一系列步进递增和步进递减的幅度序列。

6．设置直流偏移

如果要将直流偏移设置为 $-25mV_{dc}$，可按下列步骤操作：
（1）按【直流偏移】软按键，选中"直流偏移"选项，"直流偏移"显示为绿色：0.000Vdc；
（2）按数字键【-】【2】【5】输入数字参数值，绿色参数显示：-25_；
（3）按【mVdc】软按键，输入数据的单位，绿色参数显示：-0.025Vdc；
（4）单位软按键按下以后，仪器即按照新设置的参数改变输出波形的直流偏移。也可以使用大旋钮和【←】【→】按键相结合，连续改变输出波形的直流偏移，过零点时，正负号能够自动变化。

7．幅度量程

TFG6025A 型任意波形发生器设有 0～50dB 衰减器，步进 10dB。按【幅度】软按键，选中"幅度量程"，输入数据 0 选择自动量程方式，界面中 RANGE 选项显示 Auto。输入数据 1，选择保持方式，RANGE 选项显示 Hold。开启电源时默认自动量程方式。

8. 外接负载

仪器的输出阻抗固定为 50Ω，外接负载上的实际电压值为负载阻抗与 50Ω 的分压比。当输出阻抗设置为大于 10kΩ 时，则显示为高阻。

如果实际外接负载与输出阻抗相等，则分压比等于 1。

如果实际外接负载与输出阻抗不相等，则分压比不确定。

输出阻抗可设置范围为 1Ω～10kΩ，当设置值大于 10kΩ 时，将自动显示为高阻。

1.4 示 波 器

示波器是一种用途十分广泛的电子测量仪器，利用示波器能观察不同信号幅度随时间变化的波形曲线，并测量多种信号参数，如电压、频率等。

示波器可分为模拟、数字两大类。模拟示波器有通用示波器、多束示波器、取样示波器、记忆示波器和专用示波器等，采用 CRT 屏显波形。数字示波器将输入信号数字化后，由 D/A 转换器输出重建波形，具有记忆、存储功能，所以又称为数字存储示波器。

1.4.1 主要技术指标

本实验室使用的是 Tektronix 公司生产的 TDS210 型双通道示波器。

示波器外观如图 1.4.1 所示，主要技术指标如下。

（1）通道数：2；

（2）带宽：60MHz，带宽限制 20MHz；

（3）取样速率：1.0GS/s；

（4）显示：黑白。

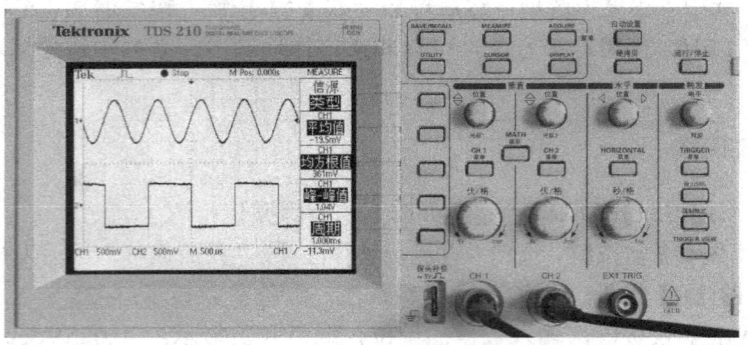

图 1.4.1　示波器外观图

1.4.2 显示区域介绍

在屏幕显示区，显示窗口除了显示波形图像外，在波形上方还显示许多有关波形和仪器控制设置有关的信息，下面将对照图 1.4.2 所示的示波器显示窗口逐一介绍。

（1）厂标；

（2）采样方式——采样/峰值检测/平均值，三选一；

（3）数据采集状态——"T Trig'd/·Stop/R Auto"正在采集/停止采集/准备采集；

（4）当前触发点的位置——用向下箭头"↓"指示；

（5）触发点的时延——触发点相对于屏幕中心零时刻的时间延迟"M Pos：×××s"；

（6）菜单名称——当前操作菜单的名称；

（7）通道标记——表明显示波形的通道号和接地参考点；

（8）箭头图标表示波形是反相的；

（9）各通道电压刻度比例尺，即纵坐标电压刻度；

（10）BW 图标表示通道是带宽限制状态；

（11）M ×××s 显示主时基比例尺，即横坐标时基刻度；

（12）触发方式和触发电平——边沿触发/视频触发。

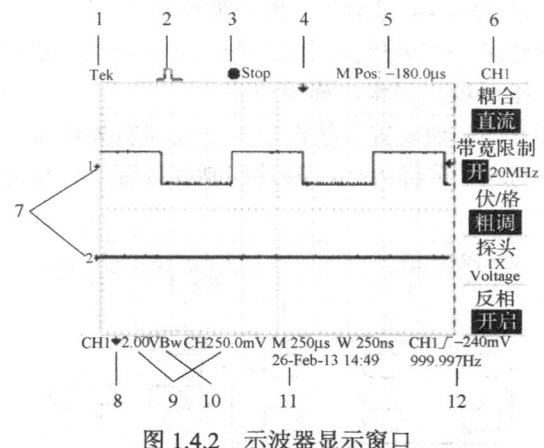

图 1.4.2　示波器显示窗口

1.4.3　控制面板介绍

数字存储示波器的用户界面可以通过菜单结构方便地访问特殊功能。按下前面板上的某一按钮，示波器将在显示屏的右侧显示相应的菜单。该显示菜单与对应面板右侧一列未标记名称的按钮相配合，根据菜单提示按下相应的选项按钮，即可实现选择项目的设置。示波器的控制面板主要分为菜单控件区、选项按钮区、垂直控件区、水平控件区、触发控件区，如图 1.4.3 所示。

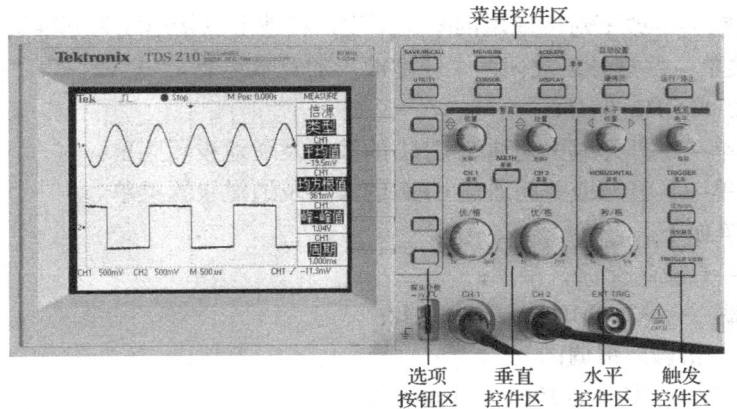

图 1.4.3　示波器面板

1. 菜单控件区

图 1.4.4 所示为数字存储示波器菜单控件区，各控制按钮功能如下。

（1）保存/调出（SAVE/RECALL）——显示设置波形的"保存/调出菜单"。

（2）测量（MEASURE）——显示"自动测量菜单"。

（3）采集（ACQUIRE）——显示"采集菜单"。

（4）显示（DISPLAY）——显示"显示菜单"。

（5）光标（CURSOR）——显示"光标菜单"。当按下 CURSOR 按键，显示光标菜单（CURSOR）时，光标菜单被激活，用"垂直位置"调节旋钮可以改变光标的位置。离开光标菜单（CURSOR）后，光标线保持显示（除非"类型"选项设置为"关闭"）但不可调整。

（6）辅助功能（UTILITY）——显示"辅助功能菜单"。

（7）运行/停止——在连续采集和停止采集两种状态下切换。连续采集时，波形显示是活动的，按下"运行/停止"键后停止采集，冻结波形。

（8）自动设置——按下"自动设置"按键后，示波器首先清屏，同时自动识别波形的类型，调整垂直刻度、水平刻度、采样方式、触发控制等设置，缩放并定位波形，最后将波形在刻度区内显示出来。

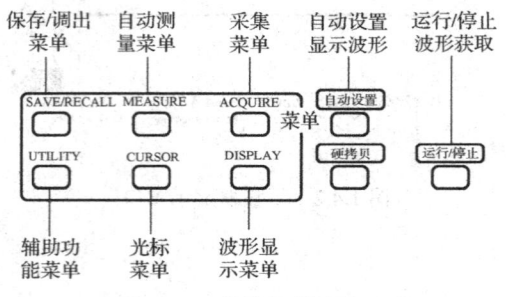

图 1.4.4 菜单控制按键区

2. 垂直控件区

图 1.4.5 所示为数字存储示波器垂直控件区，各控制按钮功能如下。

（1）垂直位置旋钮——调节波形在垂直方向向上或向下移动；

（2）伏/格旋钮——改变对应通道的垂直刻度，将波形以接地线为基准进行压缩或扩展；

（3）MATH 菜单——打开或关闭两个通道波形的算数运算，"+"或"-"。"+"为 CH1+CH2；"-"为 CH1-CH2 或 CH2-CH1；

（4）CH1 菜单——打开或关闭通道 CH1 的波形及通道设置菜单；

（5）CH2 菜单——打开或关闭通道 CH2 的波形及通道设置菜单。

通道设置菜单如下。

（1）耦合——直流、交流、接地；

（2）带宽限制——关 60MHz、开 20MHz；

（3）伏/格——粗调、细调；

（4）探头——1×、10×、100×、1000×；

（5）反相——关闭、开启。

3. 水平控件区

图 1.4.6 所示为数字存储示波器水平控件区，各控制按钮功能如下。

（1）水平位置旋钮——调节触发点相对于屏幕中心的水平位置，在刻度区内用向下箭头"↓"指示；

（2）秒/格旋钮——改变水平刻度，将显示波形在水平方向上压缩或扩展。

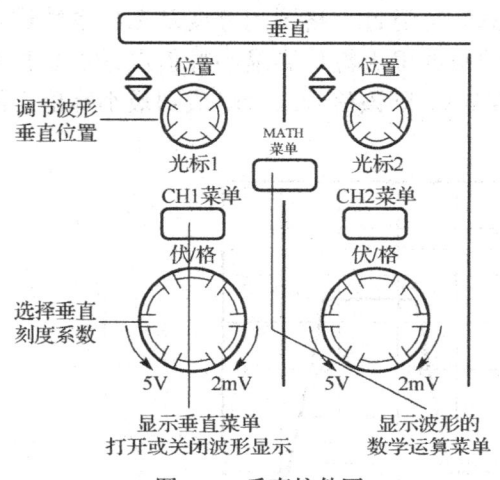

图 1.4.5 垂直控件区

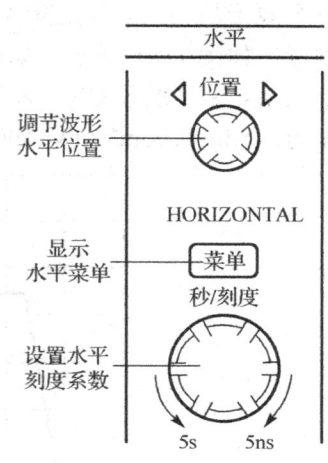

图 1.4.6 水平控件区

4. 其他区域

示波器的右下端有一个探头补偿接口和两个通道输入接口，如图 1.4.7 所示。

用探头补偿接口输出可以检查探头是否正常。将探头补偿信号分别接到各通道，测出各通道显示的数据是否满足通道和探头的设置要求。

探头补偿地与 BNC 屏蔽层连接在一起，被当作参考地。

图 1.4.7 中，CH1 和 CH2 是两个通道被测信号的输入接口。

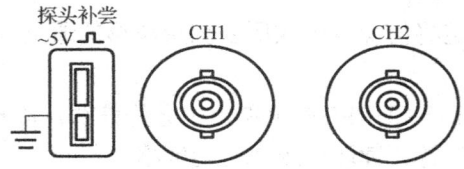

图 1.4.7 探头补偿接口及通道输入接口

1.4.4 波形参数的测量方法

示波器所显示的电压-时间坐标图，可用来观测电压波形。

电压波形的读数方法有：方格图法、光标（CURSOR）法、自动测量（MEASURE）法。

（1）方格图法——根据刻度区下面波形横坐标和纵坐标的刻度，数格计算波形的参数；

（2）光标（CURSOR）法——按下 CURSOR 键，用 CURSOR 菜单读数；

（3）自动测量（MEASURE）法——按下 MEASURE 键，用 MEASURE 菜单读数。

1. 方格图读数法

方格图读数法可用来进行快速直观的估计。CH1 ×××V、CH2 ×××V 为纵坐标刻度尺，表示每一方格纵向高度所代表的电压值，通过数格计算的方法可以得到对应通道波形的电压值。M ×××s 为主时基横坐标刻度尺，表示每一方格水平宽度所代表的时间，通过数格计算的方法可以得到波形的周期和频率。所有活动波形都使用相同的主时基。如观察一个波形的幅值，确定其幅值略大于 100mV，可通过方格图的分度及标尺系数进行简单的测量，如图 1.4.8 所示。如果 CH1 上某一波形的最大峰值到最小峰值占据了垂直方格图 5 个大格，标尺系数 CH1 ×××V 为 100mV/div，则该信号最大峰值到最小峰值之间的电压差为：5div×100mV/div=500mV。

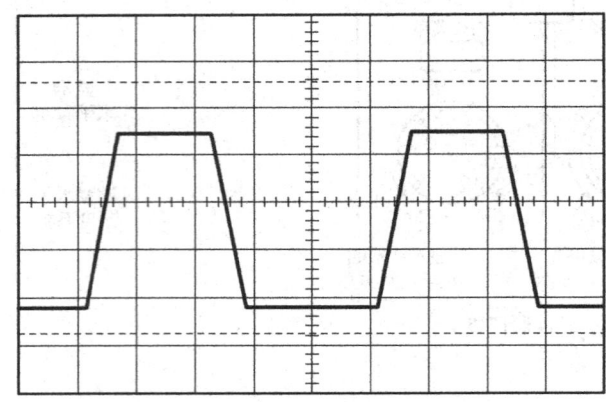

图 1.4.8　方格图测量数据

2. 光标读数法

光标（CURSOR）读数法是通过移动光标的位置进行测量。

光标总是成对出现的，且显示的光标位置即为当前的测量数据。

有两种光标类型：电压和时间。

当使用光标时，应先确定将信源设定成所要测量波形的通道，如图 1.4.9 所示。

光标读数法如下：

用光标 CURSOR 按键打开 CURSOR 菜单，设置好信源，旋转位置旋钮复用的光标位置旋钮以移动虚线光标至指定位置，读取电压或时间数据。

光标 CURSOR 菜单有 5 项内容：类型、信源、增量、光标 1、光标 2。

(1) 类型——电压、时间、关闭；

(2) 电压——光标以水平虚线出现，可测量垂直方向上的电压参数；

(3) 时间——光标以垂直虚线出现，可测量水平方向上的时间参数；

(4) 信源——CH1、CH2、Math、Ref A、Ref B；

(5) 光标 1——光标 1 的位置，用 CH1 垂直位置旋钮调节光标 1 的位置；

(6) 光标 2——光标 2 的位置，用 CH2 垂直位置旋钮调节光标 2 的位置；

(7) 增量——显示两个光标位置之间的差值。

注：只有在光标 CURSOR 菜单有效时，才能移动光标的位置。

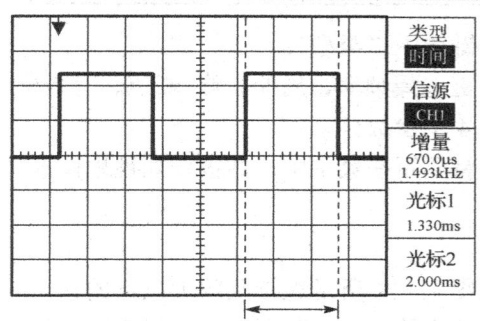

图 1.4.9 光标读数法测量数据

3. 自动测量（MEASURE）读数法

在自动测量（MEASURE）方式下，示波器会自动进行所有计算工作。由于这种测量方法利用了屏幕上出现的波形记录点，当屏幕上波形的噪点较多、较大时，相对方格图读数法和光标读数法，自动测量读数法会引入较高的测量误差。

自动测量能自动显示测量结果，并且读数会随示波器采集的新数据而周期性地修改。

用 MEASURE 按键打开 MEASURE 菜单，设置好信源和类型。

（1）信源——选择数据的信源，CH1 或 CH2；

（2）类型——选择预显示的数据类型。可显示的数据类型共有 5 种：频率、周期、平均值、峰-峰值、均方根值。一屏一次最多可以显示 4 个数据。

1.4.5 测量举例

1. 测量单个信号

首先将通道 1 的探头连接到信号源，按下自动设置按钮，示波器将自动设置垂直、水平和触发控制，使波形显示达到最佳。

当波形相对误差较小时，可以用自动测量读数法测量信号的频率、周期、峰-峰值、有效值和平均值。

按下 MEASURE 按钮，自动测量菜单如图 1.4.10 所示，设置方法如下：

（1）按下第一个菜单按键选中"信源"；

（2）分别用下面 4 个按键将信源设置为对应波形的通道（CH1 或 CH2）；

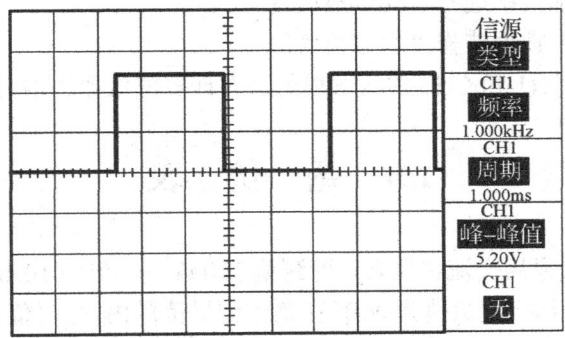

图 1.4.10 用 MEASURE 键测量数据

（3）按下第一个菜单按键选中"类型"；

（4）分别用下面 4 个按键选择频率、周期、峰-峰值、有效值、平均值这 5 个参数中的 4 个，一次最多同时可以显示 4 个参数。

（5）被选中的测量结果将显示在菜单中，并被周期性地修改。

2．测量两个信号

将示波器的两个通道按图 1.4.11 所示连接到放大电路的输入、输出端，接地端统一接地，可同时测出输入、输出两路信号的电平，利用测量结果还可计算出电压增益。

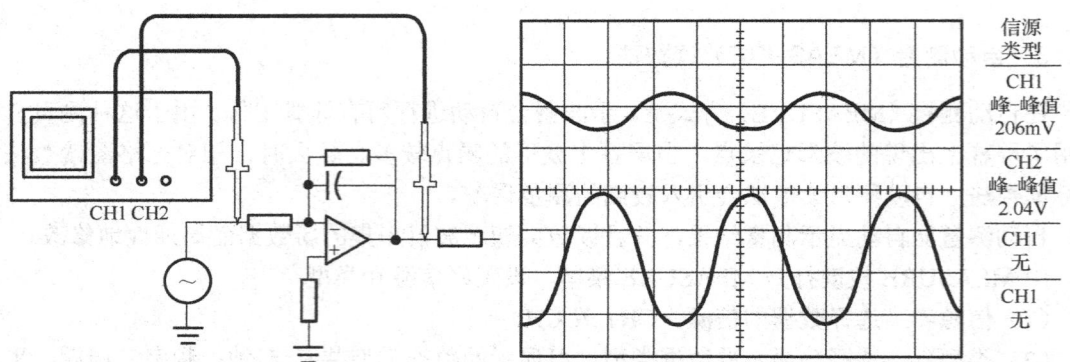

图 1.4.11　测试举例

测量步骤如下：

（1）按下 CH1 菜单和 CH2 菜单，同时打开两个通道的波形；

（2）按下自动设置按键。

如果两路波形都能稳定地显示在屏幕上，则按如下步骤测量波形数据：

（1）按下 MEASURE 键显示 MEASURE 菜单；

（2）按下第一个菜单按键选中"信源"；

（3）按下第二个菜单按键选择 CH1；

（4）按下第三个菜单按键选择 CH2。

选择每个通道的测量类型：

（1）按下第一个菜单按键选中"类型"；

（2）按下第二个菜单按键选择"均方根值"；

（3）按下第三个菜单按键选择"均方根值"。

从显示菜单上读出 CH1 和 CH2 的均方根值，并计算放大器的增益。

1.5　毫　伏　表

GVT-417B 为指针式通用交流电压表，可测量 300μV～100V（10Hz～1MHz）的交流电压信号。测量电压为 1V 时，相应分贝值为 0dB。在整个测量范围内，分贝值范围为-90dB～+41dB。负载为 600Ω 时，相对于 1mW 的 dBm 测量范围为-90dBm～+43dBm。

1.5.1 GVT-417B 型毫伏表使用注意事项

（1）最大输入电压

如果输入电压超过指定电压值，将损坏该电压表。

指定电压由输入信号的峰值和叠加直流电压决定：测量范围为 0～1V 时，最大允许输入电压为 300V；测量范围为 3～100V 时，最大允许输入电压为 500V。

（2）连接线

当被测电压信号较低（如 300μV）或者被测信号源的输入阻抗较高时，输入线较易受外部噪声影响。为了抑制噪声，可以根据噪声频率，选择相应的屏蔽线或同轴线。

（3）满刻度

GVT-417B 毫伏表采用了延伸刻度，使读值范围大于传统的满刻度，如表 1.5.1 所示。

表 1.5.1 传统满刻度与延伸满刻度对照表

传统满刻度	延伸满刻度
0～1.0	0～1.12
0～3.1（3.2）	0～3.5
−20～0dB	−20～+1dB
−20～+2dBm	−20～+3.2dBm

1.5.2 GVT-417B 型毫伏表面板介绍

（1）表头，如图 1.5.1 中①所示，用于读取交流电压有效值和 dB 值。

（2）零点调节螺丝，如图 1.5.1 中②所示，机械式调零。

（3）挡位选择开关，如图 1.5.1 中③所示，以 10dB/挡的衰减选择合适的电压挡位。

（4）输入接口，如图 1.5.1 中④所示，连接待测信号。

（5）输出接口，如图 1.5.1 中⑤所示，当此仪表用作前置放大器时，此接口输出信号。

（6）电源指示灯，如图 1.5.1 中⑥所示。

（7）电源开关，如图 1.5.1 中⑦所示。

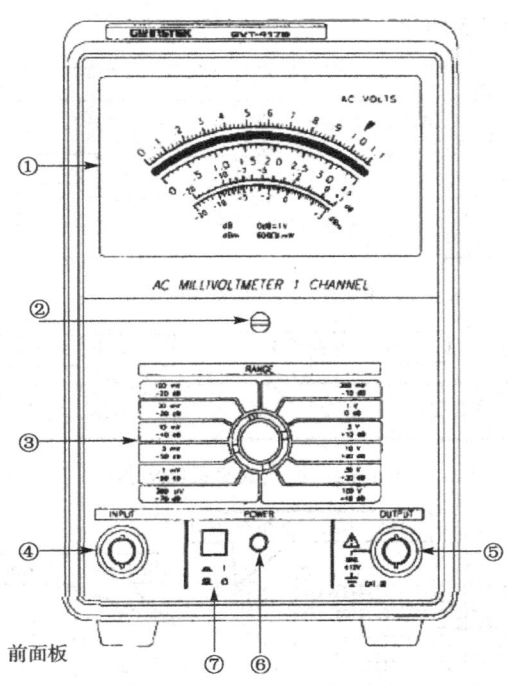

图 1.5.1 毫伏表前面板图

1.5.3　GVT-417B 型毫伏表操作方法

（1）关掉电源；
（2）检查零点，若有漂移，用一字螺丝起子调整仪表前盖中央的零点调节螺丝；
（3）设置挡位到 100V 并打开电源；
（4）将待测信号连接到输入端口，开始测量；
（5）调整挡位选择开关至指针指在≥满刻度的 1/3 处；
（6）根据所选量程读取测量数据；
（7）分贝挡位的校准，表盘上提供两个红色的分贝刻度；
　　　校准如下：0dB = 1V
　　　0dBm=0.775V（1mV，600Ω）

1.6　面　包　板

面包板（集成电路实验板）是电路实验中一种最常用的具有多孔插座的插件板。由于各种电子元器件可根据需要随意插入或拔出，免去了焊接，节省了电路的组装时间，而且元器件可以重复使用，所以非常适合在实验中使用。

1.6.1　面包板的结构及导电机制

面包板的结构如图 1.6.1 所示，标准面包板分为上、中、下三个部分。通常，上面和下面部分是由两行插孔构成的窄条，如图 1.6.2 所示；中间部分是由中间一条隔离凹槽和上下各 5 行插孔构成的宽条，如图 1.6.3 所示。

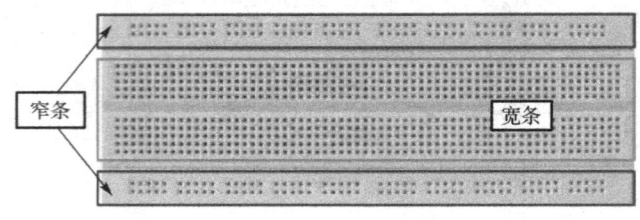

图 1.6.1　面包板结构图

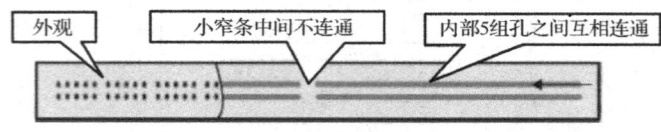

图 1.6.2　面包板窄条结构图

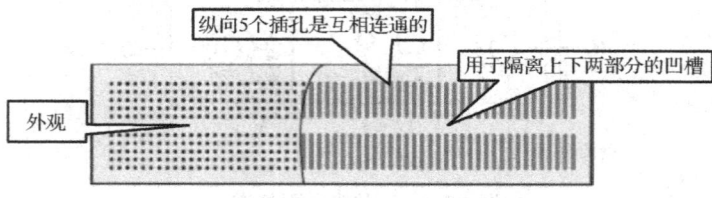

图 1.6.3　面包板宽条结构图

窄条上、下两行之间电气不连通，如图 1.6.2 所示。横行每 5 个插孔为一组，左边 5 组共 25 个插孔内部连通，右边 5 组共 25 个插孔内部连通；横行中间部分左右两边不连通，因此窄条上共有 4 个节点，每个节点有 25 个插孔。

当某一节点上连接的器件较多时，如电源、地等，可以用窄条上 4 个多孔电气节点。

标准面包板的中间部分为宽条，如图 1.6.3 所示。

宽条以其中间隔离凹槽为分界线，上、下两部分不连通。上面同一列的 5 个插孔相互连通，下面同一列的 5 个插孔相互连通；紧挨着的两列插孔（各 5 个）不连通。

双列直插式集成电路的引脚应跨接在宽条中间凹槽的两边，每个引脚分别接在有 5 个孔的上、下两排节点上，每个引脚节点会空出 4 个插孔供连接其他元器件使用。

1.6.2　面包板的使用方法及注意事项

（1）安装分立元件时，应便于看到其极性和标志，将元件引脚理直后，在需要的地方折弯，通常不剪断元件引脚，以便于重复使用。

（2）面包板上不要插入引脚直径大于 0.8mm 的元器件，以免破坏插孔内部接触片的弹性。

（3）插入和拔出集成电路时，应使其平面保持水平，以尽可能避免因受力不均而使其引脚弯曲和断裂。

（4）对多次使用过的元器件引脚，必须修理整齐，引脚不能弯曲，所有引脚在插向面包板时，均应被整理成垂直态势，这样能保证引脚与插孔之间可靠接触。

（5）应根据电路原理图来确定元器件在面包板上的排列方式，目的是走线方便。

（6）为了能够正确布线并便于查线，所有集成电路的插入方向应尽量保持一致，不要为了临时走线方便或者缩短导线长度而把集成电路倒插。

（7）根据信号流向顺序，安装元器件，可以采用边安装边调试的方法。

（8）为了查线方便，应采用不同颜色的连线。如：正电源采用红色导线，负电源用蓝色导线，地线用黑线导线，信号线用黄色导线等。

（9）面包板最好使用直径为 0.6mm 左右的单股导线。根据导线的距离及插孔的长度剪断导线，线头剥离长度为 6mm 左右，要求全部插入底板以保证接触良好。裸线不宜露在外面，以防止与其他导线短路。

（10）连线尽量不要跨接在集成电路上，不要互相重叠，以便于查线及更换元器件。

（11）在布线过程中，应把各元器件在面包板上的引脚位置和标号标在电路原理图上。

（12）所有的地线应连接在一起，构成一个公共参考点。

第二部分

模拟电子技术基础实验

第 2 章　常用二极管的使用

二极管是模拟电子线路的基础，了解二极管的基本特性，正确理解二极管的工作原理，熟悉二极管的电压传输特性和主要技术参数，熟练掌握常用二极管的选型依据和正确使用方法是学好模拟电子线路理论课程的基础和前提。

2.1　预习思考题

（1）在指定二极管型号，并给定电源电压的条件下，即二极管的额定正向工作电流已知，怎样计算并选用二极管的限流电阻？

（2）在指定稳压二极管型号，并给定电源电压的条件下，即稳压二极管额定功率、工作电流和标称稳压值已知，怎样计算并选用稳压二极管的限流电阻？

（3）在没有电流表的条件下，怎样测量并计算得到二极管的工作电流？

（4）二极管的导通电阻与哪些参数有关？怎样计算二极管的导通电阻？

（5）二极管的静态管功耗与哪些参数有关？怎样计算二极管的静态管功耗？

（6）简要说明怎样用万用表判断双色发光二极管的类型（共阴极还是共阳极）。

（7）简要说明怎样用万用表判断数码管的极性（共阴极还是共阳极），怎样用万用表判断并确定数码管每个引脚所对应的字段。

（8）设计一种简单的实验方法，测试并判断给定光敏二极管是否好用。

2.2　实验电路的设计与测量

学习并掌握二极管的基本工作原理是熟练使用二极管设计实用电路的基础和前提。本实验要求学生通过查阅相关产品技术资料，掌握常用二极管的选型依据，并能熟练运用指定的二极管设计实用电路。

2.2.1　通用二极管的电路设计与参数测量

用给定型号的二极管（如 1N4148、1N4007、1N5819 等）设计实验电路。

根据二极管的种类和型号选用合适的电源电压和限流电阻，测试不同二极管的导通压降，计算二极管的工作电流和管功耗等参数。

根据实验室条件，选用合适的器件搭接实验电路。

设计实验数据记录表格，测试并记录实验数据（如电源电压、限流电阻、二极管的导通压降、工作电流、管功耗等）。

分析实验数据，说明怎样设定二极管的工作电压和工作电流。

总结实验用二极管的基本特点和使用注意事项。

2.2.2 发光二极管的电路设计与参数测量

用给定颜色的发光二极管（如红色、黄色、绿色、蓝色等）设计实验电路。

根据发光二极管的参数特性选用合适的电源电压和限流电阻，测试不同颜色发光二极管的导通压降，计算二极管的工作电流和管功耗等参数。

根据实验室条件，选用合适的器件搭接实验电路。

设计实验数据记录表格，测试并记录实验数据（如电源电压、限流电阻值、发光二极管的导通压降、工作电流、管功耗等）。

分析实验数据，说明不同颜色发光二极管的导通压降与发光颜色之间的关系；发光二极管的工作电流与发光亮度之间的关系；发光二极管的管功耗与发光亮度之间的关系等。总结设定发光二极管工作电流的基本原则和方法。

2.2.3 稳压二极管的电路设计与参数测量

用给定型号的稳压二极管（如 1N4728A、1N5228B 等）设计实验电路。

根据稳压二极管的器件参数和实验室条件，选用合适的限流电阻搭接实验电路，改变电源电压值，测试稳压管的输出电压与工作电流之间的关系。

设计实验数据记录表格，测试并记录实验数据（如电源电压、限流电阻、稳压二极管的输出电压、工作电流、管功耗等参数）。

根据稳压二极管的器件参数和实验室条件，选用合适的电源电压、限流电阻和负载电阻搭接实验电路，改变负载电阻值，测试负载电流的变化对稳压管输出电压的影响。

设计实验数据记录表格，测试并记录实验数据（如电源电压、限流电阻、负载电阻、稳压二极管的输出电压、工作电流、输出电流、管功耗等参数）。

分析稳压二极管的输出电压与工作电流之间的关系；管功耗与工作电流之间的关系；负载电流与工作电流之间的关系；负载电流与输出电压之间的关系等。总结设定稳压二极管工作电流的基本原则和方法。

2.2.4 双向稳压管的电路设计与参数测量

用万用表测量指定双向稳压管（如 2DW231、2DW232 等）的引脚极性，根据测量结果画出双向稳压管的引脚封装图和电路符号图。

设计测试电路和测试方法，测试给定双向稳压管的稳压值。

根据实验室条件，选用合适的电源电压和限流电阻搭接实验电路。

设计实验数据记录表格，测试并记录实验数据（如电源电压、限流电阻、单个稳压管的反向稳压值、单个稳压管的正向导通压降、两个稳压管反向级联的稳压值等）。

比较测试数据，分析说明双向稳压管与单向稳压管的异同点。

根据实验数据，总结确定双向稳压管限流电阻的原则和方法。

2.2.5 整流电路的设计与参数测量

用指定型号的整流二极管（如 1N4000 系列二极管）设计一个桥式全波整流电路。

根据实验室条件，选用合适的器件搭接实验电路。

在整流电路的输入端加正弦波交流输入信号，在输出端加上直流负载，用示波器观测交流输入信号并记录下来，注意观测并记录输入信号的周期和幅值等参数。

将示波器的探头与交流输入信号断开，用示波器观测输出信号的波形并记录下来。观测输出信号时，应将示波器的通道耦合方式设置成直流耦合方式。

分析说明为什么不用同一台示波器的两个通道同时观测输入、输出波形的变化。

设计实验数据记录表格，画出输入、输出波形，注意记录输入、输出波形的时间对应关系，记录实验数据（如周期、频率、最大值、最小值等参数），计算整流效率。

比较输入、输出波形的变化，总结桥式全波整流电路的作用。

2.2.6　双色发光二极管的电路设计与参数测量

用万用表测量给定双色发光二极管各引脚的极性（正极还是负极），根据各引脚的极性判断其内部结构，画出电路符号和引脚封装图，确定其类型（共阳极还是共阴极）。

设计实验电路和测试方法，测试并观察双色发光二极管的几种不同显示状态。

根据实验室条件，选用合适的电源电压和限流电阻搭接实验电路，测试双色发光二极管中两种单色光的颜色并记录下来。

根据发光二极管的工作电流与发光亮度之间的关系，改变限流电阻值，分别调节两种不同颜色单色光的亮度，以保证同时点亮两种单色光时，在视觉上可以将这两种单色光调和出第三种颜色。

在调试过程中，应特别注意控制发光二极管的工作电流，以防发光二极管被烧毁。

设计实验数据记录表格，记录电源电压，显示第三种颜色时所使用的两个限流电阻的阻值，计算两种不同颜色发光二极管的工作电流和管功耗等参数。

总结将双色发光二极管调出第三种颜色的电路设计和调试方法。

2.2.7　数码管驱动电路的设计与测量

用万用表测量给定数码管，找出其公共引脚，判断其他各引脚与各字段的对应关系。画出引脚封装图，标出公共引脚，指出数码管的类型（共阳极还是共阴极）。

用列表法给出外部引脚与显示字段之间的对应关系。

设计测试电路和测试方法，将数码管点亮至指定字符。

根据实验室条件，选用合适的电源电压和限流电阻搭接实验电路。

设计实验数据记录表格，测试并记录当显示不同字符时各引脚的工作状态。

2.2.8　光电二极管的使用与测量

用万用表测试并判断光电二极管的引脚极性。

设计测试电路和测试方法，观察并测试流过光电二极管的电流变化。

根据实验室条件，选用合适的器件搭接实验电路。

改变测试条件，观察流过光电二极管的电流变化，判断给定光电二极管是否工作。

设计实验数据记录表格，分别改变发射功率或者发射管与接收管之间的距离，测试在不同条件下光电二极管的工作电流，记录测试数据。

根据实验数据总结增大光电二极管工作电流的方法。

2.3　常用二极管电路设计基础

二极管（Diode），顾名思义有两个引脚，是一种具有单向导电特性的双端器件，两个引脚分正、负两极。在本书中，二极管用字母 VD 表示。

2.3.1　二极管的基本特性

二极管的伏安特性曲线和电路符号如图 2.3.1 所示。

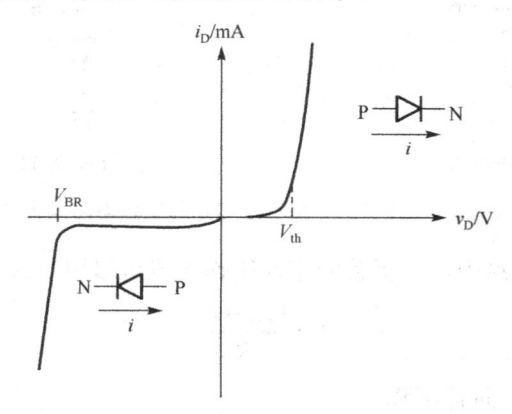

图 2.3.1　二极管的伏安特性曲线和电路符号

从二极管的伏安特性曲线可以看出：当流过二极管的正向工作电流十分微弱时，二极管不导通，此时二极管表现为一个大电阻。当流过二极管的正向电流增大到一定值（门槛电压 V_{th}）时，二极管开始进入正向导通状态。

正向导通后，当继续增大流过二极管的正向工作电流时，二极管两端的正向管压降会随工作电流的增大而增大，但相对于工作电流的变化量，二极管两端的正向管压降变化很小，因此，二极管正向导通后，主要表现为一个阻值可变的小电阻。

从二极管的伏安特性曲线可以看出：当加在二极管两端的反向电压小于其反向击穿电压 V_{BR} 时，其反向漏电流很小，基本趋于一个恒定值，二极管处于反向截止状态。当加在二极管两端的反向电压超过其反向击穿电压 V_{BR} 时，流过二极管两端的反向电流会急剧增大，二极管将失去单向导电性而进入反向击穿区。

当二极管发生反向击穿后，只要其反向工作电流与其反向管压降的乘积不超过 PN 结的反向额定耗散功率，二极管就不会发生永久性损坏，当反向工作电压撤销后，二极管仍能恢复到正常工作状态，人们利用二极管的这一特性，可以将其制成稳压管。

当二极管发生反向击穿后，其反向工作电流与其反向管压降的乘积超过 PN 结的反向额定耗散功率时，二极管的 PN 结会因过热而烧毁。烧毁后的二极管将处于不确定状态，当反向电压撤销后，二极管不能恢复到正常工作状态。

从二极管的伏安特性曲线还可以看出：无论是二极管的正向导通压降还是反向击穿压降，二极管两端的压降只能在一个很窄的范围内保持相对稳定，当二极管的工作电流发生变化时，二极管两端的压降也会随之发生微弱变化。

由于生产材料和制造工艺的制约，实际使用时要求流过二极管的正向工作电流及其两端的正向管压降的乘积不可以超过生产厂家产品数据手册上规定的正向额定功率，否则二极管会因过热而烧毁。因此，使用二极管时，必须串接一个限流电阻，以调整并控制流过二极管的工作电流，保证流过二极管的正向工作电流小于其额定正向工作电流。

二极管的电路符号如图 2.3.2(a)所示，其正向工作电路原理图如图 2.3.2(b)所示。

(a)电路符号　　　　　　　(b)工作电路原理图

图 2.3.2　二极管的电路符号和正向工作电路原理图

在图 2.3.2(b)所示的电路中，二极管的正向工作电流可以用下式计算得到：

$$I = \frac{V_{CC} - V}{R}$$

式中，V 是二极管两端的正向管压降。

二极管的管功耗可以用下式计算得到：

$$P = V \times I$$

二极管的导通电阻可以用下式计算得到：

$$r_D = \frac{V}{I}$$

2.3.2　二极管的主要参数

二极管的参数是用来衡量二极管性能好坏和适用范围的技术指标，是正确使用二极管的主要依据。二极管的主要参数如下。

（1）额定正向工作电流 I_F——是指二极管长时间连续工作时，允许通过的最大正向平均电流。电流流过二极管时，会使二极管的管芯发热，温度升高，当温度超过允许值时，二极管的管芯会因过热而烧毁，因此，在规定散热条件下，二极管的正向工作电流不要超过其额定正向工作电流。

（2）额定正向管压降 V_D——是指流过二极管的工作电流为额定正向工作电流 I_F 时，二极管两端的正向管压降。

（3）反向击穿电压 V_{BR}——是指二极管发生反向击穿时，加在二极管两端的反向压降。

（4）额定反向工作电压 V_R——为保证正常使用二极管时不发生反向击穿，生产厂家在产品数据手册上规定了其额定反向工作电压。通常情况下，产品数据手册上规定的额定反向工作电压 V_R 为其实际反向击穿电压的一半左右。

（5）反向漏电流 I_R——是指二极管在规定环境条件下和额定反向工作电压作用下，流过二极管两端的反向工作电流。二极管的反向漏电流受环境温度影响较大，温度升高时，反向漏电流增大，因此，使用二极管时，要特别注意环境温度变化对二极管反向漏电流的影响。

（6）极间电容 C_d——也叫结电容，是指二极管 PN 结中存在的电容量。在高频或开关状态下使用时，必须考虑二极管的极间电容对电路性能的影响。

（7）反向恢复时间 T_{RR}——当加在二极管两端的外加电压的极性发生突然翻转时，由于存在极间电容，二极管的工作状态不能在瞬间内完成跳变。特别是从正向偏置切换到反向偏置时，偏置电压翻转的瞬间会有较大的反向电流出现，经过一小段时间后，反向电流才能恢复到正常值，从正向偏置电压发生翻转开始计时至反向电流恢复到正常值所需要的时间，定义为反向恢复时间。

（8）最高工作频率——是指二极管正常工作时的上限频率。二极管的最高工作频率主要取决于二极管的极间电容 C_d。

2.4　常用二极管介绍

根据加工材料、制作工艺、结构、封装、用途等区分，二极管有多种不同的分类方法，本书依据二极管的主要功能，简单介绍几种较为常用的二极管。

2.4.1　整流二极管

整流二极管（Rectifier Diode）主要用于将交流电变换为脉动的直流电。人们多选用正向工作电流大、反向漏电流小的二极管作为整流二极管，如 1N4000 系列二极管。

普通的整流二极管的极间电容 C_d 较大，反向恢复时间 T_{RR} 较长。

半波整流电路结构简单，如图 2.4.1(a)所示。在不考虑整流效率的情况下，可以采用半波整流电路完成整流，其输入、输出波形如图 2.4.1(b)所示。

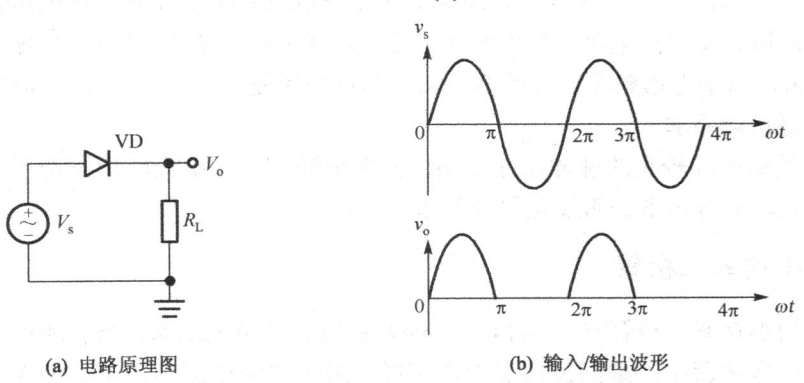

(a) 电路原理图　　　　　　　　(b) 输入/输出波形

图 2.4.1　半波整流电路及其输入/输出波形

桥式全波整流电路如图 2.4.2(a)所示，其整流效率高，实际应用中较为常见。

桥式全波整流电路的输入、输出波形如图 2.4.2(b)所示。

有些电子元器件生产厂家将 4 个整流二极管封装在一起，做成专门用于完成桥式全波整流的整流桥块（Bridge Rectifier）。这种已经封装好的整流桥块使用起来更加方便。

图 2.4.3 所示为常用整流二极管和整流桥块的外形图，其中图 2.2.3(a)是普通的整流二极管外形图，图 2.2.3(b)、(c)、(d)是已经封装好的整流桥块外形图。

(a) 电路原理图　　　　　　　　　　　　(b) 输入/输出波形

图 2.4.2　桥式全波整流电路及其输入/输出波形

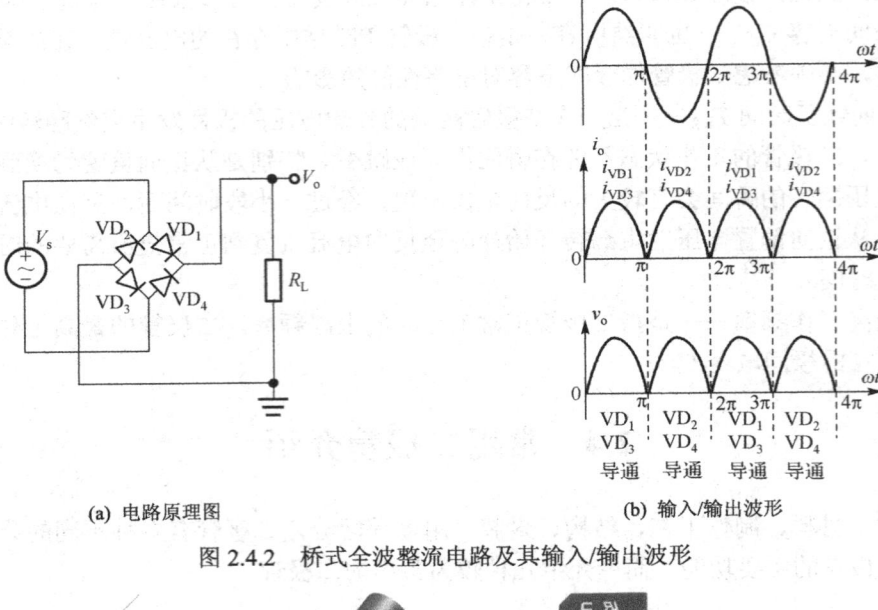

(a) 二极管　　　(b) 整流桥块　　　(c) 整流桥块　　　(d) 整流桥块

图 2.4.3　常用整流二极管和整流桥块外形图

选用整流二极管时，主要应考虑其额定正向工作电流和额定反向工作电压，有时也需要考虑其正向管压降、反向漏电流、截止频率、反向恢复时间等参数。如对 **50Hz** 的交流市政电进行整流，通常可以不考虑整流器件的截止频率和反向恢复时间，常用的 **1N4000** 系列整流二极管就可以满足设计要求。

对于工作频率要求较高的脉冲整流电路、开关电源等，则必须考虑所选用二极管的截止频率和反向恢复时间等参数是否满足设计要求。

2.4.2　常用小功率二极管

比较常用的小功率二极管有 1N4148、1N4448 等。与中大功率二极管相比，小功率二极管的额定正向工作电流小，最高反向工作电压低，最大浪涌电流小，不适于在大电流或高电压的电路中使用。但小功率二极管的结电容相对较小，反向恢复时间较短，适于在信号调理、检波等小电流、高频率的电路中使用。

小功率二极管多采用红色玻璃封装，比较常见的两种封装形式如图 2.4.4 所示。

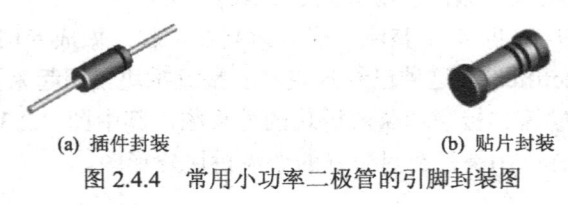

(a) 插件封装　　　　　　　　(b) 贴片封装

图 2.4.4　常用小功率二极管的引脚封装图

2.4.3 肖特基二极管

肖特基二极管（Schottky Barrier Diode）也称金属半导体二极管或者肖特基势垒二极管，是一种低功耗、大电流、具有较短反向恢复时间的高速半导体二极管。

肖特基二极管的电路符号如图 2.4.5(a)所示。

肖特基二极管两种比较常用的引脚封装如图 2.4.5(b)和图 2.4.5(c)所示。

(a) 电路符号　　　　(b) 插件封装　　　　(c) 贴片封装

图 2.4.5　肖特基二极管的电路符号和引脚封装图

与其他额定正向工作电流相同的二极管相比，肖特基二极管的正向管压降较小，反向恢复时间短，开关速度快，工作频率高，开关损耗小。因此，肖特基二极管特别适于用在低压、高频、大电流输出的电路中，如高频检波、混频、高速逻辑电路中的钳位、开关电源中的高速开关等，是高频开关电路的理想器件。

与 1N4000 系列整流二极管相比，肖特基二极管的反向击穿电压较低，反向漏电流较大，容易因过热而发生反向击穿。并且，肖特基二极管的反向漏电流具有正温度特性，在某一临界范围内，肖特基二极管的反向漏电流极易随结温的升高而急剧增大。因此，在实际使用时，要特别注意肖特基二极管的热失控问题。

选用肖特基二极管时，应根据实际需要，重点考虑肖特基二极管的额定正向工作电流、额定反向工作电压、结电容、反向恢复时间、截止频率等参数。

2.4.4 发光二极管

发光二极管简称 LED（Light Emitting Diode）。

和普通二极管一样，发光二极管也具有单向导电性。

发光二极管可以把电能转化成光能并发射出去，属于电流驱动型半导体器件，其发光强度与工作电流有关，工作电流越大，发光强度越强。但在实际使用中我们会发现：当发光二极管的工作电流增大到一定值时，继续增大工作电流，其发光亮度并没有明显变化。因此，实际使用发光二极管时，应根据环境亮度要求来设置其工作电流，不可以盲目追求发光亮度。并且还必须注意：发光二极管的工作电流不可以超过其额定正向工作电流，否则发光二极管的管芯会因过热而烧毁。

在相同工作电流驱动下，不同颜色的发光二极管其正向管压降不同，从红色到蓝色，随着发射光波频率的升高，发光二极管的管压降逐渐升高，在可见光范围内，红色发光二极管的管压降最低，蓝紫色发光二极管的管压降最高。

发光二极管的发光亮度与其工作电流不是线性关系。当发光亮度较弱时，增大发光二极管的工作电流，其显示亮度会有明显增强。但当发光亮度增加到一定强度后，继续增大其工作电流，发光二极管的发光亮度不会有明显提高。并且，如果发光二极管长时间工作在大电流状态下，其使用寿命会明显缩短。因此，在发光亮度或发射功率已经满足设计要求的情况下，应尽量使发光二极管在工作电流较小的条件下工作。

为保证发光二极管不被烧坏，使用发光二极管时，也必须串接一个阻值合适的限流电阻，以限制发光二极管的工作电流，调节发光二极管的发光亮度。

发光二极管的电路符号如图 2.4.6(a)所示，外形封装如图 2.4.6(b)所示，工作电路原理如图 2.4.6(c)所示。

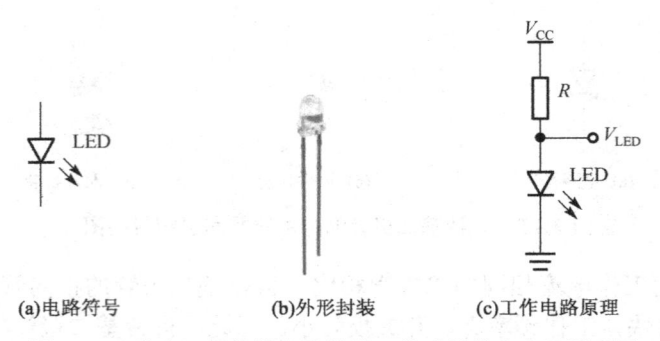

(a)电路符号　　(b)外形封装　　(c)工作电路原理

图 2.4.6　发光二极管的电路符号、外形封装和电路原理图

在图 2.4.6(c)所示的电路中，发光二极管的工作电流 I_{LED} 可以用下式计算得到，

$$I_{LED} = \frac{V_{CC} - V_{LED}}{R}$$

随着生产制造工艺的不断提高，发光二极管的驱动电流已经可以做到很小。具体使用时，应根据生产厂家提供的产品数据手册、发光亮度和发射功率的具体设计要求，通过改变限流电阻值来设置发光二极管的工作电流。

从能量损耗的角度出发，在保证发光二极管可以正常发光，或者发射功率已经满足设计要求的前提下，发光二极管的工作电流应尽量设置得越小越好。

发光二极管的额定反向工作电压较低，一般最好不要超过 5V。当加在发光二极管两端的反向压降超过其额定反向工作电压时，发光二极管的管芯极易因过热而烧毁。

除了普通二极管的基本参数，选用发光二极管时，还应考虑以下几个光学参数。

（1）波长——是光谱特性，可以体现发光二极管的单色性是否优良，颜色是否纯正。

（2）光强分布——是指发光二极管在不同空间角度发光强度的分布情况。光强分布参数会影响发光二极管显示装置的最小观察视角。

（3）发光效率——是指发光二极管的节能特性，用光通量与电功率之比表示。

（4）半强度辐射角——是指发光强度为最大发光强度 50%时所对应的辐射角。

与白炽灯相比，发光二极管具有体积小、重量轻、消耗能量低、响应时间快、环境适应能力强等优点。随着发光二极管产业的飞速发展，其发光效率在不断提高，产品价格却在逐年下降。行业的发展和技术的进步使发光二极管在照明领域的应用越来越广泛。

2.4.5　稳压二极管

稳压二极管也称齐纳二极管（Zener Diode），简称稳压管，在本书中用 D_Z 表示。

稳压二极管工作在反偏状态下，其伏安特性曲线如图 2.4.7 所示。

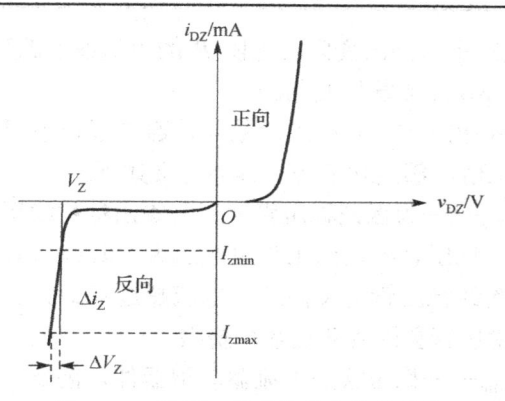

图 2.4.7 稳压二极管的伏安特性曲线

在规定范围内（I_{zmin}，I_{zmax}）的反向工作电流作用下，稳压二极管的反向击穿电压基本保持为 V_Z 不变。

使用稳压二极管时，也必须串接一个阻值合适的限流电阻，用以调整稳压管的反向工作电流，将稳压管的反向工作电流设定在规定的范围内，以保证稳压管可以长时间工作在反向击穿状态下而不被烧毁。

稳压二极管的工作电流必须设在 I_{zmin} 和 I_{zmax} 之间，在此范围内，稳压管的输出电压会稳定在 V_Z 附近，基本保持不变。当工作电流低于 I_{zmin} 时，稳压管将进入反向截止状态而不再稳压。当工作电流高于 I_{zmax} 时，稳压管会因管芯过热而烧毁。因此，用稳压管设计电路时，除了要考虑空载时稳压管的工作电流，还必须考虑带载后稳压管工作电流的变化是否满足器件参数的设计要求。

和普通二极管一样，稳压二极管有两个引脚，其电路符号如图 2.4.8(a)所示，实物图如图 2.4.8(b)所示，工作电路原理图如图 2.4.8(c)所示。

多数额定功率为 0.5W 的稳压管与通用二极管 1N4148 一样，采用红色玻璃封装，如果不知道所选用器件型号，单纯用肉眼很难区分出通用二极管和稳压二极管。

(a)电路符号　　　(b)实物图　　　(c)工作电路原理图

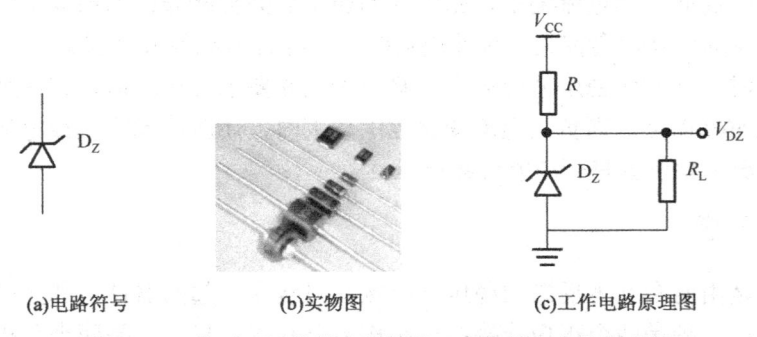

图 2.4.8　稳压二极管的电路符号、实物图和电路原理图

在图 2.4.8(c)所示的电路中，稳压二极管的工作电流 I_{DZ} 可以用下式计算得到

$$I_{DZ} = \frac{V_{CC} - V_{DZ}}{R} - \frac{V_{DZ}}{R_L}$$

式中，V_{DZ} 是稳压二极管输出的稳压值。

在图 2.4.8(c)所示的电路中，当改变限流电阻 R 的阻值或者改变负载电阻 R_L 的阻值时，稳压二极管 D_Z 的工作电流 I_{DZ} 都会发生变化。

稳压管工作在反向偏置状态下，其技术参数与普通二极管不同。稳压二极管的主要技术参数有工作电流、标称稳压值、额定功率等，具体定义如下。

（1）最大工作电流 I_{zmax}——为保证稳压管能正常输出标称稳压值所允许通过的最大反向工作电流。在允许范围内，稳压管的反向工作电流越大，其稳压效果越好，同时稳压管自身所消耗的功率也越大。当流经稳压管的反向工作电流超过其最大工作电流时，其自身所消耗的功率将超过额定功率，稳压管会因管芯过热而烧毁。

（2）最小工作电流 I_{zmin}——稳压管是电流驱动型器件，需要一定的驱动电流来维持其正常稳压。为保证稳压管能够输出稳定电压值所必需的最小反向工作电流定义为最小工作电流。当反向工作电流低于最小工作电流时，稳压管将失去稳压作用。

（3）标称稳压值 V_{DZ}——是指在最大工作电流作用下，稳压管两端所产生的反向管压降。由于材料和制造工艺等方面的制约，即使是同一种型号、同一批次生产出来的稳压管，其稳压值也存在一定的离散性，因此，禁止并联使用稳压管。

（4）额定功率 P_{ZM}——其数值等于标称稳压值 V_{DZ} 与最大工作电流 I_{zmax} 的乘积。购买稳压管时，通常需要知道额定功率和标称稳压值。

（5）动态电阻——是指稳压管两端反向压降变化量与工作电流变化量的比值。

（6）电压温度系数——是指在一定工作条件下，稳压二极管的反向管压降受温度变化影响的系数，即温度每变化 1℃，稳压管反向管压降变化的百分比。

稳压管的电压温度系数有正负之分，通常情况下，稳压值低于 4V 的稳压管，其电压温度系数为负值；稳压值高于 6V 的稳压管，其电压温度系数为正值；稳压值为 4~6V 的稳压管，其电压温度系数有正有负。在要求较高的应用场合下，可以用正、负两种温度系数的稳压管串联使用来实现温度补偿。

用稳压管设计电路时，应根据稳压管的主要参数和实际电路设计指标来确定其反向工作电流。如果设定的反向工作电流偏小，稳压管的稳压能力会降低；如果设定的反向工作电流偏大，稳压管自身的管功耗会偏大。设计电路时，应综合考虑各方面因素。

选用稳压管时，其标称稳压值应等于或略高于设计要求的电压值，其最大工作电流应高于最大负载电流 50%以上。当负载电流变化范围较大时，还应考虑当负载电流变化到最大和最小值的极端情况下稳压管是否还能继续稳压。

2.4.6 双向稳压管

双向稳压管是由两个互为反向的稳压管串接并封装在一起的器件，其外部有三个引脚，内部有两种接法：一种是两个正极连接在一起作为公共端；另一种是两个负极连接在一起作为公共端。因此，在使用双向稳压管前，必须先测量并确定好其引脚封装。

正常工作时，双向稳压管中的一个稳压管反向稳压，另外一个稳压管正向导通，如果直接测量双向稳压管两个稳压引脚之间的压降，测得的电压值是一只管子的反向稳压值加上另外一只管子的正向导通压降之和。

多数情况下，双向稳压管在双电源电路中使用。如在双电源供电的迟滞比较器中，利用双向稳压管的对称性，可以在迟滞比较器的输出端得到正负对称的输出电压值。如果买不到双向稳压管，也可以用两个性能相同的稳压管反向串接成双向稳压管使用。

双向稳压管的电路符号如图 2.4.9(a)所示，引脚封装如图 2.4.9(b)所示。

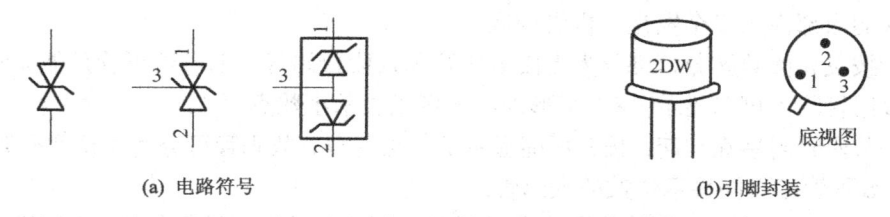

(a) 电路符号　　　　　　　　　　　(b)引脚封装

图 2.4.9　双向稳压管的电路符号和引脚封装图

2.4.7　双色发光二极管

双色发光二极管的内部封装了两种不同颜色的单色发光二极管。将两个单色发光二极管的阳极引脚或阴极引脚公用后封装在一起，即构成双色发光二极管。

按内部引脚连接方式区分，双色发光二极管可分为共阳极双色发光二极管和共阴极双色发光二极管两大类。共阳极双色发光二极管将其内部两个单色发光二极管的阳极接在一起使用；共阴极双色发光二极管将其内部两个单色发光二极管的阴极连接在一起使用。因此，在选用双色发光二极管时，应首先确定其内部结构。

和普通发光二极管一样，使用双色发光二极管时，也必须串接限流电阻，以保护其内部电路并调整每个单色发光二极管的亮度，因此，需要给两个单色发光二极管分别串接限流电阻，以保证两种单色光的发光亮度可以单独调节。

为保证双色发光二极管可以显示出除了两种单色光以外的第三种颜色，其关键是分别调整两个单色发光二极管限流电阻值，即调整不同颜色单色光的发光强度，利用光学原理，在视觉上将两种不同颜色的单色光调和出第三种颜色。

双色发光二极管最多可以提供 4 种显示状态。例如，红绿双色发光二极管可提供不发光、红色、绿色、黄色 4 种显示状态。

双色发光二极管的外形图如图 2.4.10(a)所示。

共阳极双色发光二极管的电路连接如图 2.4.10(b)所示，共阴极双色发光二极管的电路连接如图 2.4.10(c)所示。通过控制 K1、K2 引脚上的电压值，并调节限流电阻值，可以控制双色发光二极管显示 4 种不同的状态。

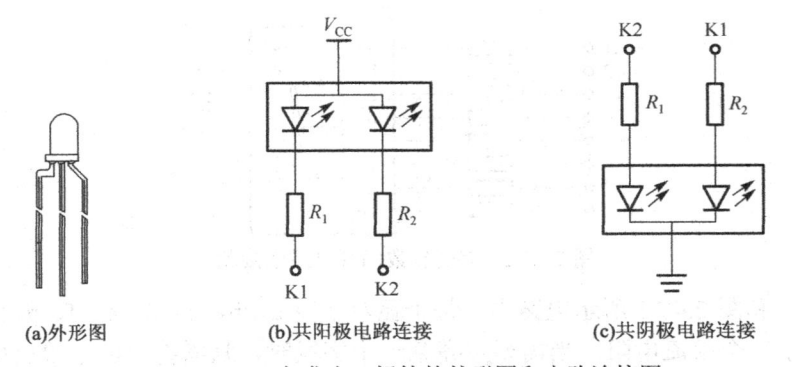

(a)外形图　　　　(b)共阳极电路连接　　　　(c)共阴极电路连接

图 2.4.10　双色发光二极管的外形图和电路连接图

2.4.8 数码管

数码管的内部由很多个发光二极管构成。

数码管按发光段数区分，可分为七段数码管和八段数码管。七段数码管只能显示"8"字形；八段数码管除了可以显示"8"字形外，还可以显示小数点"."。

将几个数码管封装在一起，按其所能显示的位数区分，数码管可分为1位数码管、2位数码管、3位数码管等不同显示位数的数码管。

数码管按其内部发光二极管的连接方式区分，可分为共阳极数码管和共阴极数码管两大类。共阳极数码管是指其内部所有发光二极管的阳极连接在一起作为公共阳极的数码管。共阴极数码管是指其内部所有发光二极管的阴极连接在一起作为公共阴极的数码管。

使用数码管时，也必须串接限流电阻，以保护其内部发光二极管并调节发光亮度。

设计电路时，不允许只在公共引脚上直接串接一个限流电阻，而应该给每个显示字段所对应的引脚分别串接一个限流电阻。因为点亮每一段数码管时，都需要一定的工作电流，如果只在公共引脚上串接一个限流电阻，当显示"8."时，所有的字段同时被点亮，此时流过该限流电阻的电流会相对较大，设计电路时，还必须考虑该限流电阻的功率参数是否满足设计要求。并且，如果只在公共引脚上串接一个限流电阻，当显示不同数字时，因显示的段数不同，显示亮度会发生变化，将影响显示效果。

图2.4.11所示为共阳极数码管的电路连接图，其公共阳极引脚3和8一起接到+5V（高电平）上，通过控制K1~K8引脚的高、低电平来控制显示对应的字符。

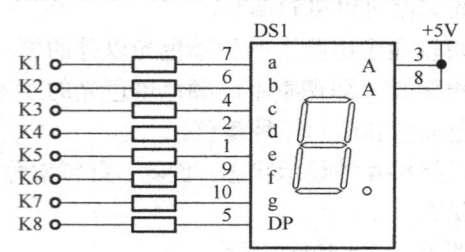

图 2.4.11　共阳极数码管电路连接图

图2.4.12所示为共阴极数码管的电路连接图，其公共引脚3和8一起接到了参考地（低电平）上，通过控制K1~K8引脚的高、低电平来控制显示对应的字符。

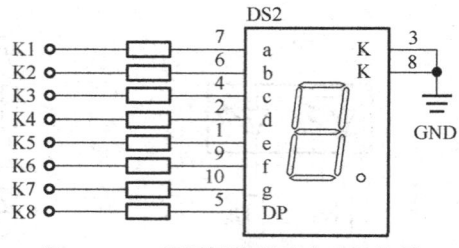

图 2.4.12　共阴极数码管电路连接图

在图2.4.11和图2.4.12所示电路中，每个显示字段a、b、c、d、e、f、g、DP所对应的引脚分别串接了一个限流电阻，当需要点亮某一个字段时，只需将对应字段所串接的限流电阻接到高电平或低电平上，即可点亮对应的字段。

2.4.9 光电二极管

光电二极管也叫光敏二极管（Photosensitive Diode），其主要作用是将接收到的光能转换成电能，使电路参数发生变化。光电二极管比较特殊，属于传感器范畴。

光电二极管所产生的电流是从其负极方向流出，并且光照强度不同，从光电二极管流出的电流强度不同。光照强度越强，从光电二极管负极流出的电流越大，其伏安特性曲线如图 2.4.13 所示。

光电二极管主要技术参数有：
（1）暗电流——是指在没有入射光照射的条件下，从光电二极管负极流出的电流；
（2）光电流——是指在有入射光照射的条件下，从光电二极管负极流出的电流；
（3）灵敏度——是指光电二极管对光照强度反应的灵敏程度；
（4）转换效率——是指光通量与电功率之比。

光电二极管的电流是从负极流出的，如图 2.4.14 所示，用小量程的电流表可以直接测到从光电二极管负极流出电流的大小，因此，光电二极管相当于一个很小的电流源。

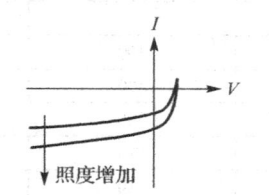

图 2.4.13　光电二极管伏安特性曲线 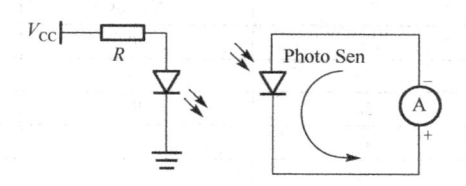　　　图 2.4.14　光电二极管测试电路

在图 2.4.14 所示的电路中，改变供电电压 V_{CC} 或者改变限流电阻 R 的阻值都可以改变发射管的工作电流，即改变发射管的发光亮度，以改变光电二极管接收到的光照强度；改变发射管与接收管之间的距离，或者改变发射管与接收管之间的角度，也可以改变光电二极管接收到的光照强度，即改变光电二极管输出电流的大小。

2.5　常用二极管主要技术参数

选用二极管时，一定要查阅相关生产厂家提供的产品数据手册。

推荐产品数据手册免费下载网址：http://www.alldatasheet.com/。

2.5.1　普通二极管

以飞利浦半导体公司（Philips Semiconductor）生产的 1N4000 系列整流二极管和其他一些常用二极管为例，表 2.5.1 给出了部分普通二极管的主要技术参数。

从表 2.5.1 可以看出，1N4000 系列整流二极管并没有给出结电容和反向恢复时间，说明该系列整流二极管的结电容较大、反向恢复时间较长。

从表 2.5.1 还可以看出，额定正向工作电流较大的 1N58×× 系列肖特基二极管虽然给出了结电容和反向恢复时间，但与 1N91× 系列和 1N4××× 系列小功率二极管相比，1N58×× 系列肖特基二极的结电容相对较大，反向恢复时间相对较长。在满足工作电流要求的条件下，小功率二极管的结电容和反向恢复时间特性更好。

表 2.5.1 普通二极管主要技术参数

型号	最高反向工作电压/V	额定正向工作电流/A	最大浪涌电流/A	结电容@1MHz/pF	反向恢复时间
1N4001	50	1	30	—	—
1N4002	100	1	30	—	—
1N4003	200	1	30	—	—
1N4004	400	1	30	—	—
1N4005	600	1	30	—	—
1N4006	800	1	30	—	—
1N4007	1000	1	30	—	—
1N914	75	200mA	1	4	4ns
1N914A	75	200mA	1	4	4ns
1N914B	75	200mA	1	4	4ns
1N916	75	200mA	1	2	4ns
1N916A	75	200mA	1	2	4ns
1N916B	75	200mA	1	2	4ns
1N4148	75	200mA	1	4	4ns
1N4448	75	200mA	1	2	4ns
1N5812	50	20	400	300	35μs
1N5814	100	20	400	300	35μs
1N5816	150	20	400	300	35μs
1N5817	20	1	25	110	35μs
1N5818	30	1	25	110	35μs
1N5819	40	1	25	110	35μs

2.5.2 发光二极管

与普通二极管相比，发光二极管的额定正向工作电流较小，通常应小于 20mA。

随着发光二极管制造技术的不断进步和生产工艺的不断提高，如今，很多发光二极管在小于 1mA 的电流驱动下也能正常发光，并且能够满足显示亮度的设计要求。

从表 2.5.2 可以看出，相对于其他种类的二极管，发光二极管的管压降较大，额定正向工作电流相对较低，反向击穿电压也相对较低，使用时应特别注意。

表 2.5.2 常用发光二极管的主要技术参数

发光颜色	光谱波长/nm	驱动电流为 20mA 时的正向管压降/V	反向击穿电压/V
红外光	850～940	1.5～1.7	5
红光	633～660	1.7～1.8	5
黄光	585～620	1.8～2.0	5
绿光	555～570	2.0～3.0	5
蓝色	430～470	3.0～3.8	5

2.5.3 稳压二极管

选用稳压管时，除了要知道其标称稳压值外，还必须知道其额定功率。正常使用时，其自身所消耗的功率不可以超过数据手册上规定的额定功率。设计时，为了保证稳压管可以长时间稳定工作,其实际所消耗功率应小于额定功率,否则稳压管容易因长时间过热而烧毁。具体使用时,应查阅相关生产厂家提供的产品数据手册。

以仙童半导体公司(Fairchild Semiconductor)生产的1N5200系列部分稳压器件为例,表2.5.3给出了常用稳压管的主要技术参数。

表2.5.3 1N5200系列部分稳压管的主要技术参数

型号	稳压值/V	额定功率/mW	20mA 时的动态电阻/Ω	0.25mA 时的动态电阻/Ω
1N5221B	2.4	500	30	1200
1N5222B	2.5	500	30	1250
1N5223B	2.7	500	30	1300
1N5224B	2.8	500	30	1400
1N5225B	3.0	500	29	1600
1N5226B	3.3	500	28	1600
1N5227B	3.6	500	24	1700
1N5228B	3.9	500	23	1900
1N5229B	4.3	500	22	2000
1N5230B	4.7	500	19	1900
1N5231B	5.1	500	17	1600
1N5232B	5.6	500	11	1600
1N5233B	6.0	500	7.0	1600
1N5234B	6.2	500	5.0	1000
1N5235B	6.8	500	5.0	750
1N5236B	7.5	500	6.0	500
1N5237B	8.2	500	8.0	500
1N5238B	8.7	500	8.0	600

以摩托罗拉半导体公司(MOTOROLA Semiconductor)生产的1N4700A系列部分稳压管为例,表2.5.4给出了部分常用稳压管的主要技术参数。

表2.5.4 1N4700A系列部分稳压管的主要技术参数

型号	稳压特性及动态参数			动态参数	
	稳压值/V	测试电流/mA	动态电阻/Ω	测试电流/mA	动态电阻/Ω
1N4728A	3.3	76	10	1	400
1N4729A	3.6	69	9	1	400
1N4730A	3.9	64	9	1	400
1N4731A	4.3	58	8	1	400
1N4732A	4.7	53	8	1	500
1N4733A	5.1	49	7	1	550
1N4734A	5.6	45	5	1	600
1N4735A	6.2	41	2	1	700
1N4736A	6.8	37	3.5	1	700
1N4737A	7.5	34	4	0.5	700
1N4738A	8.2	31	4.5	0.5	700
1N4739A	9.1	28	5	0.5	700
1N4740A	10	25	7	0.25	700
1N4741A	11	23	8	0.25	700

型号	稳压特性及动态参数			动态参数	
	稳压值/V	测试电流/mA	动态电阻/Ω	测试电流/mA	动态电阻/Ω
1N4742A	12	21	9	0.25	700
1N4743A	13	19	10	0.25	700
1N4744A	15	17	14	0.25	700
1N4745A	16	15.5	16	0.25	700
1N4746A	18	14	20	0.25	750

1N4700A 系列稳压管的额定功率为 1W。

从表 2.5.3 和表 2.5.4 可以看出，稳压管给出的技术参数除了稳压值和额定功率之外，还有测试电流和动态电阻。并且，测试电流和动态电阻都给出了两组数据，其中较大的测试电流对应稳压管的最大工作电流 I_{zmax}，较小的测试电流对应稳压管的最小工作电流 I_{zmin}。稳压管的工作电流应设定在最大工作电流 I_{zmax} 和最小工作电流 I_{zmin} 之间。

从表 2.5.3 和表 2.5.4 还可以看出，当稳压管的驱动电流较小时，其动态电阻较大。作为稳压器件，动态电阻较大相当于其内阻较大，稳压效果会相对较差。

2.5.4 双向稳压管

2DW230系列双向稳压管是国产半导体器件，其内部设有温度补偿电路，具有电压温度系数低等优点，可以在需要精密稳压的电路中使用。

表 2.5.5 给出了 2DW230 系列双向稳压管的主要技术参数。

表 2.5.5　2DW230 系列双向稳压管的主要技术参数

型号	最大耗散功率 /mW	最大工作电流 /mA	最高结温 /℃	稳定电压 /V	动态电阻		反向漏电流 /μA
					R_z/Ω	I_z/mA	
2DW230	200	30	150	5.8～6.6	≤15	10	≤1
2DW231				5.8～6.6	≤15	10	≤1
2DW232				6.0～6.5	≤10	10	≤1
2DW233				6.0～6.5	≤10	10	≤1
2DW234				6.0～6.5	≤10	10	≤1
2DW235				6.0～6.5	≤10	10	≤1
2DW236				6.0～6.5	≤10	10	≤1

由表 2.5.5 可以看出，2DW230 系列双向稳压管的额定功率是 0.2W，最大工作电流 I_{zmax} 是 30mA，工作电流为 10mA 时的动态电阻小于 15Ω，动态电阻小，稳压效果好。

第 3 章　单管放大电路

单管放大电路是指用单个晶体三极管或场效应管设计的放大电路。

单管器件种类繁多，电路形式多样，因此，单管放大电路有多种不同的实现方法。

单管放大电路是差分放大电路和集成运放的基础，熟练掌握单管放大电路的设计和电路分析方法，是学习差分放大电路和集成运算放大电路的基础和前提。

3.1　预习思考题

（1）用单管放大电路做交流放大实验前，为什么要设定并测量单管放大电路的静态工作点？在实验室条件下，可以用哪些仪器测量单管放大电路的静态工作点？

（2）在实验室条件下，可以用哪些仪器测量单管放大电路的交流放大特性？

（3）在 NPN 型晶体三极管单管放大电路静态工作点的设置过程中，如果发现晶体三极管的静态工作点偏高，应该调节哪些参数？怎样调节？如果发现晶体三极管的静态工作点偏低，应该调节哪些参数？怎样调节？

（4）在晶体三极管单管放大电路交流放大特性的调节过程中，如果发现输出波形出现了截止失真，应该调节哪些参数？怎样调节？如果发现输出波形出现了饱和失真，应该调节哪些参数？怎样调节？

（5）在单管放大电路交流放大实验中，如果增大外接负载电阻 R_L 的阻值，对单管放大电路的静态工作电压有哪些影响？对单管放大电路的交流放大特性有哪些影响？如果减小外接负载电阻 R_L 的阻值，对单管放大电路的静态工作电压有哪些影响？对单管放大电路的交流放大特性有哪些影响？

（6）在实验室条件下，应该怎样测量晶体三极管单管放大电路的交流输入阻抗？

（7）在实验室条件下，应该怎样测量晶体三极管单管放大电路的交流输出阻抗？

3.2　实验电路的设计与测试

单管放大电路的设计与测试实验内容繁多，本实验主要要求学生掌握用 NPN 型晶体三极管设计单管放大电路、设置并调节静态工作点、测试并评价交流放大特性等。

3.2.1　晶体三极管单管放大电路静态工作点的设置与测试

用晶体三极管设计单管放大电路时，首先应设置晶体三极管的静态工作点，将晶体三极管设置在放大区，以保证单管放大电路可以对小信号进行不失真的交流放大。

图 3.2.1 所示为两种比较常用的 NPN 型晶体三极管静态工作点的设置电路。

图 3.2.1(a)是基极电阻分压式射极偏置电路。偏置电路是由直流电压源 V_{CC}、基极分压电阻 R_{b1} 和 R_{b2}、发射极电阻 R_e 一起构成的。其中基极分压电阻 R_{b1} 是由电位器 R_{b11} 和电阻 R_{b12}

一起构成的，以方便静态工作点的调节。通过调节电位器 R_{b11} 的电阻值，可以改变流入晶体三极管基极电流的大小，由于晶体三极管的放大作用，集电极和发射极的静态工作电流也随之发生变化，从而改变单管放大电路的静态工作电压。

连接在发射极的负反馈电阻 R_e 可以起到稳定静态工作点的作用。

图 3.2.1(b)是另外一种发射极偏置静态工作点设置电路，偏置电路是由直流电压源 V_{CC}、电位器 R_{b1}、电阻 R_{b2}、发射极电阻 R_e 一起构成的。通过调节电位器 R_{b1} 的电阻值，可以改变流入晶体三极管基极电流的大小，由于晶体三极管的放大作用，集电极和发射极的静态工作电流也随之发生变化，从而改变单管放大电路的静态工作电压。

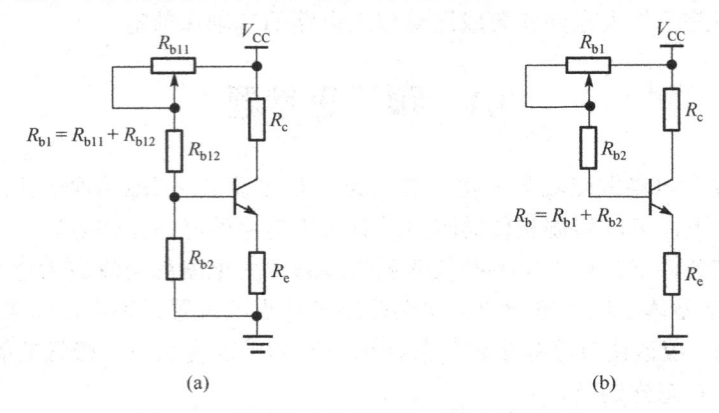

图 3.2.1 单管放大电路静态工作点设置电路

与图 3.2.1(a)所示电路相比，图 3.2.1(b)中的静态电路少用了一个基极对地电阻，该电阻对基极有分流作用，计算基极静态工作电流时，图 3.2.1(b)所示电路相对简单。

设置静态工作点时，可以通过调整电位器的阻值来改变基极电流。同时要求发射极电阻和集电极电阻上的压降合适，可以保证将晶体三极管集电极静态工作电压调整到电源电压的一半左右，即 $V_c=1/2V_{CC}$；同时还应保证晶体三极管自身有足够的管压降，放大交流信号时不能使放大后的交流信号部分进入饱和区。因此，发射极电阻 R_e 和集电极电阻 R_c 必须配对使用，$R_c > R_e$，并通过改变基极电流来调节管压降 V_{ce}，以保证晶体三极管工作在放大区。

根据设计举例和理论教材，用给定的 NPN 型晶体三极管设计一个晶体三极管单管放大电路静态工作点设置电路，画出电路原理图。

根据实验室条件，选用合适的器件搭接静态工作点设置电路。

改变偏置电路的电阻值，调节基极偏置电流，使晶体三极管工作在放大区，即发射结正偏，集电结反偏，集电极静态工作电压约等于电源电压的一半，并且管压降应足够大。

设计实验数据记录表格，分别测试并记录晶体三极管三个引脚：发射极 e、基极 b、集电极 c 对地的压降 V_e、V_b、V_c，计算发射结的压降 V_{be}、集电结的压降 V_{bc}、管压降 V_{ce}、基极静态工作电流 I_b、集电极静态工作电流 I_c 和发射极静态工作电流 I_e，并记录下来。

在电路原理图上标注出最终所选用各元器件的参数值。

3.2.2 共发射极单管放大电路的设计与测试

在 3.2.1 节设计的静态工作电路基础上，选用合适的输入、输出耦合电容和发射极旁路电容，设计一个 NPN 型晶体三极管共发射极单管放大电路，画出电路原理图。

根据实验室条件，选用合适的器件搭接实验电路。

用函数发生器给放大电路加入正弦波交流输入小信号，同时必须用示波器观察输入信号的变化。当发现用示波器测得的输入信号偏小时，可以将输入信号适当调大。

用示波器的其他通道在放大电路的输出端观测是否有与输入信号同频率的交流放大波形输出。如果在放大电路的输出端观测不到与输入信号同频率的输出波形，则应从函数发生器的输出端开始跟踪输入信号，即用观测输出信号的探头从输入端开始向输出端方向逐个节点、逐个器件检查，观察是否有与输入信号同频率的交流信号存在，如果交流信号在某一位置突然消失，则该位置很可能存在问题，应纠错后再重新进行测试。

如果在输出端可以观察到与输入信号同频率的输出信号波形，但输出波形的幅值偏小，其幅值基本上与输入信号相等，没有达到预期的放大效果，则很可能是发射极旁路电容没有接好。检查并改正旁路电容的位置重新进行测试。

如果在输出端可以观察到一个与输入信号同频率的输出波形，但输出波形发生了非线性失真，则可能是因为输入信号幅值过大或静态工作点设置得不好，应先将输入信号幅值调小，如果输入信号幅值调小后输出波形依旧失真，则需要重新设计静态工作点。

当在输出端可以观察到与输入信号频率相同，且放大后不失真的输出波形后，设计实验数据记录表格，观察并画出输入、输出波形，记录输入、输出信号的电压有效值、频率等参数，计算交流电压放大倍数并记录下来。

在共发射极单管放大电路中，旁路电容 C_e 可以减弱发射极电阻 R_e 对交流信号的负反馈作用，从而增大共发射极单管放大电路对交流信号的放大能力。

将与发射极反馈电阻 R_e 并接的旁路电容 C_e 拿掉，继续用示波器观测输入、输出波形的变化，设计实验数据记录表格，记录输入、输出波形的电压有效值、频率等参数，计算交流放大倍数并记录下来。

将旁路电容 C_e 重新并接到发射极反馈电阻 R_e 的两端，准备完成非线性失真实验。

改变偏置电位器的阻值，将基极偏置电流调大，使放大电路工作在靠近饱和区的位置，即将晶体三极管的管压降调小，保证管压降最好小于 1V。将输入信号的幅值调大至有效值 100mV 左右，用示波器观测输入、输出波形的变化。

当在输出端可以观测到饱和失真波形后，关闭函数发生器的输出通道。

设计实验数据记录表格，测试并记录晶体三极管三个引脚 e、b、c 对地的压降 V_e、V_b、V_c，计算发射结压降 V_{be}、集电结压降 V_{bc}、管压降 V_{ce} 等参数，并记录下来。

改变偏置电位器的阻值，将基极偏置电流调小，使放大电路工作在靠近截止区的位置，即将晶体三极管的管压降调大，使管压降略小于电源电压。将输入信号的幅值调大至有效值 100mV 左右，用示波器观测输入、输出波形的变化。

当在输出端可以观察到截止失真波形后，关闭函数发生器的输出通道。

设计实验数据记录表格，测试并记录晶体三极管三个引脚 e、b、c 对地的压降 V_e、V_b、V_c，计算发射结压降 V_{be}、集电结压降 V_{bc}、管压降 V_{ce} 等参数，并记录下来。

在电路原理图上直接标注出最终所选用各元器件的参数值。

根据实验数据，总结 NPN 型晶体三极管共发射极单管放大电路的特点。

3.2.3　共集电极单管放大电路的设计与测试

在 3.2.1 节设计的静态工作电路基础上，选用合适的输入、输出耦合电容，设计一个 NPN 型晶体三极管共集电极单管放大电路，画出电路原理图。

根据实验室条件，选用合适的器件搭接实验电路。

用函数发生器给共集电极单管放大电路加入正弦波交流输入信号，同时用示波器观测输入信号的变化。在交流放大电路的输出端，用示波器的其他通道同时观测是否有与输入信号同频率的波形输出。

如果在放大电路的输出端观测不到与输入信号同频率的输出波形，则应从函数发生器的输出端开始跟踪输入信号，即用观测输出信号的探头从输入端开始向输出端方向逐个节点、逐个器件检查，观察是否有与输入信号同频率的交流信号存在，如果交流信号在某一位置上突然消失，则该位置很可能存在问题，应纠错后再重新进行测试。

当在输出端可以观察到与输入信号同频率的输出波形后，设计实验数据记录表格，观察并画出输入、输出波形，测试输入、输出信号的电压有效值、频率等参数，计算交流电压放大倍数并记录下来。

在电路原理图上直接标注出最终所选用各元器件的参数值。

根据实验数据，总结 NPN 型晶体三极管共集电极单管放大电路的特点。

3.2.4　共基极单管放大电路的设计与测试

在 3.2.1 节设计的静态工作电路基础上，选用合适的输入、输出耦合电容，设计一个 NPN 型晶体三极管共基极单管放大电路，画出电路原理图。

根据实验室条件，选用合适的器件搭接实验电路。

用函数发生器给共基极单管放大电路加入正弦波交流输入信号，同时用示波器观测输入信号的变化。在交流放大电路的输出端，用示波器的其他通道同时观测是否有与输入信号同频率的输出波形。

如果在放大电路的输出端观测不到与输入信号同频率的输出波形，则应从函数发生器的输出端开始跟踪输入信号，即用观测输出信号的探头从输入端开始向输出端方向逐个节点、逐个器件检查，观察是否有与输入信号同频率的交流信号存在，如果交流信号在某一位置上突然消失，则该位置很可能存在问题，应纠错后再重新进行测试。

当在输出端可以观察到与输入信号同频率的输出波形后，设计实验数据记录表格，观察并画出输入、输出波形，测试输入、输出波形的电压有效值、频率等参数，计算交流电压放大倍数并记录下来。

在电路原理图上直接标注出最终所选用各元器件的参数值。

根据实验数据，总结 NPN 型晶体三极管共基极单管放大电路的特点。

3.2.5　放大电路输入阻抗的测试

放大电路的直流输入阻抗可以用万用表等仪器直接进行测量；放大电路的交流输入阻抗，则需要搭接辅助测试电路进行测试。

为了测量放大电路的交流输入阻抗，需要在信号源与被测放大电路之间串接一个已知的

电阻 R，如图 3.2.2 所示。在放大电路正常放大时，测出信号源的输出电压 V_s 和经过电阻 R 衰减后的对地电压 V_i。通过计算可得交流输入阻抗 R_i 为，

$$R_i = \frac{V_i}{I_i} = \frac{V_i}{\frac{V_R}{R}} = \frac{V_i}{V_s - V_i} R$$

测试电阻 R 两端的交流压降时，不可以直接在电阻 R 两端取信号，必须在电阻 R 的两端分别对地进行测量，然后通过计算求出电阻 R 两端的交流压降。

相对于交流输入阻抗 R_i，电阻 R 的取值不可以太大，也不可以太小，以免引入较大的测量误差。通常情况下，电阻 R 应选用与输入阻抗 R_i 同一数量级的电阻。

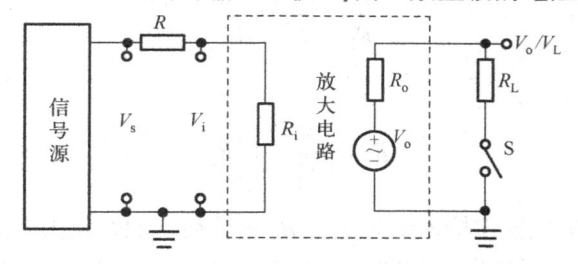

图 3.2.2 输入、输出阻抗测量电路

当放大电路的输入阻抗 R_i 较大时，直接测量信号源的输出电压 V_s 和放大电路的输入电压 V_i 会因测量仪器内阻的制约带来较大的测量误差。为了减小测量误差，常利用被测放大电路的隔离作用，通过测量输出电压来计算输入阻抗 R_i，其测量电路如图 3.2.3 所示。

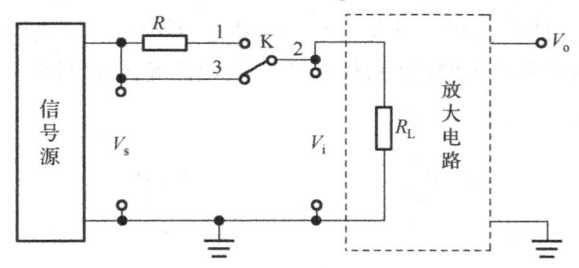

图 3.2.3 输入阻抗较大时的测量电路

在放大电路的输入端串接一个辅助测试电阻 R、一个单刀双掷开关 K。开始时，将开关 K 置向位置 3，即使 $R=0$，在该状态下测出放大电路的输出电压 V_{o1}，则有

$$V_{o1} = A_v V_s$$

保持信号源的输出信号 V_s 不变，将开关 K 置向位置 1，即接入辅助测试电阻 R，在该状态下测出放大电路的输出电压 V_{o2}，则有

$$V_{o2} = A_v V_i = A_v \frac{V_s}{R + R_i} R_i = A_v \frac{R_i}{R + R_i} V_s$$

由以上两式可以推出

$$R_i = \frac{V_{o2}}{V_{o1} - V_{o2}} R$$

在选用辅助测试电阻 R 时,一定要注意电阻 R 的阻值与输入阻抗 R_i 的阻值相比,不可以太大,也不可以太小,否则会引入较大的测量误差。

通常情况下,电阻 R 应选用与输入阻抗 R_i 同一数量级的电阻。

3.2.6 放大电路输出阻抗的测试

在图 3.2.2 所示的输出阻抗测试电路中,当放大电路正常放大时,将开关 S 接通,测出放大电路接负载电阻 R_L 时的输出电压 V_L;然后将开关 S 断开,测出放大电路不接负载电阻 R_L 时的输出电压 V_o。输出阻抗用 R_o 表示,则有

$$\frac{V_L}{R_L} = \frac{V_o}{R_o + R_L}$$

经计算可得

$$R_o = \left(\frac{V_o}{V_L} - 1\right) R_L$$

注意:测试时,必须保证在接入负载电阻 R_L 的前后,加在放大电路输入端的交流输入信号 V_s 的大小保持不变,以保证空载时的输出电压 V_o 和带载后的输出电压 V_L 是在相同输入条件下测得的。

3.3 晶体三极管单管放大电路设计基础

半导体三极管又称晶体三极管,简称晶体管,是由两个能相互影响的 PN 结构成的。

晶体三极管分为 PNP 型和 NPN 型两种结构,其电路符号如图 3.3.1 所示。

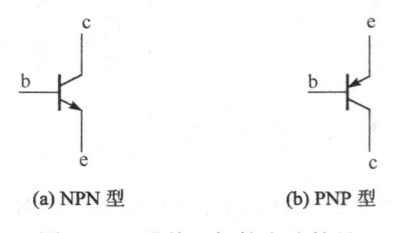

(a) NPN 型   (b) PNP 型

图 3.3.1 晶体三极管电路符号

晶体三极管有三个区域,中间的区域称为基区,两边的区域分别称为发射区和集电区,这三个区域所对应的电极引线分别称为基极 b、发射极 e 和集电极 c。晶体三极管在电路中的主要作用是电流控制,简单地说,就是流入晶体三极管基极的小电流,可以控制流经集电极和发射极的大电流,因此可以认为晶体三极管是一种电流控制型器件。

3.3.1 晶体三极管的引脚判别

用数字万用表的二极管量程可以对晶体三极管的引脚进行简单的判别。具体的判别方法是:先用数字万用表的二极管量程找出基极,基极相对于集电极和发射极的特性相同,要么都导通,要么都截止。如果红表笔接在基极,黑表笔分别接在集电极或发射极,集电结和发射结都导通,则可以判定该三极管为 NPN 型晶体三极管。反之,如果黑表笔接在基极,红表

笔分别接在集电极或发射极，集电结和发射结都导通，则可以判定该三极管为 PNP 型晶体三极管。

由于掺杂浓度不同，发射结和集电结的压降会略有区别。通常情况下，发射结的压降要比集电结的压降略高一些。因此，可以根据发射结和集电结的压降不同，来判断哪个引脚是发射极，哪个引脚是集电极。

3.3.2 晶体三极管的主要技术参数

晶体三极管的技术参数主要用来表征其性能优劣及其适用范围，是合理选择和正确使用晶体三极管的主要依据。晶体三极管的主要技术参数如下。

（1）集电极最大允许电流 I_{CM}——当集电极电流 i_C 增大到一定值时，电流放大倍数 β 值将下降。规定将 β 值下降到额定值的 2/3 时所对应的集电极电流定义为集电极最大允许电流 I_{CM}。

（2）集电极-发射极击穿电压 $V_{(BR)CEO}$——是指基极开路时，集电极和发射极之间的击穿电压，这个击穿电压与穿透电流 I_{CEO} 有关。

（3）集电极最大允许耗散功率 P_{CM}——是指三极管集电极最大允许电流和管压降的乘积，即 $P_{CM} = I_{CM} \times V_{CE}$。在实际使用时，集电极功耗不允许超过该耗散功率，否则三极管会因温度过高而烧毁。

（4）电流放大系数——也称电流放大倍数，是用来表征晶体三极管电流放大能力的参数。电流放大系数分为直流电流放大系数和交流电流放大系数。直流电流放大系数也称静态电流放大系数，是指静态无变化的信号输入时，三极管集电极电流 I_C 与基极电流 I_B 的比值，一般用 $\overline{h_{FE}}$ 或 $\overline{\beta}$ 表示。交流电流放大系数也称动态电流放大系数，是指在交流输入状态下，三极管的集电极电流的变化量 Δi_c 与基极电流变化量 Δi_b 的比值，一般用 h_{FE} 或 β 表示。

（5）特征频率 f_T——是指 $\beta = 1$ 时所对应的频率。

（6）集电极-基极之间的反向电流 I_{CBO}——和单个的 PN 结相类似，是指发射极开路，集电结反向偏置时的反向饱和电流。在一定温度下，该反向饱和电流基本上是一个常数，并且值很小，但反向饱和电流会随温度的升高而增大。

（7）集电极-基极反向击穿电压 $V_{(BR)CBO}$——是指发射极开路时，集电极和基极之间的反向击穿电压。该值相对较高，通常，小功率管的 $V_{(BR)CBO}$ 为几十伏。

（8）发射极-基极反向击穿电压 $V_{(BR)EBO}$——是指集电极开路时，发射极和基极之间的反向击穿电压。该值较低，通常，小功率管的 $V_{(BR)EBO}$ 为几伏。

（9）穿透电流 I_{CEO}——指基极开路时，集电区穿过基区流向发射区的电流。该电流受温度的影响较大，因此，其值越小，三极管的热稳定性越好。

为了使三极管能安全工作，在实际使用时，集电极工作电流应小于集电极最大允许电流 I_{CM}，集电极-发射极之间的工作电压应小于集电极-发射极击穿电压 $V_{(BR)CEO}$，集电极耗散功率应小于集电极最大允许耗散功率 P_{CM}。上述三个极限参数决定了三极管的安全工作区。

3.3.3 晶体三极管单管放大电路

按输入回路、输出回路共同端的不同，晶体三极管单管放大电路有三种基本组态，分别是：共发射极单管放大电路、共集电极单管放大电路和共基极单管放大电路。

不论是哪种组态，首先必须给直流通路设置合适的静态工作点，在指定的输入端接入动态范围合适的交流输入信号，利用基极电流对集电极电流的控制作用，就可以在输出端得到一个按输入信号规律变化的交流输出信号。

用晶体三极管作为放大器件使用时，无论是 NPN 型晶体三极管，还是 PNP 型晶体三极管，都必须给发射结加上正向偏置电压，集电结加上反向偏置电压，以实现放大功能。

晶体三极管虽然有电流放大作用，但其自身却是耗能器件，其放大信号所需要的能量必须由直流电源提供。

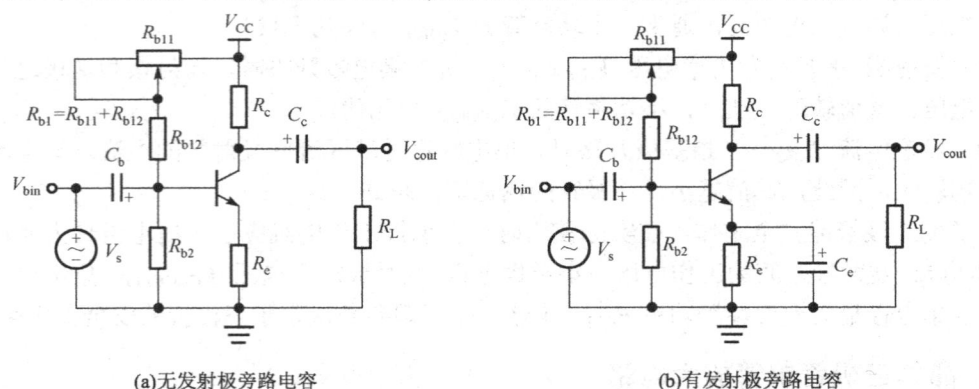

1. 共发射极单管放大电路

共发射极单管放大电路的输入信号在基极加入，输出信号在集电极获得，发射极既在输入回路上，也在输出回路上，因此，该电路被称为共发射极单管放大电路。

典型的共发射极单管放大电路如图 3.3.2 所示。其直流偏置电路是由直流电源 V_{CC}、基极电阻 R_{b1}、R_{b2} 和发射极电阻 R_e 组成的，被称为基极分压式射极负反馈偏置电路。

在图 3.3.2 中，发射极负反馈偏置电阻 R_e 一方面可以用来提高放大电路的输入阻抗，另一方面可以稳定放大电路的静态工作点。温度变化时，晶体三极管的直流放大倍数会发生变化，集电极电流 I_{CQ} 和发射极电流 I_{EQ} 也会随之变化。反馈电阻 R_e 利用发射极电流 I_{EQ} 的变化来调整发射极对地的压降 V_{EQ}，从而影响发射结的压降 V_{BEQ}，迫使基极电流 I_{BQ} 和集电极电流 I_{CQ} 向反方向变化，从而稳定放大电路的静态工作点。

图 3.3.2(a)中的交流输入阻抗为：

$$R_i = R_{b1}//R_{b2}//[r_{be}+(1+\beta)R_e]$$

交流输出阻抗为：

$$R_o = R_c//R_L$$

交流电压放大倍数为：

$$A_v = \frac{-\beta i_b(R_c//R_L)}{i_b r_{be}+(1+\beta)i_b R_e} = \frac{-\beta(R_c//R_L)}{r_{be}+(1+\beta)R_e}$$

从上式可以看出：发射极偏置电阻 R_e 的负反馈作用降低了交流信号的放大能力。

(a) 无发射极旁路电容　　　　　　　　(b) 有发射极旁路电容

图 3.3.2　共发射极单管放大电路

为了提高共发射极单管放大电路对交流信号的放大能力，可以在图 3.3.2(a)的基础上，在发射极和地之间增加一个旁路电容 C_e，如图 3.3.2(b)所示。

电容有隔直通交的作用。静态时，旁路电容 C_e 不起作用。

在通带范围内，旁路电容 C_e 的容抗相对于电阻 R_e 的阻抗应很小，当有交流信号输入时，负反馈电容 C_e 起主要作用，从而提高对交流信号的放大能力。

图 3.3.2(b)中的交流输入阻抗为：

$$R_i = R_{b1} // R_{b2} // r_{be}$$

交流输出阻抗不变，仍为：

$$R_o = R_c // R_L$$

交流电压放大倍数为：

$$A_v = \frac{-\beta i_b (R_c // R_L)}{i_b r_{be}} = \frac{-\beta (R_c // R_L)}{r_{be}}$$

共发射极单管放大电路的电压增益和电流增益都大于 1，输出电压与输入电压反相，输入阻抗介于共集电极单管放大电路和共基极单管放大电路之间，输出阻抗与集电极电阻有关，常被用于处理低频信号的放大。

2. 共集电极单管放大电路

共集电极单管放大电路的输入信号是从基极加入的，输出信号在发射极上获得，集电极既在输入回路上，也在输出回路上，因此该电路被称为共集电极单管放大电路。

图 3.3.3 所示为实验中比较常用的共集电极单管放大电路。其交流输入阻抗为：

$$R_i = R_{b1} // R_{b2} // [r_{be} + (1+\beta)(R_e // R_L)]$$

交流输出阻抗为：

$$R_o = R_e // R_L // \frac{r_{be} + R_s // R_{b1} // R_{b2}}{1+\beta}$$

交流电压放大倍数 A_V 为

$$A_V = \frac{(1+\beta) i_b (R_e // R_L)}{i_b r_{be} + (1+\beta) i_b (R_e // R_L)} = \frac{(1+\beta)(R_e // R_L)}{r_{be} + (1+\beta)(R_e // R_L)} < 1$$

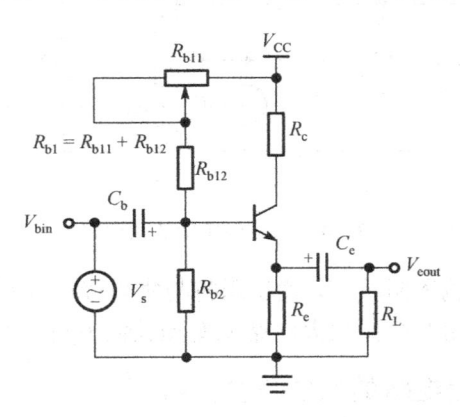

图 3.3.3 共集电极单管放大电路

当交流等效负载（$R_e // R_L$）远大于发射结的结电阻 r_{be} 时，交流输出电压和输入电压近似相等，因此，共集电极单管放大电路又被称为射极电压跟随器，简称射随器。

工作在放大区，发射极电流是基极电流的（1+β）倍，因此，共集电极单管放大电路具有电流放大作用和功率放大作用。电压增益略小于1，没有电压放大作用，有电压缓冲作用，输出电压和输入电压同相。

利用共集电极单管放大电路输入阻抗高、能从信号源汲取小电流的特点，可以将其作为多级放大电路的输入级；利用共集电极单管放大电路输出阻抗低、带载能力强的特点，可以将其作为多级放大电路的输出级；利用共集电极单管放大电路输入阻抗高、输出阻抗低的特点，还可以将其作为多级放大电路的中间级，作为缓冲级在电路中起阻抗变换作用，以隔离前后级之间的影响。

3．共基极单管放大电路

共基极单管放大电路的输入信号由发射极加入，输出信号在集电极上获得，基极既在输入回路上，也在输出回路上，因此该电路被称为共基极单管放大电路。

在图 3.3.4 所示的共基极单管放大电路中，其交流输入阻抗为：

$$R_\mathrm{i} = R_\mathrm{e} // \frac{r_\mathrm{be}}{1+\beta}$$

交流输出阻抗为：

$$R_\mathrm{o} = R_\mathrm{c} // R_\mathrm{L}$$

交流电压放大倍数为：

$$A_\mathrm{v} = \frac{v_\mathrm{o}}{v_\mathrm{i}} = \frac{-\beta i_\mathrm{b}(R_\mathrm{c}//R_\mathrm{L})}{-i_\mathrm{b} r_\mathrm{be}} = \frac{\beta(R_\mathrm{c}//R_\mathrm{L})}{r_\mathrm{be}}$$

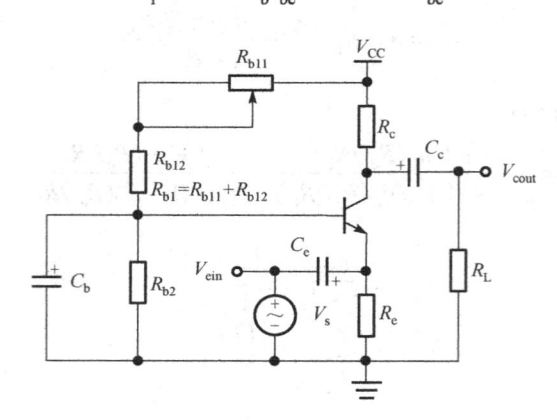

图 3.3.4　共基极单管放大电路

共基极单管放大电路的输入阻抗小，输出阻抗与集电极电阻有关，电流增益小于1，通频带宽，高频特性好，通常被用在高频放大电路或宽频放大电路中。

3.3.4　共发射极单管放大电路的伏安特性曲线

共发射极单管放大电路输入特性曲线主要描述当管压降 v_CE 为某一定值时，输入电流 i_B 与发射结压降 v_BE 之间的关系。

用晶体三极管作为放大器件使用时，要求发射结正偏，集电结反偏。发射结正偏时导通压降与工作电流的关系与二极管正偏时导通压降与工作电流的关系相类似，其输入特性曲线如图 3.3.5(a)所示。

共发射极单管放大电路输出特性曲线描述了当基极输入电流 i_B 为某一定值时，集电极电流 i_C 与管压降 v_{CE} 之间的关系，如图 3.3.5(b)所示。

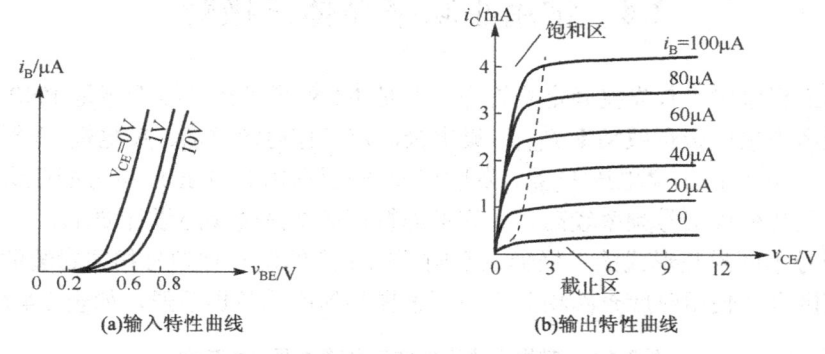

(a)输入特性曲线　　　(b)输出特性曲线

图 3.3.5　NPN 型晶体三极管共发射极单管放大电路伏安特性曲线

晶体三极管对基极偏置电流有放大作用，当基极偏置电流发生变化时，集电极电流和发射极电流也会随之变化。当电源电压、集电极电阻和发射极电阻不变时，三极管的管压降会随之变化，因此，在共发射极单管放大电路中基极偏置电流从零开始增大的过程中，晶体三极管会经历三种不同的工作状态，其输出特性曲线也被相应地划分为三个不同的工作区域：截止区、放大区和饱和区。

截止区——当基极偏置电流很小，不能使发射结正偏，即发射结不能导通时，三极管的两个 PN 结都处于截止状态，此时三极管工作在截止区。对于小功率晶体三极管，其基极偏置电流很小，工程上把输出特性曲线上基极电流 i_B=0 以下的区域定义为截止区。在截止区，流过基极、集电极和发射极的电流都非常小，工程计算时可以忽略不计，集电极和发射极之间相当于一个断开的开关。

放大区——当基极偏置电流增大，使发射结进入导通状态，即发射结正偏，集电结反偏时，集电极电流 i_C 受基极电流 i_B 的控制，即 $i_C = \beta i_B$，此时，晶体三极管工作在放大区。工作在放大区的晶体三极管，其管压降 v_{CE} 的变化对集电极电流 i_C 的变化影响很小，当对小信号进行放大时，该影响可以忽略，可以认为是线性放大。

饱和区——当基极偏置电流增大到使集电极电阻和发射极电阻上的总压降几乎接近于电源电压时，三极管的管压降 v_{CE} 会变得很小，此时晶体三极管的发射结和集电结都处于正向偏置状态，三极管进入饱和区。工作在饱和区的晶体三极管，其集电极电流不再受基极电流的控制，已经失去了电流放大作用。在饱和区，因管压降 v_{CE} 很小，工程计算上可以认为集电极电压和发射极电压相等，此时三极管相当于一个导通的开关，因此，晶体三极管的饱和状态也被称为饱和导通状态。

调试电路时，如果晶体三极管静态工作点设置较低，即基极偏置电流较小，当基极输入信号的动态范围较大时，交流信号的负半周与偏置信号叠加，基极电流减小，当基极电流减小到不能使发射结导通时，三极管进入截止区，输出波形将发生截止失真。

同理，如果晶体三极管静态工作点设置较高，即基极偏置电流较大，当基极输入信号的动态范围较大时，交流信号的正半周与偏置信号叠加，基极电流增大，集电极和发射极的电流也增大，集电极电阻和发射极电阻上的压降增大，管压降降低，当基极电流增大到使管压降很小，集电结和发射结都正偏时，三极管进入饱和区，输出波形将发生饱和失真。

3.4 常用小功率晶体三极管

选用晶体三极管时，首先要确定好管型，即是 NPN 型晶体三极管还是 PNP 型晶体三极管。其次还应考虑集电极耗散功率 P_{CM}、集电极额定工作电流 I_{CM}、集电极-发射极击穿电压 V_{CEO}、集电极-基极反向击穿电压 V_{CBO}、发射极-基极反向击穿电压 V_{EBO} 等极限参数是否满足设计要求。如果待处理信号频率较高，还应考虑特征频率是否满足设计要求。

同一种型号不同封装形式的三极管或不同厂家生产的同一种型号相同封装的三极管，其技术参数会有区别，使用时应查阅相关生产厂家提供的产品数据手册，如表 3.4.1 所示。

表 3.4.1 常用小功率晶体三极管主要技术参数

型号	类型	P_{CM}/mW	I_{CM}/mA	V_{CBO}/V	V_{CEO}/V	V_{EBO}/V	h_{FE}/β	f_T/MHz	封装形式
2N5401	PNP	625	600	160	150	5	60~240	100	TO-92
2N5551	NPN	625	600	180	160	6	80~250	100	TO-92
S9012	PNP	625	500	40	25	5	64~300	150	TO-92
S9013	NPN	625	500	40	30	5	96~246	140	TO-92
S9014	NPN	450	100	50	45	5	60~1000	150	TO-92
S9016	NPN	300	25	30	20	5	28~270	300	TO-92
S9018	NPN	400	50	30	15	5	28~198	700	TO-92
S8050	NPN	625	500	40	25	5	85~300	150	TO-92
S8550	PNP	625	500	40	25	5	85~300	150	TO-92

从表 3.4.1 可以看出，小功率晶体三极管的 β 值范围较宽，即使是同种型号、同种封装形式的晶体三极管，其 β 值的离散性也较大。

同样是 TO-92 封装的小功率晶体三极管，S9018 的特征频率 f_T 较高，高频特性较好，但其集电极额定工作电流 I_{CM} 较小。

插件 TO-92 和贴片 SOT-23 是小功率晶体三极管最常采用的两种封装形式，如图 3.4.1 所示。为了搭接实验电路方便，实验室提供的器件主要采用插件封装。使用时，应注意查阅相关生产厂家提供的产品数据手册来确定器件的封装形式和引脚排序等参数。

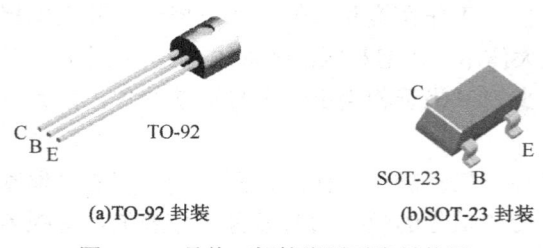

(a)TO-92 封装　　(b)SOT-23 封装

图 3.4.1　晶体三极管常用引脚封装图

第 4 章　射极耦合差分放大电路

差分放大电路是模拟集成电路的重要组成单元，其最主要的特征是电路参数对称。用三端器件组成的差分放大电路有两个输入端和两个输出端。

按输入/输出方式区分，差分放大电路可分为：双端输入双端输出、双端输入单端输出、单端输入双端输出和单端输入单端输出 4 种形式。

4.1　预习思考题

（1）在射极耦合差分放大电路中，为什么要选用两个参数对称的晶体三极管？

（2）在射极耦合差分放大电路实验中，为什么要在两个差分对称管的发射极之间加一个可调电阻？该可调电阻的标称值应该怎样确定？如果将该可调电阻去掉，差分放大电路的放大性能会有哪些变化？

（3）在电阻负反馈射极耦合差分放大电路实验中，如果测得的两个差分对称管的静态工作点不对称，应该怎样调节？

（4）怎样给射极耦合差分放大电路加入差模输入信号？如果在实验过程中发现单端输出的差模放大信号发生了非线性失真，应该怎样调节？

（5）怎样给射极耦合差分放大电路加入共模输入信号？如果在实验过程中发现单端输出的共模放大信号过小，应该怎样调节？

（6）在测试射极耦合差分放大电路的输出信号时，为什么不可以用示波器的一个通道在两个输出端直接测出双端输出信号？为什么要分两次测量？详细说明测量射极耦合差分放大电路双端输出信号的正确方法。

（7）电阻负反馈射极耦合差分放大电路和恒流源负反馈射极耦合差分放大电路的主要区别是什么？如果想比较电阻负反馈射极耦合差分放大电路和恒流源负反馈射极耦合差分放大电路的异同点，应该怎样调节这两种放大电路的静态工作点？

（8）详细分析电阻负反馈射极耦合差分放大电路和恒流源负反馈射极耦合差分放大电路对差模输入信号的电压放大能力有哪些异同点，对共模输入信号的电压抑制能力有哪些异同点。

4.2　实验电路的设计与测试

射极耦合差分放大电路结构复杂，按共模负反馈的形式可分为：电阻负反馈射极耦合差分放大电路和恒流源负反馈射极耦合差分放大电路两大类。

差分放大电路的输入信号由两部分构成：差模输入信号和共模输入信号。由于共模负反馈器件的存在，差分放大电路对差模输入信号和共模输入信号的处理方式不同。差分放大电路放大差模输入信号，抑制共模输入信号。

在完全对称的理想条件下，如果给差分放大电路的两个输入端加入两个完全相同的共模输入信号，则在两个输出端可以得到两个完全相同的共模输出信号。

电阻负反馈射极耦合差分放大电路和恒流源负反馈射极耦合差分放大电路对共模信号的抑制能力不同，恒流源负反馈射极耦合差分放大电路对共模信号的抑制能力更强。

利用差分放大电路的参数对称性和负反馈作用，可以有效地稳定静态工作点，放大差模输入信号，抑制共模输入信号。

为了准确比较电阻负反馈射极耦合差分放大电路和恒流源负反馈射极耦合差分放大电路对差模输入信号的放大能力和对共模输入信号的抑制能力有哪些不同，首先必须保证这两种不同负反馈方式下的射极耦合差分放大电路具有相同的静态工作点。

4.2.1 电阻负反馈射极耦合差分放大电路的设计与测试

用万用表选出一对型号相同，参数近似相等的晶体三极管。

用选出的对称管设计一个电阻负反馈射极耦合差分放大电路，画出电路原理图。

根据实验室条件，选用合适的器件搭接实验电路。

接通直流电源后，改变连接在两个差分对称管发射极之间的电位器可调端的位置，调节两个对称管的静态工作电压，使两个对称管的集电极电压相等。

测量并比较两个对称管的基极电压和发射极电压，如果两个对称管的基极电压和发射极电压也基本相等，则说明搭接的实验电路正确。

设计实验数据记录表格，分别测出两个对称管三个引脚 e、b、c 对地的压降 V_e、V_b、V_c 并记录下来，计算两个管子的结压降 V_{be}、V_{bc}、管压降 V_{ce}、集电极工作电流 I_c、发射极工作电流 I_e 等参数，并记录下来。

检查测试数据，如果发现两个对称管的静态工作电压或静态工作电流偏差较大，则需要重新选择器件，调整实验电路，直至两个对称管的静态工作点基本对称。

1．电阻负反馈射极耦合差分放大电路对差模输入信号的放大和测量

在差分放大电路的两个输入端加入差模输入信号，分别在两个管子的输出端观测是否有与输入信号同频率的放大波形输出，如果在两个输出端可以观测到两个互为反相的输出波形，则说明电路工作正常，可以记录差模放大数据。

如果在两个对称管的输出端不能观测到两个互为反相的输出波形，则需要从输入端开始，沿着交流输入信号的流动方向，用示波器的探头逐个节点检测交流信号，确定交流信号消失的位置，定位错误所在点，纠错后再重新进行测试。

设计实验数据记录表格，画出输入、输出波形，测量并记录输入、输出波形的电压有效值、频率等参数，分别计算两个单端信号的差模电压放大倍数并记录下来。

2．电阻负反馈射极耦合差分放大电路对共模输入信号的放大和测量

在差分放大电路的两个输入端同时加入一个幅值较大的共模输入信号，分别在两个管子的输出端观测是否有与输入信号同频率的波形输出。

射极耦合差分放大电路对共模输入信号有抑制作用，因此，如果在两个输出端测得的输出信号较小，则可以将共模输入信号调大，直至在两个输出端可以观测到两个互为同相且幅值合适的输出波形。

如果在输出端不能观测到两个互为同相的输出波形，则需要从输入端开始，用示波器的探头沿着交流输入信号流动的方向逐个节点检查交流信号，直到确定交流信号消失的位置，定位错误所在点，纠错后再重新进行测试。

设计实验数据记录表格，画出输入、输出波形，测量并记录输入、输出波形的电压有效值、频率等参数，分别计算两个单端输出信号的共模电压放大倍数并记录下来。

4.2.2 恒流源负反馈射极耦合差分放大电路的设计与测试

在 4.2.1 节设计的实验电路基础上，将发射极负反馈电阻换成恒流源电路，设计一个恒流源负反馈射极耦合差分放大电路，画出电路原理图。

根据实验室条件，选用合适的器件搭接实验电路。

接通直流电源后，改变连接在两个差分对称管发射极之间电位器可调端的位置，调节两个对称管的静态工作点，使两个对称管的集电极静态电压相等。

测量并比较两个对称管的基极电压和发射极电压，如果两个差分对称管的基极电压和发射极电压也基本相等，则说明实验电路正确。

设计实验数据记录表格，分别测试两个对称管三个引脚 e、b、c 对地的压降 V_e、V_b、V_c 并记录下来，计算两个管子的结压降 V_{be}、V_{bc}、管压降 V_{ce}、集电极工作电流 I_c、发射极工作电流 I_e 等参数并记录。

检查测试数据，如果发现两个对称管的静态工作电压或静态工作电流偏差较大，则需要重新选择器件，调整实验电路，直至两个对称管的静态参数基本对称。

1. 恒流源负反馈射极耦合差分放大电路对差模输入信号的放大和测量

在差分放大电路的两个输入端加入差模输入信号，用示波器分别在两个管子的输出端观测是否有与输入信号同频率的放大波形输出，如果在两个输出端可以观测到两个互为反相的放大输出波形，则说明电路功能正常。

如果在两个输出端不能观测到两个互为反相的放大输出波形，则需要从输入端开始，用示波器的探头沿着交流输入信号流动的方向逐个节点检查交流信号，确定交流信号消失的位置，定位错误所在点，纠错后再重新进行测试。

设计实验数据记录表格，画出输入、输出波形，测量并记录输入、输出波形的电压有效值、频率等数据，计算两个单端输出信号的差模电压放大倍数并记录。

2. 恒流源负反馈射极耦合差分放大电路对共模输入信号的放大和测量

在差分放大电路的两个输入端同时加入一个幅值较大的共模输入信号，分别在两个管子的输出端监测是否有与输入信号同频率的输出波形。

射极耦合差分放大电路对共模输入信号有抑制作用，并且，恒流源负反馈的动态阻抗很大，其对共模输入信号的抑制能力极强。实验过程中会发现，即使把共模输入信号的幅值调得很大，在两个输出端也很难观测到两个清晰的互为同相的输出信号波形。

仔细观察输出波形的变化，并与电阻负反馈射极耦合差分放大电路做比较，详细分析恒流源负反馈射极耦合差分放大电路对共模输入信号的单端抑制能力。

4.2.3 两种不同负反馈方式下射极耦合差分放大电路的设计与比较

将 4.2.1 节和 4.2.2 节中的两个实验电路合并，即在差分对称管平衡状态调节电位器中间可调端上增加一个单刀双掷开关（也可以用跳线代替），该开关可以切换到两种不同负反馈电路：电阻负反馈电路和恒流源负反馈电路，设计框图如图 4.2.1 所示。

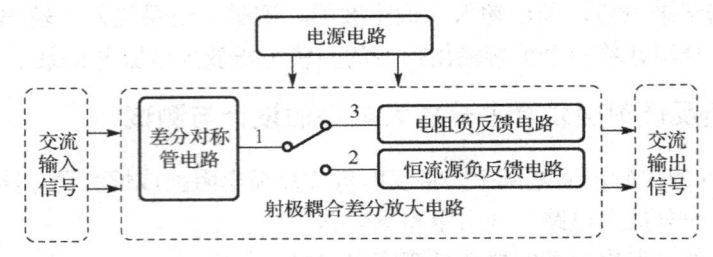

图 4.2.1　两种不同负反馈方式下射极耦合差分放大电路对比实验框图

为了比较电阻负反馈射极耦合差分放大电路和恒流源负反馈射极耦合差分放大电路对差模信号的放大能力和对共模信号的抑制能力有哪些不同，必须首先将这两种不同负反馈方式下的射极耦合差分放大电路的静态工作点调成一致。

图 4.2.2 所示为电阻负反馈射极耦合差分放大电路和恒流源负反馈射极耦合差分放大电路对比实验电路原理图，其中的负反馈电阻 R_e 改成了电位器形式，以方便静态工作点的设置。通过调节电位器 R_e 可以将电阻负反馈射极耦合差分放大电路的静态工作点与恒流源负反馈射极耦合差分放大电路的静态工作点调成一致。

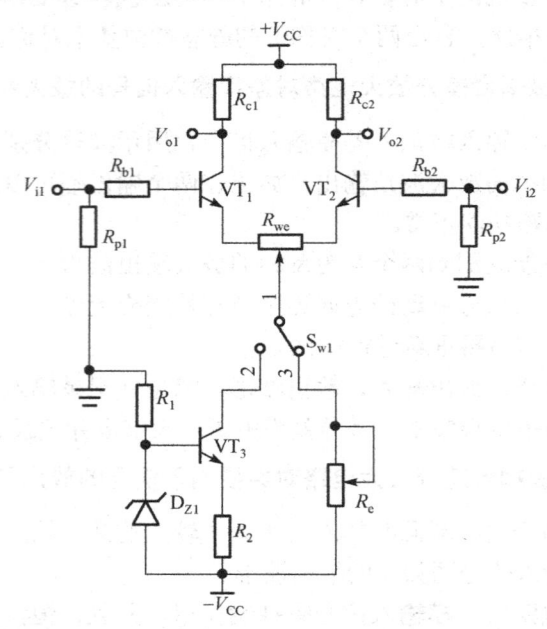

图 4.2.2　两种不同负反馈方式下射极耦合差分放大电路的对比实验电路

发射极电位器 R_{we} 主要用来补偿两个对称管的非对称性，将两个对称管的集电极静态工作电压调成相等。为了保证两个对称管 VT_1、VT_2 发射极静态工作电流的对称性，R_{we} 应该选用电阻值相对较小的电位器，如选用标称值为 100Ω 的精密多圈电位器。

1. 静态工作点的设置

为完成两种不同负反馈方式下射极耦合差分放大电路的对比实验，必须将两种不同负反馈方式下的射极耦合差分放大电路的静态工作点调成一致。因恒流源的直流阻抗不方便调整，因此，应先将单刀双掷开关切换到触点 2 恒流源负反馈电路上，调节发射极平衡电位器 R_{we}，使两个差分对称管 VT_1、VT_2 的集电极对地直流电压相等，即 $V_{o1}=V_{o2}$。

设计实验数据记录表格，分别测试并记录两个对称管三个引脚对地的压降并记录。

观察实验数据，如果发现两个对称管的静态工作电压不对称，且偏差较大，则需要用电压表逐个节点测量各节点对地的压降，尤其应检查电源和参考地是否接好，所有参考地是否共地，定位电路错误所在点，纠错后再重新进行测试，直至通过调节发射极平衡电位器 R_{we} 可以将两个对称管的静态工作电压调成一致。

将图 4.2.2 中的单刀双掷开关 S_{w1} 的动触点由位置 2 切换到位置 3，将实验电路改成电阻负反馈形式，该电路中的负反馈电阻用电位器 R_e 代替，方便了静态工作点的调节。

调节电位器 R_e 的阻值，使两个对称管的集电极静态工作电压等于恒流源负反馈时两个差分对称管的集电极静态工作电压。

补充前面的实验数据记录表格，测试并记录电阻负反馈射极耦合差分放大电路两个差分对称管三个引脚对地的压降，观察这两种不同负反馈方式下的静态工作电压是否一致。在静态工作电压基本一致的情况下，方可继续完成交流放大对比实验。

2．比较两种不同负反馈射极耦合差分放大电路对差模输入信号的放大能力

当测得的两种不同负反馈方式下射极耦合差分放大电路的静态工作点基本一致后，分别给两种不同负反馈方式下的差分放大电路加入幅值和频率相同的差模输入信号，测量这两种不同负反馈方式下射极耦合差分放大电路对差模信号的单端放大能力。

设计实验数据记录表格，画出输入、输出波形，测试并记录实验数据。

计算两种不同负反馈方式下射极耦合差分放大电路对差模信号的单端放大能力。

3．比较两种不同负反馈射极耦合差分放大电路对共模输入信号的抑制能力

给静态工作电压相等的两种不同负反馈方式下射极耦合差分放大电路加入幅值和频率相同的共模输入信号，分别测试这两种不同负反馈方式下射极耦合差分放大电路对共模信号的单端抑制能力，比较这两种不同负反馈方式下射极耦合差分放大电路对共模信号的抑制能力有哪些不同。

设计实验数据记录表格，观测输入、输出波形，测试并记录实验数据。

计算电阻负反馈方式下射极耦合差分放大电路对共模信号的单端抑制能力；观测恒流源负反馈方式下射极耦合差分放大电路对共模信号的单端抑制能力与电阻负反馈方式下射极耦合差分放大电路对共模信号的单端抑制能力相比有哪些不同，并记录下来。

4.3　射极耦合差分放大电路设计

在图 4.3.1 所示电路中，两个输入信号 v_{i1} 和 v_{i2} 之间的电势差 v_{id} 定义为差模输入电压，即

$$v_{id} = v_{i1} - v_{i2} \tag{4.3.1}$$

差模输入电压可以在两个输入端之间产生差模输入电流 i_{id}，电流的方向是从三极管 VT_1 的输入端流向三极管 VT_2 的输入端，如图 4.3.1 所示。

共模输入电压是指两个输入信号中存在的相对于参考地大小相等、相位相同的信号。共模输入信号等于两个输入电压的算术平均值，即

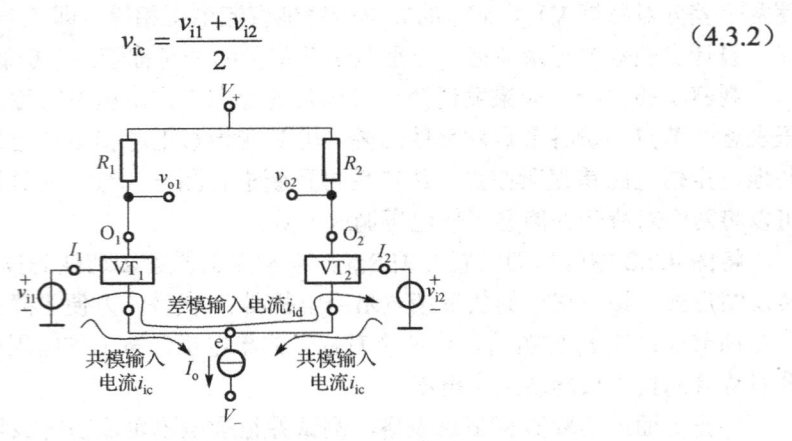

$$v_{ic} = \frac{v_{i1} + v_{i2}}{2} \tag{4.3.2}$$

图 4.3.1　用三端器件设计的差分放大电路

由于差分电路存在对称性，两个共模输入电压会在两只对称管上分别产生大小相等的共模输入电流 i_{ic}，共模输入电流的流动方向是从两只对称管的输入端流入，经放大后一起流向公共点 e，然后在 e 点汇合成电流 I_o 流向负电源。

由式（4.3.1）和式（4.3.2）可以推出，当两个差分对称管的输入信号不同时，输入信号可以用差模输入信号和共模输入信号两部分来表示，即

$$v_{i1} = v_{ic} + \frac{v_{id}}{2} \tag{4.3.3}$$

$$v_{i2} = v_{ic} - \frac{v_{id}}{2} \tag{4.3.4}$$

由式（4.3.3）和式（4.3.4）可以看出：两个输入端的共模输入信号大小相等，极性相同；两个输入端的差模输入信号大小相等，极性相反。

实际应用中，需要放大的有用信号大多是差模信号。而温度漂移、电路热噪声等无用信号是共模信号。为了抑制温度等外界因素变化对放大电路性能的影响，需要放大电路只放大差模信号，抑制共模信号，并且要求电路对共模信号的抑制能力越强越好。

根据叠加原理，电路总的输出电压是差模输出电压与共模输出电压之和，即

$$v_o = v_{od} + v_{oc} = A_{vd} v_{id} + A_{vc} v_{ic} \tag{4.3.5}$$

式中，A_{vd} 是差模电压放大倍数，A_{vc} 是共模电压放大倍数，即

$$A_{vd} = \frac{v_{od}}{v_{id}} \tag{4.3.6}$$

$$A_{vc} = \frac{v_{oc}}{v_{ic}} \tag{4.3.7}$$

4.3.1　射极耦合差分放大电路

在图 4.3.2 所示的电路中，两个晶体三极管的发射极直接连在一起，接有一个共同的负反

馈电阻 R_e，采用这种连接方式的差分放大电路被称为射极耦合差分放大电路。

由于射极耦合差分放大电路采用了对称器件连接，因此，在理想条件下，两个差分对称管的静态工作电压相等，当两个交流输入信号都等于零，即 $v_{i1}=v_{i2}=0$ 时，在输出端所产生的电压变化量也等于零，即 $v_{o1}=v_{o2}=0$。

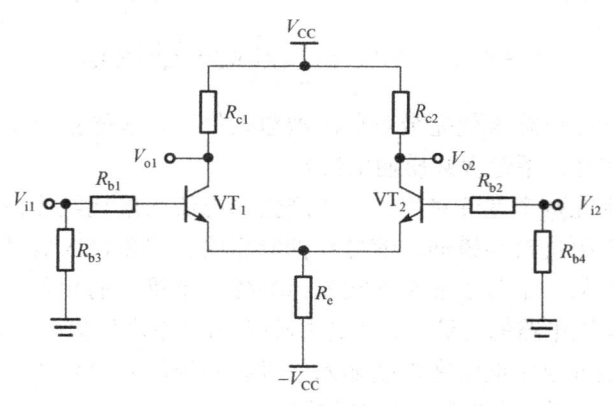

图 4.3.2 射极耦合差分放大电路

在图 4.3.2 所示的电路中，当在两个输入端加入一对大小相等、极性相同的共模输入信号，即 $v_{i1}=v_{i2}=v_{ic}$ 时，由于电路存在对称性，两个差分对称管的静态工作电压相同，则共模输入信号在两个差分对称管上所产生的电流大小相等，方向经 be 结后一起流向负反馈电阻。因此，各自在差分对称管上所产生的输出电压大小相等、极性相同，即两个差分对称管的共模交流输出电压大小相等、极性相同。

共模单端输出电压为：

$$v_{o1}=v_{o2}=v_{oc}$$

共模双端输出电压为：

$$v_o=v_{o1}-v_{o2}=0$$

在图 4.3.2 所示的电路中，当在两个输入端加入一对大小相等、极性相反的差模输入信号，即 $v_{i1}=-v_{i2}=v_{id}/2$ 时，由于电路存在对称性，两个差分对称管的静态工作电压相同，则差模输入信号在两个差分对称管上所产生的电流流向是从一只管子的输入端流向另外一只管子的输入端，所产生的电流大小相等、方向相反，即两个差分对称管的差模输出电压大小相等、极性相反。

差模单端输出电压为：

$$v_{o1}=\frac{v_{od}}{2}, \quad v_{o2}=-\frac{v_{od}}{2}$$

差模双端输出电压为：

$$v_o=v_{o1}-v_{o2}=\frac{v_{od}}{2}-\left(-\frac{v_{od}}{2}\right)=v_{od}$$

通常情况下，输入信号是共模信号和差模信号的叠加，即

$$v_{i1}=v_{ic}+\frac{v_{id}}{2}, \quad v_{i2}=v_{ic}-\frac{v_{id}}{2}$$

则单端输出电压也是共模信号与差模信号的叠加，即

$$v_{o1} = v_{oc} + \frac{v_{od}}{2}, \quad v_{o2} = v_{oc} - \frac{v_{od}}{2}$$

理论上，差分放大电路双端输出电压只包含差模输出信号，即

$$v_o = v_{o1} - v_{o2} = v_{oc} + \frac{v_{od}}{2} - \left(v_{oc} - \frac{v_{od}}{2}\right) = v_{od}$$

由以上分析可知：在电路参数完全对称的理想条件下，射极耦合差分放大电路双端输出信号只包含差模输出信号，不包含共模输出信号。

共模输入信号作用在两个差分对称管上所产生的电流增量流经接在公共射极的负反馈电路，负反馈电路的交流阻抗对共模输入信号有抑制作用。差模输入信号作用在两个差分对称管上所产生的电流增量从一个管子的输入端流向另外一个管子的输入端，不流经接在公共射极的负反馈电路，负反馈电路的交流阻抗对差模输入信号不产生影响。

总之，射极耦合差分放大电路在差模输入信号和共模输入信号的共同作用下，对差模输入信号有放大作用，对共模输入信号有抑制作用。

在实际应用中，温度变化、电源电压波动等外界因素的影响会同时作用在两个差分对称管上，使两个差分对称管产生相同的变化，其效果相当于在两个差分对称管的输入端加入了共模输入信号，因此，电路设计时，采用差分放大电路可以实现抑制温度变化、电源电压波动等因素对放大电路性能所产生的影响。

4.3.2 电阻负反馈射极耦合差分放大电路

根据发射极共有负反馈电路的形式不同，射极耦合差分放大电路可分为：电阻负反馈射极耦合差分放大电路和恒流源负反馈射极耦合差分放大电路两大类。

设计实验电路时，很难挑选出完全对称的两个差分对称管，因此，实验时，通常会在两个差分对称管的发射极之间加一个阻值较小的电位器 R_{we}，如图 4.3.3 所示。

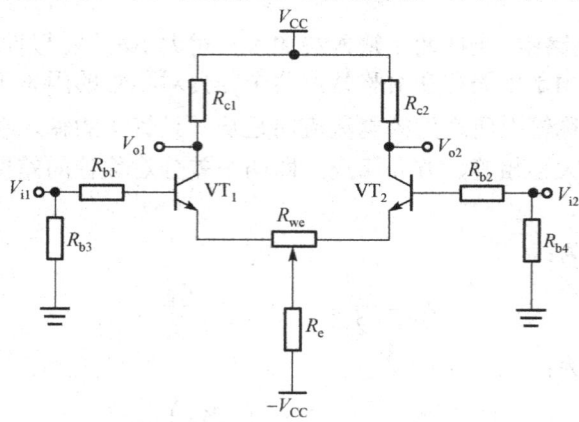

图 4.3.3 带静态工作点调节电位器的电阻负反馈射极耦合差分放大电路

改变电位器 R_{we} 中间可调端的位置，可以补偿两个差分对称管的非对称性，使两个差分对称管的集电极静态工作电压相等，即 $V_{o1}=V_{o2}$。

对称性调节电位器 R_{we} 的标称电阻值应该小一些，因为如果所选用的对称性调节电位器

R_{we} 的电阻值较大，虽然也可以将两个差分对称管的集电极静态工作电压调成相等，但很可能两个差分对称管的发射极电阻偏差相对较大，会导致两个差分对称管发射极电流的对称性下降，从而影响两个差分对称管的动态放大性能。

在图 4.3.3 所示的电路中，直流电源 $+V_{CC}$ 通过集电极电阻 R_{c1} 和 R_{c2} 加到两个差分对称管的集电极，给两个差分对称管提供合适的静态工作电压和放大交流信号所需要的能量。直流电源 $-V_{CC}$ 用来补偿发射极负反馈电阻 R_e 两端的直流压降，保证两个差分对称管 VT_1 和 VT_2 的发射结正偏，同时还可以扩大差模输出信号的动态范围。

基极电阻 R_{b1}、R_{b2} 和接地电阻 R_{b3}、R_{b4} 一起通过接地端给两个对称管 VT_1 和 VT_2 的基极提供直流偏置，在两个对称管的基极产生稳定的直流偏置电流。

4.3.3 恒流源负反馈射极耦合差分放大电路

在图 4.3.3 中，发射极负反馈电阻 R_e 电阻值的大小会影响差分放大电路静态工作点的设置，同时也会影响差分放大电路对共模信号的抑制能力。如果选用的发射极负反馈电阻 R_e 的阻值偏小，负反馈电阻 R_e 对共模信号的抑制能力会明显降低；如果所选用的发射极负反馈电阻 R_e 的阻值偏大，则会导致发射极静态工作点升高，严重时可能会导致差分对称管的发射结不能正偏，差分放大电路不能正常工作。

为提高图 4.3.3 中电阻负反馈射极耦合差分放大电路对共模信号的抑制能力，可以将发射极负反馈电阻 R_e 改成恒流源负反馈形式，如图 4.3.4 所示，构成恒流源负反馈射极耦合差分放大电路。

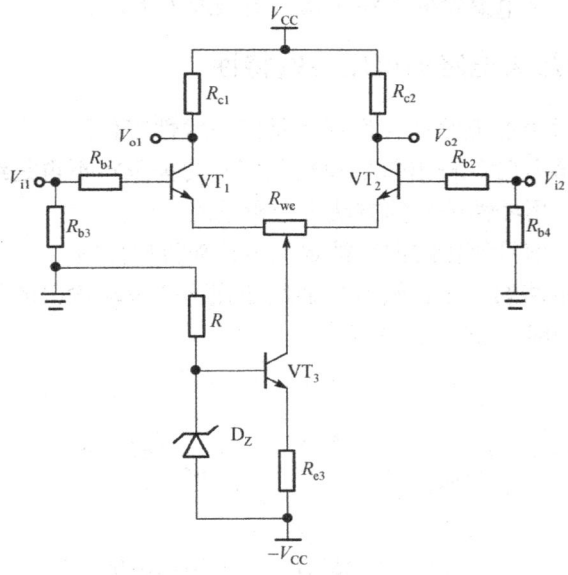

图 4.3.4 恒流源负反馈射极耦合差分放大电路

恒流源负反馈电路的静态电阻对差分放大电路静态工作点的调节影响较小，但其动态电阻相对较大，对共模信号的抑制能力相对较强。因此，恒流源负反馈射极耦合差分放大电路能更好地抑制电源噪声、温漂、零漂等共模干扰。

4.3.4 共模抑制比 K_{CMR}

共模抑制比主要用来衡量差分放大电路对共模信号的抑制能力。其定义为：差分放大电路对差模信号的电压放大倍数 A_vd 与对共模信号电压放大倍数 A_vc 比值的绝对值，即

$$K_\text{CMR} = \left|\frac{A_\text{vd}}{A_\text{vc}}\right|$$

用分贝表示的共模抑制比为：

$$K_\text{CMR} = 20\lg\left|\frac{A_\text{vd}}{A_\text{vc}}\right|$$

差分放大电路若完全对称，其双端输出的共模电压放大倍数 $A_\text{vc}=0$。因此，理想条件下，差分放大电路双端输出时的共模抑制比为无穷大。但实际电路中，由于电路器件不可能完全对称，其双端输出的共模抑制比 K_CMR 不可能做到无穷大。

差分放大电路双端输出时的共模抑制比较高，实验中不需要详细分析。本实验重点测试、分析两种不同负反馈方式下射极耦合差分放大电路单端输出时的共模抑制比。

差分放大电路单端输出的共模抑制比定义为差分对称管中某一只管子对差模信号的电压放大能力与对共模信号的抑制能力之比的绝对值，即：

$$K_\text{CMR1} = \left|\frac{A_\text{vd1}}{A_\text{vc1}}\right|$$

与共发射极单管放大电路相比，差分放大电路具有较好的低频响应特性，可以采用直接耦合方式输入，提高了放大电路对低频输入信号的拾取能力。

4.3.5 射极耦合差分放大电路的电压传输特性

通常情况下，我们讨论的电路放大作用都是指在线性工作区，小信号输入条件下的电路放大作用。当有大信号输入时，输出信号和输入信号的关系将不再是线性关系，因此，在大信号输入条件下，不可以用线性分析的方法来分析电路。

描述输出信号随输入信号变化的曲线被定义为传输特性曲线。

射极耦合差分放大电路的电压传输特性曲线是指两个单端输出的差模输出电压信号随差模输入电压信号的变化曲线，如图 4.3.5 所示。

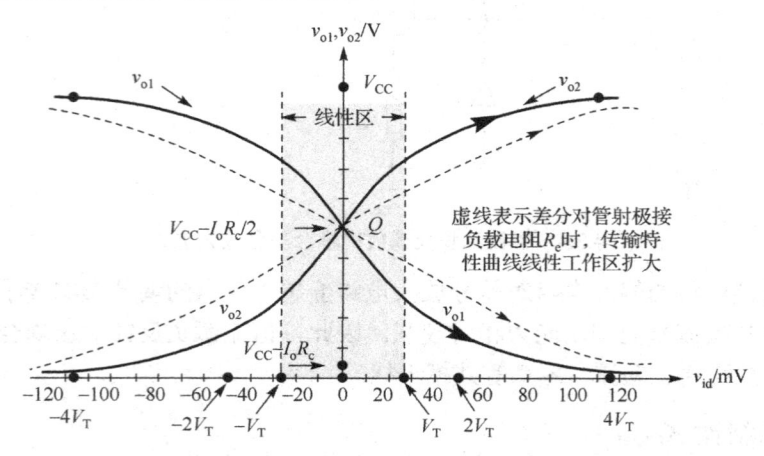

图 4.3.5 射极耦合差分放大电路电压传输特性曲线

从图 4.3.5 所示的射极耦合差分放大电路电压传输特性曲线可以看出,射极耦合差分放大电路的线性工作区很窄,在±V_T之间,即传输特性曲线上的中间灰色区域。

其中,V_T是温度电压当量,与温度成正比。室温 27℃时,V_T=26mV。

当差模输入信号 v_{id} 在±V_T之间时,差分放大电路工作在线性区,电路对差模输入信号进行线性放大。当差模输入信号|v_{id}|在 V_T~4V_T之间时,差分放大电路工作在非线性区,输出信号与输入信号之间不再是线性关系,在该区域内的输入信号将被非线性放大。

当差模输入信号| v_{id} |>4V_T时,差分放大电路工作在饱和区或截止区,两个差分对称管的输出信号为趋于平坦的饱和输出电压或截止输出电压。此时,两个管子分时段进入饱和导通状态或截止状态。当 v_{id} < −4V_T 时,VT$_2$ 截止,VT$_1$ 饱和导通;当 v_{id} > +4V_T 时,VT$_1$ 截止,VT$_2$ 饱和导通,两个差分对称管都工作在开关状态。

由以上分析可知,射极耦合差分放大电路的线性工作区较窄。当需要扩大线性工作区范围时,可以在两个差分对称管的发射极之间接一个对称性调节电位器 R_{we},如图 4.3.3 和图 4.3.4 所示。发射极对称性调节电位器 R_{we} 的负反馈作用可以使差分放大电路电压传输特性曲线的斜率变小,线性工作区变宽,如图 4.3.5 的虚线部分所示。

第 5 章　集成运放的线性应用

集成运算放大器（Integrated Operational Amplifier）简称集成运放，是由多级直接耦合放大电路组成的高电压增益、高输入阻抗、低输出阻抗的模拟集成器件。

集成运算放大器的输入部分是差动放大电路，有同相和反相两个输入端，同相输入端用"+"表示，反相输入端用"−"表示。

集成运算放大器的应用十分广泛，可以在放大、求和、积分、微分、振荡、迟滞比较、阻抗匹配、有缘滤波等电路中使用。

5.1　预习思考题

（1）怎样通过静态电压来判断集成运算放大器工作在线性区？

（2）在集成运放的线性应用电路中，平衡电阻的作用是什么？如果不加平衡电阻，对电路会产生哪些影响？应该怎样计算平衡电阻的阻值？

（3）用集成运算放大器做负反馈放大实验时，如果电路连接错误，没有接入负反馈电阻，其他器件都正确接入，会出现什么现象？如果不小心将负反馈电阻接在了同相输入端和输出端之间，会出现什么现象？

（4）用集成运算放大器做反相加法器实验时，如果输入的两路信号都是交流信号，在输出端测得的信号波形通常不能验证反相加法器电路是否正常工作，为什么？怎样才能通过实验的方法来验证反相加法器电路工作正常？

（5）用集成运算放大器完成积分运算实验时，当所选用器件的 R、C 值偏小时，积分输出波形比较容易发生饱和失真。从理论上分析，饱和失真波形应该是一条电压值接近于电源电压的平直直线，但在实验中会发现，在输入电压变相的瞬间，会出现一个高于电源电压的脉冲信号，请分析产生该脉冲信号的原因。

（6）用集成运算放大器完成积分实验时，为便于观察积分过程，实验要求用方波作为输入信号。在用示波器观测输入、输出波形时，输入方波信号有时会出现上边和下边不平直的问题；输出三角波有时也会存在较大的直流偏移量，请分析出现这些问题的原因，并找出解决问题的办法。

5.2　实验电路的设计与测试

在实验室提供的集成运算放大器（如 μA741、LM358、LM324 等）中选出一种集成运算放大器，画出该器件的引脚封装图和内部电路结构图。

查阅产品数据手册，写出所选用集成运算放大器的主要技术参数，如电源电压范围、静态工作电流、输入失调电压、输入失调电流、输入偏置电压、输入偏置电流、单位增益带宽等，了解以上各参数的作用和意义。

5.2.1 反相比例放大器的设计与实现

在图 5.2.1 所示的电路中,输入信号从反相输入端引入,反相输入端与输出端之间接有负反馈电阻 R_f,在输出端得到的电压信号与输入信号反相,电压放大倍数可以通过改变负反馈电阻 R_f 与输入电阻 R_{i1} 的比值进行调节,该电路定义为反相比例放大器。

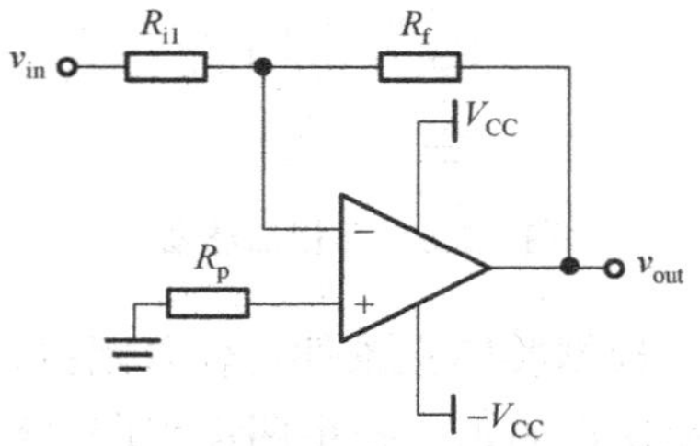

用实验室提供的集成运算放大器(如 μA741、LM358、LM324 等)设计一个反相比例放大电路,实现对输入信号的反相放大,即

$$v_o = -\frac{R_f}{R_{i1}} v_{in}$$

为减小输入失调引入的误差,在反相比例放大器的同相输入端应接入一个平衡电阻 R_p,平衡电阻的阻值应与反相输入端的直流偏置等效电阻相等,即

$$R_p = R_{i1} // R_f$$

图 5.2.1 反相放大器

根据实验室条件、输入阻抗、放大倍数的要求,选用合适的器件搭接实验电路,计算平衡电阻的阻值,在电路原理图上标注出各元器件的参数值。

检查实验电路,接通直流电源,用万用表检测集成运放各引脚的直流工作电压是否满足设计要求:即确认芯片电源引脚上的电压与供电电压是否一致;同相输入端的静态工作电压与接入的直流参考电压是否一致;反向输入端的静态工作电压与同相输入端的静态工作电压是否一致,即是否满足虚短条件;同时还应注意观察直流供电电源的静态供电电流是否超出集成运放的最大静态工作电流等。

当发现以上测试结果只要有一个不能满足设计要求时,都应该重新检查电路,定位错误所在点的位置,纠错后再重新进行测试。

当确定直流工作电压的测试结果都能满足设计要求时,方可继续完成交流放大实验。

将函数发生器的输出设置成正弦波,频率为 1kHz 的小信号加在反相比例放大器的输入端,同时用示波器观测输入信号的波形是否正常。用示波器的其他通道观测反相放大电路的输出端是否有与输入信号同频率且反相放大的不失真波形输出。

如果观测到输出波形发生了饱和失真,则需要将输入信号适当调小;如果观测到输出波形的幅值偏小,没有按理论设计的放大倍数放大,则需要检查所选用的电阻值是否正确,或者重新检测放大电路的静态工作点是否正常。

当在输出端可以观测到与输入信号同频率且反相放大的不失真波形输出后,设计实验数据记录表格,测试并记录实验数据,画出输入、输出波形,计算实测电压放大倍数,检验反相比例放大器是否满足设计要求。

将反相比例放大器改成反相器,重新完成上述实验。

5.2.2 反相加法器的设计与实现

在反相比例放大器的基础上,给实验电路加入多路输入信号,如图 5.2.2 所示,即构成反相加法器电路。反相加法器的输出电压与输入电压之间满足：

$$v_{out} = A_{v1} \times v_{i1} + A_{v2} \times v_{i2} + \cdots = -\frac{R_f}{R_{i1}}v_{i1} - \frac{R_f}{R_{i2}}v_{i2} - \cdots$$

为减小输入失调引入的误差，在反相加法器的同相输入端也应接入一个平衡电阻 R_p，平衡电阻的阻值应与反相输入端的直流等效电阻相等，即

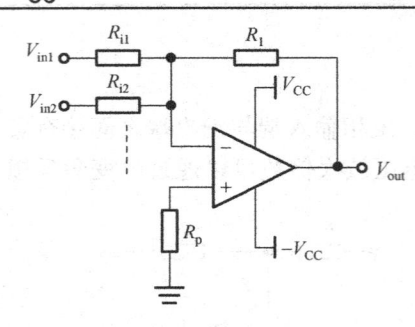

$$R_p = R_{i1}//R_{i2}//\cdots//R_f$$

图 5.2.2 反相加法器

根据实验室条件、输入阻抗、放大倍数的要求，选用合适的器件搭接实验电路，计算平衡电阻的阻值，在电路原理图上标注出各元器件参数值。

检查实验电路，接通直流电源，用万用表测试集成运放各引脚的直流工作电压是否满足设计要求：即先确定芯片电源引脚上的电压与供电电压是否一致；同相输入端的静态工作电压与接入的直流参考电压是否一致；反向输入端的静态工作电压与同相输入端的静态工作电压是否一致，即是否满足虚短条件；同时还应注意观察直流供电电源的静态供电电流是否超出集成运放的最大静态工作电流要求。

当发现以上测试结果只要有一个不能满足设计要求时，都应该重新检查电路，定位错误所在点的位置，纠错后再重新进行测试。

当确定静态工作电压满足设计要求后，给反相加法器加入没有相差的输入信号并用示波器观测，同时用示波器的其他通道在输出端观测输出波形的变化。

当确定输出波形满足设计要求后，设计实验数据记录表格，画出输入、输出波形，测试并记录实验数据，验证反相加法器电路工作是否正常。

5.2.3 同相比例放大电路的设计与实现

与反相放大器相比，同相比例放大器的输入阻抗高，在小信号放大电路中较为常见。在图 5.2.3 所示的同相比例放大器电路中，输出电压与输入电压之间满足：

$$v_{out} = \frac{R_1 + R_f}{R_1}v_{in} = \left(1 + \frac{R_f}{R_1}\right)v_{in}$$

为减小输入失调引入的误差，在同相比例放大器的同相输入端也应接入一个输入平衡电阻 R_{i1}，平衡电阻的阻值应与反相输入端直流等效电阻相等，即

$$R_{i1} = R_1//R_f$$

图 5.2.3 同相放大电路

用实验室提供的集成运算放大器（如 μA741、LM358、LM324 等）设计一个同相比例放大电路，画出电路原理图。

根据实验室条件、输入阻抗、放大倍数的要求，选用合适的器件搭接实验电路，计算平衡电阻的阻值，在电路原理图上标注出各元器件参数值。

检查实验电路，接通直流电源，用万用表检测集成运放各引脚的直流工作电压是否满足

设计要求：即先确定芯片电源引脚上的电压与供电电压是否一致；同相输入端的静态工作电压与反相输入端的静态工作电压是否一致等。同时还应注意观察直流供电电源的静态供电电流是否已经超出了集成运放的最大静态工作电流要求。

当确定同相比例放大器的静态工作电压满足设计要求后，给放大电路加入正弦波低频（如1kHz）交流输入信号并用示波器观测输入信号的变化，同时在放大电路的输出端用示波器的其他通道观测是否有与输入信号同频率的不失真正弦波输出。

如果观测到输出波形发生了饱和失真，则需要将输入信号适当调小；如果观测到输出波形的幅值偏小，没有按理论设计的放大倍数放大，则需要检查所选用的电阻值是否正确，或者重新检测放大电路的静态工作点是否正常。

当在输出端可以观测到与输入信号同频率且同相放大的不失真波形输出后，设计实验数据记录表格，测试并记录实验数据，画出输入、输出波形，计算实测电压放大倍数，检验同相比例放大器是否满足设计要求。

将同相比例放大器改成电压跟随器，重新完成上述实验。

5.2.4 求差电路的设计与实现

如图 5.2.4 所示，将同相放大器和反相放大器组合在一起，且选择 $R_1=R_2=R_a$，$R_3=R_4=R_b$，如图 5.2.4(b)所示，即构成求差电路。求差电路输出电压与输入电压之间满足：

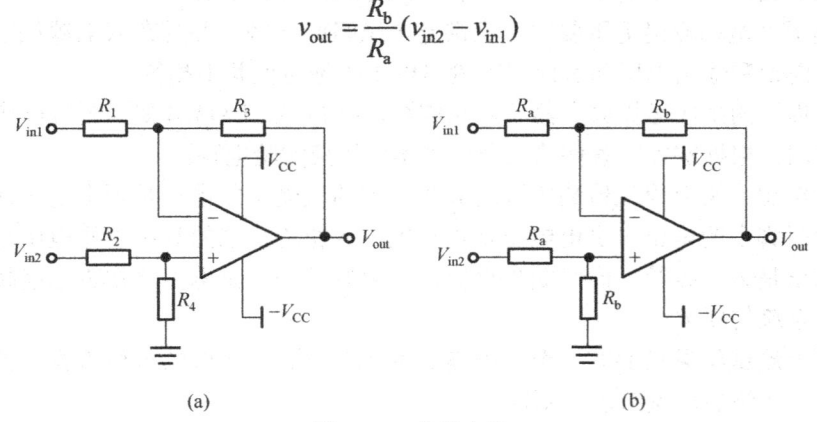

$$v_{out} = \frac{R_b}{R_a}(v_{in2} - v_{in1})$$

图 5.2.4 求差电路

用实验室提供的集成运算放大器（如 μA741、LM358、LM324 等）设计一个求差电路，画出电路原理图。

根据实验室条件、输入阻抗、放大倍数的要求，选用合适的器件搭接实验电路，在电路原理图上标注出各元器件参数值。

检查实验电路，接通直流电源，用万用表检测集成运放各引脚的直流工作电压是否满足设计要求，其中包括芯片电源引脚上的电压与供电电压是否一致；反相输入端的静态工作电压与同相输入端的静态工作电压是否一致等。同时观察直流供电电源的静态供电电流是否已经超出集成运放的最大静态工作电流要求。

当发现以上测试结果只要有一个不能满足设计要求时，都应该重新检查电路，定位错误所在点的位置，纠错后再重新进行测试。

当确定求差电路静态工作点满足设计要求后,给求差电路加入两路没有相差的输入信号,用示波器观测输入波形的变化,同时用示波器的其他通道在输出端观测输出波形。

当在输出端可以观测到一个与输入信号同频率的稳定输出波形后,设计实验数据记录表格,测试并记录实验数据,画出输入、输出波形,检验求差电路是否满足设计要求。

5.2.5 积分运算电路的设计与实现

在图 5.2.5 所示的积分电路中,如果电容器两端的初始电压为零,则输出电压与输入电压之间应满足:

$$v_{\text{out}} = -\frac{1}{R_1 C_f} \int v_{\text{in}} \mathrm{d}t$$

当输入信号是阶跃电压信号时,电容器将以恒流的方式进行充电,输出电压与时间成线性关系,即

$$v_{\text{out}} = -\frac{v_{\text{in}}}{R_1 C_f} t$$

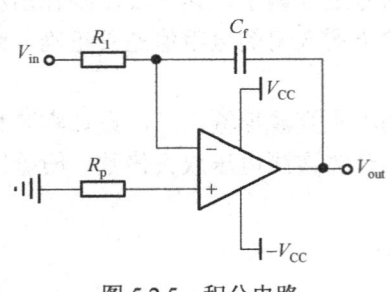

图 5.2.5 积分电路

时间常数 RC 越大,达到预定输出电压值所需要的时间也越长。

积分输出电压所能达到的最大输出电压值受集成运算放大器所允许输出的最大电压限制,即受集成运放饱和输出电压的限制,不能超过饱和输出电压。

通常情况下,饱和输出电压要比直流供电电压略低一些,并且在双电源供电的电路中,集成运放的正向饱和输出电压和负向饱和输出电压的绝对值并不相等。

用实验室提供的集成运算放大器(如 μA741、LM358、LM324 等)设计一个积分电路,画出电路原理图。根据实验室条件选用合适的器件搭接实验电路。

接通直流电源,用万用表检测集成运放各引脚的直流工作电压是否满足设计要求,其中包括芯片电源引脚上的电压与供电电压是否一致,反相输入端的静态工作电压与同相输入端的静态工作电压是否一致等。同时观察直流供电电源的静态供电电流是否已经超出集成运放最大静态工作电流的要求。

当发现以上测试结果只要有一个不能满足设计要求时,都应该重新检查电路,定位错误所在点的位置,纠错后再重新进行测试。

当确定测试结果都能满足积分电路静态工作点的设计要求后,给积分电路加入一个低频(如 100Hz)的方波信号,用示波器的两个通道分别观测输入信号和输出信号的变化。

当发现输出波形上升速率过快,在积分时间还没有结束前就已经出现饱和失真时,则应增大 RC 值,以降低积分电压的上升速率;当发现输出波形的变化速率较慢,在有效积分时间内积分输出电压增加的幅值过小时,则应减小 RC 值;当观测到的输出波形不能按线性规律上升或下降时,则应试着更换积分电容值。

当在输出端可以观测到一个与输入信号同频率的三角波后,设计实验数据记录表格,测试并记录实验数据,画出输入、输出波形,检验积分电路是否满足设计要求。

5.2.6 微分运算电路的设计与实现

在图 5.2.6 所示的微分运算电路中,如果电容器两端的初始电压等于零,则输出电压与输

入电压之间应满足：

$$v_{out} = -R_f C_1 \frac{dv_{in}}{dt}$$

如果所选用的 RC 值合适，当输入信号为方波信号时，在输出端可以得到一系列正/负脉冲信号。输出信号的脉冲宽度和幅值与输入信号的频率及所选用的 RC 值有关。

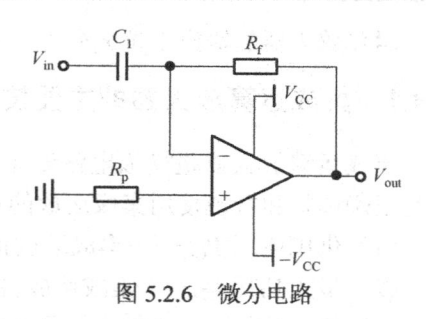

图 5.2.6 微分电路

用实验室提供的集成运算放大器（如 μA741、LM358、LM324 等）设计一个微分电路，画出电路原理图。根据实验室条件选用合适的器件搭接实验电路。

接通直流电源，用万用表检测集成运放各引脚的直流工作电压是否满足设计要求，其中包括芯片电源引脚上的电压值与供电电压是否一致，反相输入端的静态工作电压与同相输入端的静态工作电压是否一致等。同时观察直流供电电源的静态供电电流是否已经超出集成运放的最大静态工作电流要求。

当发现以上测试结果只要有一个不能满足设计要求时，都应该重新检查电路，定位错误所在点的位置，纠错后再重新进行测试。

当确定测试结果都能满足微分电路静态工作点的设计要求后，给微分电路加入一个频率合适的方波输入信号，用示波器的两个通道同时观测输入、输出波形的变化。

当在输出端可以观测到一个与输入信号同步的脉冲波形后，设计实验数据记录表格，测试并记录实验数据，画出输入、输出波形，检验微分电路是否满足设计要求。

5.3 集成运算放大器

集成运算放大器（Integrated Operational Amplifier）简称运放，是一种高电压增益、高输入阻抗、低输出阻抗的模拟集成器件。其内部输入级一般采用差分式放大电路，以提高共模抑制比；中间级是由一级或多级放大电路组成的，以提高电压增益；输出级多采用互补对称电路或射极电压跟随器，以降低输出阻抗，提高带载能力。

图 5.3.1 所示为集成运算放大器的电压传输特性曲线，其中 v_P 为同相输入端的电压，v_N 为反相输入端的电压。从集成运算放大器电压传输特性曲线可以看出，其输出电压 v_o 的最大值为正、负向饱和电压（$\pm V_{om}$），并且正、负饱和电压不会超过正、负电源电压，即集成运算放大器的输出电压在正、负向饱和电压之间变化。

集成运算放大器的开环电压增益很高，当反馈电路开环时，即使差模输入电压值（v_P-v_N）很小，也能使运算放大器的输出饱和。在输出电压未达到饱和值之前，运算放大器工作在很窄的线性放大区。

在分析电路时，从输入端看进去，运算放大器的输入阻抗 r_i 很大，理论分析时，通常可以近似为无穷大，即 $r_i=\infty$，则可以认为流入或流出反相或同相输入端的电流为零。

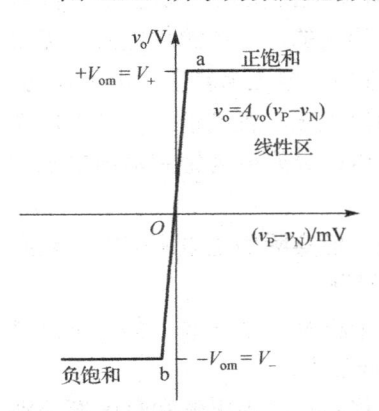

图5.3.1 集成运放的电压传输特性曲线

运算放大器的输出阻抗 r_o 很小，分析电路时，通常可以近似为零，即 $r_o=0$。

5.3.1 集成运算放大器的主要技术参数

集成运算放大器是模拟电路设计中应用最为广泛的器件之一，了解其技术指标和主要性能是正确选择和合理使用集成运放的重要依据，其主要技术参数如下。

（1）供电电压 V_{CC}——集成运放正常工作时所允许的供电电压范围。

（2）最大功耗 P_D——集成运放自身所允许消耗的最大功率。

（3）静态功耗——当输入信号为零时，集成运放自身所消耗的总功率。

（4）输入失调电压 V_{IO}——为使输出端电压为零，在输入端所加的直流补偿电压。

（5）输入失调电流 I_{IO}——输入电压为零时，流过两个输入端的静态电流之差。

（6）输入偏置电流 I_{BIAS}——集成运放两个输入端静态工作电流的平均值。

（7）输出电压摆幅——输出电压允许的摆动范围，即从负向饱和电压到正向饱和电压。

（8）共模抑制比 K_{CMR}——运算放大器差模电压放大倍数与共模电压放大倍数比值的绝对值。共模抑制比反映了运算放大器的放大能力和抗共模干扰能力。

（9）电源抑制比 PSRR——衡量电源电压波动对输出电压影响的参数。

（10）短路电流——在一定测试条件下，输出引脚对地短接时的输出电流。

（11）输出电流——分为最大释放电流 I_{source} 和最大吸收电流 I_{sink}。

（12）差模开环电压增益 A_{vo}——集成运算放大器工作在线性区时，在无外接负反馈器件的条件下，差模电压的放大倍数。

（13）单位增益带宽——差模电压放大倍数下降到 1 倍时所对应的输入信号频率。可以用输入信号的频率乘以该频率下的最大电压增益计算得到。

（14）转换速率——也称为压摆率，是指在输入阶跃信号时，集成运算放大器输出电压相对于时间的最大变化速率，单位为 V/μs。

5.3.2 使用集成运放需要注意的几个问题

集成运算放大器是模拟电路中最为常用的集成器件，在模拟电路设计中有着广泛的应用。集成运放种类繁多，性能各异，选用时应注意以下几个问题。

（1）集成运算放大器可以采用两种供电方式：双电源供电和单电源供电。双电源供电时，输入、输出信号的变化是以直流参考地（GND）为基准做上下摆动的。单电源供电时，需要在电源和地之间给一个参考电压，输入、输出信号的变化应以该参考电压为基准做上下摆动。

（2）输入电压信号与电压放大倍数的乘积不要超过饱和输出电压，否则输出信号会出现失真。设计电路时，应保证输出电压的最大值小于饱和输出电压，最好取为饱和输出电压和参考电压的平均值，以保证输出信号的线性度。

（3）虽然理论计算时，电压增益只与外接电阻的比值有关，但实际确定电阻值时，还必须兼顾放大电路的输入阻抗、直流偏置电流、级间阻抗匹配等问题。

（4）用集成运放设计电路时，电压放大倍数与频带宽度的乘积是一个常数，称为单位增益带宽。设计放大电路时，必须考虑单位增益带宽是否满足设计要求。

（5）为消除电源内阻所引起的振荡，使用集成运放时，常将芯片的正电源和负电源分别对地接两个电容，其中一个是容值较大的电解电容，如 10~100μF 的电解电容；另外一个是容值较小的独石电容或瓷片电容，如 0.01～0.1μF 的陶瓷电容，以降低因电源内阻而引起的低频噪声和高频噪声。

（6）因受集成运算放大器内部晶体管极间电容和其他寄生参量的影响，集成运算放大器比较容易产生高频自激振荡，为了使集成运放能稳定工作，设计实用电路时，有时需要外加 RC 消振电路或消振电容以破坏产生自激振荡的条件。

（7）因集成运放的内部参数不可能做到完全对称，当要求较高时，需要对输入失调电压或输入失调电流进行误差补偿，以提高电路设计精度。

5.4 集成运放线性应用电路设计基础

分析用集成运放设计的线性应用电路时，应视集成运放为理想器件，即输入阻抗为无穷大（$r_i=\infty$），输出阻抗为零（$r_o=0$），开环电压增益为无穷大（$A_{vo}\to\infty$），开环输出电压等于饱和输出电压，即 $v_o = A_{vo}(v_P - v_N)$。同相输入电压 v_P、反相输入电压 v_N、输出电压 v_o 都是以正、负电源的平均值为参考电压的。

从图 5.3.1 所示的集成运放电压传输特性曲线可以看出，在极窄的线性工作区内，差模输入电压近似等于零，即 $v_{id} = v_P - v_N \approx 0$，同相输入端的电压与反相输入端的电压近似相等，即 $v_P \approx v_N$，称为虚短。同时集成运放的输入阻抗很高，流经两个输入端的电流很小，分析电路时可以认为流经两个输入端的电流近似等于零，即 $i_{Pi} \approx i_{Ni} \approx 0$，称为虚断。集成运放的两个输入端满足虚短、虚断，是分析其工作在线性区的主要依据。

为保证集成运放能正常工作，必须给集成运放提供一个合适的直流供电电源，直流电源是集成运放内部电路正常工作及对输入信号进行处理所必需的能量来源。

5.4.1 反相放大电路

在图 5.4.1 所示电路中，输入信号 v_{in} 经输入电阻 R_{i1} 加入到集成运放的反相输入端，反相输入端与输出端之间跨接一个反馈电阻 R_f，同相输入端对地接有一个平衡电阻 R_p，即构成最简单的反相放大电路。

为削弱集成运放输入失调对电路的影响，电路设计时应满足两个输入端的静态特性对称性，即保证两个输入端对地静态平衡，因此，在同相输入端应接一个平衡电阻 R_p。

平衡电阻 R_p 可以按下式计算得到：

$$R_p = R_{i1} // R_f$$

反相放大时，运放工作在线性区，两个输入端满足虚短、虚断，则有

$$v_N = v_P = 0$$

$$\frac{v_{out} - v_N}{R_f} = \frac{v_N - v_{in}}{R_{i1}}$$

则电压放大倍数 A_v 为：

$$A_v = \frac{v_{out}}{v_{in}} = -\frac{R_f}{R_{i1}}$$

式中的负号表示输出电压与输入电压反相。

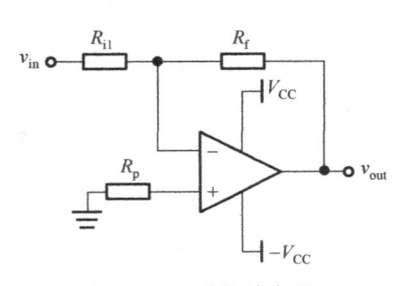

图 5.4.1 反相放大器

引入负反馈后，在线性工作区时，运放的电压增益与输入电阻 R_{i1} 和反馈电阻 R_f 有关，与集成运放的开环电压增益 A_{vo}、输入阻抗 r_i、输出阻抗 r_o 的大小无关。

从电路的输入端口看进去，反相放大器的输入阻抗 R_i 为：

$$R_i = \frac{v_i}{i_i} = \frac{v_i}{\frac{v_i}{R_{i1}}} = R_{i1}$$

在确定输入电阻 R_{i1} 的阻值时，应综合考虑输入阻抗、输入偏置电流等因素。

反馈电阻 R_f 的选取应满足电压放大倍数的设计要求。

理想运放的输出阻抗 $r_o \to 0$，则反相放大器的输出阻抗 R_o 为：

$$R_o = r_o // [R_f + (R_{i1} // R_p)] \to 0$$

由以上分析可知，反相放大器的输入阻抗与接在其反相输入端的电阻大小有关，输出阻抗小，电压放大倍数可以用反馈电阻与输入电阻的比值计算得到。

当输入电阻与反馈电阻相等时，电压增益等于-1，反相放大器即变成了反相器。

在图 5.4.2 所示电路中，集成运放的反相输入端接有多个输入电阻，每个输入电阻接有一路输入信号，即构成反相加法器。

反相加法器也称为反相求和电路，其输出电压为：

$$v_{out} = A_{v1} \times v_{i1} + A_{v2} \times v_{i2} + \cdots$$

式中，$A_{v1} = -\dfrac{R_f}{R_{i1}}$，$A_{v2} = -\dfrac{R_f}{R_{i2}}$，……

平衡电阻 R_p 可以按下式计算得到：

$$R_p = R_{i1} // R_{i2} // \cdots // R_f$$

输入阻抗为

$$R_i = R_{i1} // R_{i2} // \cdots$$

输出阻抗 $R_o \to 0$。

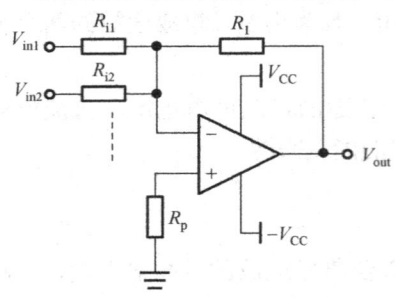

图 5.4.2 反相加法器

5.4.2 同相放大电路

同相放大电路如图 5.4.3 所示，输入信号由接在同相输入端的电阻 R_{i1} 引入，反相输入端和输出端之间接有一个负反馈电阻 R_f，反相输入端对地接有一个电阻 R_1。

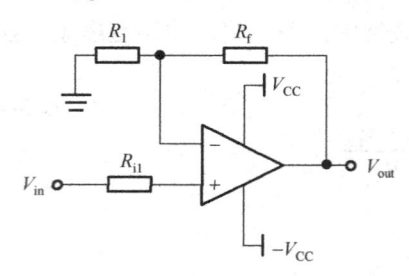

图 5.4.3 同相放大电路

负反馈电阻 R_f 使集成运放工作在线性区，两个输入端满足虚短、虚断，即：

第 5 章 集成运放的线性应用

$$v_N = v_P = v_{in}$$

$$\frac{v_{out} - v_N}{R_f} = \frac{v_N}{R_1}$$

则电压放大倍数 A_v 为：

$$A_v = \frac{v_{out}}{v_{in}} = \frac{R_1 + R_f}{R_1} = 1 + \frac{R_f}{R_1}$$

由上式可知：同相放大器的电压放大倍数与反相输入端的电阻 R_1 和反馈电阻 R_f 的阻值大小有关，与同相输入端的电阻 R_{i1}、集成运放的开环电压增益 A_{vo}、输入阻抗 r_i、输出阻抗 r_o 的大小无关，输出电压与输入电压同相。

虽然同相输入端的电阻 R_{i1} 不参与计算放大倍数，但是为了削弱运放失调对电路性能的影响，保证两个输入端静态平衡，设计电路时，应该在同相输入端加一个平衡电阻 R_{i1}。

平衡电阻 R_{i1} 的计算方法是：

$$R_{i1} = R_1 // R_f$$

在同相输入端，由于运放的输入阻抗很大，一般认为 $r_i \to \infty$，则输入电流 $i_i \to 0$，从运算放大器的同相输入端看进去的输入阻抗 R_i 为：

$$R_i = \frac{v_i}{i_i} \to \infty$$

理想运放的输出阻抗 $r_o \to 0$，则同相放大电路的输出阻抗 R_o 为：

$$R_o = r_o // [R_f + (R_{i1} // R_1)] \to 0$$

由以上分析可知，同相放大器的输入阻抗大，输出阻抗小，电压放大倍数可以用反馈电阻和接在反相输入端与地之间的电阻计算得到，与接在同相输入端电阻的大小无关。

5.4.3 电压跟随器

图 5.4.4 所示为电压跟随器电路。根据理想运放工作在线性区时，两个输入端满足虚短、虚断可以得出：

$$v_{out} = v_N = v_P = v_{in}$$

即输出电压跟随输入电压的变化，电压放大倍数 $A_v=1$。

和同相放大器一样，电压跟随器的输入信号从同相输入端接入，其输入阻抗等于从同相输入端看进去的阻抗，即 $R_i \to \infty$；输出阻抗近似等于运放的输出阻抗，即 $R_o \to 0$。

5.4.4 求差电路

从电路结构上看，图 5.4.5(a)所示为一个反相放大器和一个同相放大器组合在一起的放大电路，两个输入信号 V_{in1} 和 V_{in2} 分别由接在反相输入端的电阻 R_1 和接在同相输入端的电阻 R_2 引入；输入信号 V_{in1} 被反相放大，输入信号 V_{in2} 被同相放大。

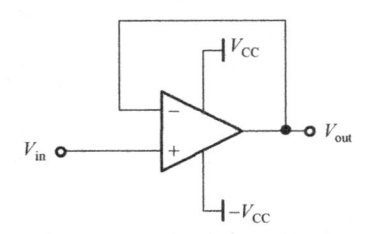

图 5.4.4 电压跟随器

(a)   (b)

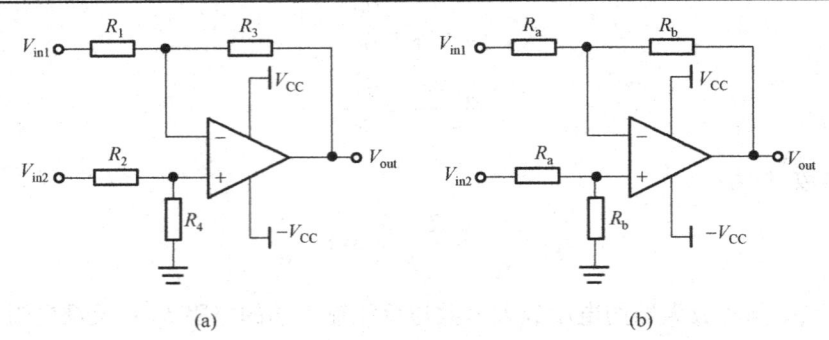

图 5.4.5 求差电路

在实际电路设计时，为方便计算，通常取 $R_1=R_2=R_a$，$R_3=R_4=R_b$，其电路原理图如图 5.4.5(b) 所示。工作在线性区的集成运放两个输入端满足虚短、虚断，则：

$$v_N = v_P$$

$$\frac{v_{out} - v_N}{R_b} = \frac{v_N - v_{in1}}{R_a}$$

$$\frac{v_{in2} - v_P}{R_a} = \frac{v_P}{R_b}$$

用以上三式可以推出输出电压为：

$$v_{out} = \frac{R_b}{R_a}(v_{in2} - v_{in1})$$

即输出信号是对两个输入信号放大后的叠加。

差模电压增益 A_{vd} 为：

$$A_{vd} = \frac{v_{out}}{v_{in2} - v_{in1}} = \frac{R_b}{R_a}$$

对于图 5.4.5(b)所示的电路，其输入阻抗 $R_i=2R_a$，输出阻抗 $R_o \to 0$。

5.4.5 积分电路

将反相放大器的负反馈电阻换成电容，即构成积分电路，如图 5.4.6 所示。

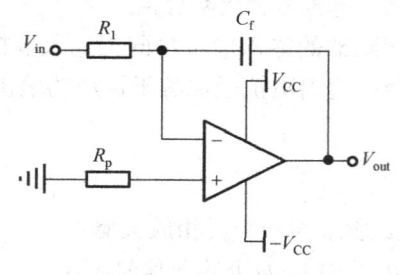

图 5.4.6 积分电路

和反相放大器一样，在同相输入端对地接有一个平衡电阻 R_p，以保证集成运放两个输入端的静态平衡，削弱失调对电路的影响。

在积分过程中，运放工作在线性区，两个输入端满足虚短、虚断，输入信号 v_{in} 产生的电流流经电阻 R_1 后对电容 C_f 进行充电，如果电容器 C_f 两端的初始电压为零，则有：

$$v_N = v_P = 0$$

$$v_N - v_{out} = \frac{Q}{C_f} = \frac{1}{C_f}\int i_c dt = \frac{1}{C_f}\int \frac{v_{in}}{R_1} dt$$

从而可得：

$$v_{out} = -\frac{1}{R_1 C_f}\int v_{in} dt$$

上式表明，输出电压等于输入电压对时间的积分，负号表示输出电压的变化方向，即当输入信号为正电压时，输出电压减小；当输入电压为负电压时，输入电压增大。

当输入信号是直流电压信号时，充电电流恒定，电容器将以恒流的方式被充电，则输出电压与时间成线性关系，即线性积分。

$$v_{out} = -\frac{v_{in}}{R_1 C_f}t = -\frac{v_{in}}{\tau}t$$

式中，$\tau = R_1 C_f$ 为积分时间常数，其作用主要体现在积分速率变化的快慢上。时间常数越大，积分速率越慢；时间常数越小，积分速率越快。

如果积分时间常数选择合适，则积分过程中会出现当积分时间 $t = \tau$ 时，$v_{out} = -v_{in}$；当积分时间 $t > \tau$ 时，积分输出电压继续增大，直到输出电压达到饱和电压时才停止积分，即积分输出电压的最大值受运算放大器饱和输出电压的制约。

如果积分时间常数 τ 选择过小，会造成积分速率过快，积分时间过短，当积分时间还没有达到 τ 时，输出电压就已经达到了饱和电压而无法继续上升。

积分输出电压达到饱和状态后，在没有漏电的情况下会一直保持下去，直到输入电压的极性发生变化，积分电容才会向相反的反向放电，继续完成反相积分。

5.4.6 微分电路

将积分电路的积分电阻和积分电容对换位置，就构成微分电路，如图 5.4.7 所示。

微分电路的输入信号通过接在反相输入端的电容引入，同相输入端对地接一个平衡电阻，以保证集成运放两个输入端的静态平衡，削弱失调对电路的影响。

工作在线性区时，理想运放两个输入端满足虚短、虚断。如果电容器的初始电压为零，则接入输入信号后开始对电容器进行充电，充电电流满足：

$$i_c = C_1 \frac{dv_{in}}{dt}$$

在反馈电阻 R_f 上产生的压降为：

$$v_N - v_{out} = i_c R_f = R_f C_1 \frac{dv_{in}}{dt}$$

$$v_N = v_P = 0$$

从而可得：

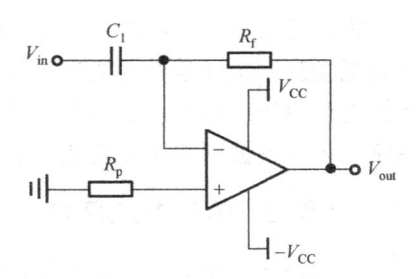

图 5.4.7 微分电路

$$v_{\text{out}} = -R_f C_1 \frac{dv_{\text{in}}}{dt} = -\tau \frac{dv_{\text{in}}}{dt}$$

上式表明，输出电压与输入电压是微分关系，负号表示两个信号的变化方向相反。

为了保证微分输出信号变化速率较快，脉冲宽度较窄，选取微分电路的 RC 值时，应远小于输入信号的脉冲宽度，否则微分效果不好。

5.5 常用集成运放介绍

集成运算放大器种类繁多，实验室可以提供的集成运算放大器大多是市场上比较常见、价格相对便宜的几种通用型集成运放。

5.5.1 集成运放的种类及其应用

设计电路时，如果没有特殊要求，应尽量选用通用型集成运放。

比较常用的通用型集成运放有单运放 LM741、双运放 LM358、四运放 LM324 等。

通用型集成运算放大器的主要技术参数如表 5.5.1 所示。

表 5.5.1 通用型集成运放的主要技术参数

参　数	数值范围	单　位	参　数	数值范围	单　位
输入阻抗	0.5～2	MΩ	共模抑制比	70～90	dB
输入失调电压	0.3～7	mV	单位增益带宽	0.5～2	MHz
输入失调电流	2～50	nA	电压转换速率	0.5～0.7	V/μs
开环差模电压增益	65～100	dB	静态功耗	80～120	mW

由于生产厂家不同，即使是同一种型号的芯片，其具体参数也不会完全相同，使用时应查阅相关生产厂家提供的产品数据手册。

市场上也有很多特殊应用的集成运算放大器。

高输入阻抗集成运放具有输入阻抗高、输入偏置电流小等优点，如 AD549。高输入阻抗集成运放的输入偏置电流极小，一般在几皮安至几十皮安，有的甚至可以达到飞安级，此类集成运放主要用于对微弱信号的拾取。

高精度集成运放具有低失调、低温漂、低噪声等特点，如 OP07、OP117 等，此类集成运放常被用在高精度仪器仪表中。

高速型集成运放的电压转换速率较高，可以达到几十伏/微秒至几百伏/微秒，并且高速型集成运放的单位增益带宽也相对较宽，可以达到 10MHz 以上，如 LM318、EL2030 等，该种类型的集成运放多被用在模/数转换器、数/模转换器、精密比较等电路中。

对低功耗型集成运算放大器的要求是电源电压在±15V 时，最大功耗不得大于 6mW；要求在低电源电压工作时，应具有极低的静态功耗，如 TL-022C、TL-060C、ICL7600 等，低功耗型集成运放多被用在工业遥测、遥感、空间技术等应用领域。

5.5.2 单运放 μA741/LM741

飞利浦和仙童等公司生产的 μA741/LM741 是通用型单集成运算放大器，产品分军用级、工业级和商用级等不同等级。芯片内部设有输出短路保护，芯片外部设有失调电压调零引脚，可以将输入失调电压进行调零。其性能可以满足一般性电路设计需求，是早些年最常用的集成运放之一，其应用十分广泛。

μA741/LM741 主要采用 8 个引脚的双列直插封装，如图 5.5.1 所示。

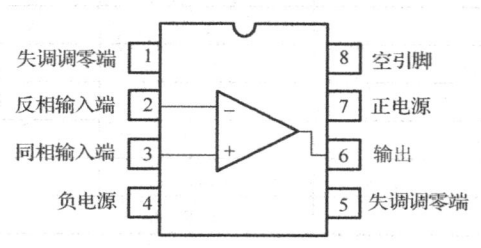

图 5.5.1　μA741/LM741 引脚封装图

μA741/LM741 的引脚封装与低失调精密运放 OP07 完全一样，可以替换的其他运放还有 μA709、LM301、LM308、LF356、OP07、OP37、MAX427 等。

表 5.5.2 给出了通用型集成运算放大器 μA741/LM741 的主要技术参数。

表 5.5.2　μA741/LM741 的主要技术参数

技术参数名称	参数符号	参数值	参数单位
最高供电电压	V_S	44	V
输入偏置电流（典型值）	I_{IB}	80	nA
输入失调电流（典型值）	I_{IO}	20	nA
输入失调电压（典型值）	V_{IO}	1	mV
输入阻抗（典型值）	R_{IN}	2	MΩ
输出阻抗（典型值）	R_{OUT}	75	Ω
单位增益带宽	B_{G1}	0.9	MHz
供电电流（典型值）	I_{CC}	1.4	mA
输出短路电流（典型值）	I_{OS}	25	mA
共模电压抑制比（典型值）	K_{CMR}	90	dB
电源电压抑制比（典型值）	PSRR	10	μV/V

5.5.3　双运放 LM358

集成芯片 LM358 是一种通用型双运算放大器，其内部有两个独立的运算放大器。

LM358 的引脚封装与 MC1558 兼容，主要采用了 8 个引脚的双列直插和贴片两种封装形式，外形如图 5.5.2 所示。

LM358 的引脚封装如图 5.5.3 所示。

(a) 双列直插　　(b) 贴片

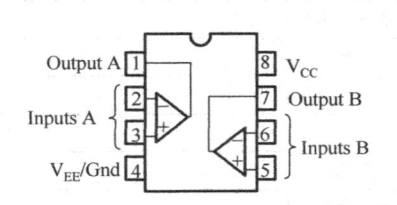

图 5.5.2　LM358 外形图　　　　图 5.5.3　LM358 引脚封装图

表 5.5.3 给出了通用型集成运算放大器 LM358 的主要技术参数。

表 5.5.3 双运放 LM358 的主要技术参数

技术参数名称	参数符号	参数值	参数单位
最高供电电压	V_S	32	V
输入偏置电流（典型值）	I_{IB}	50	nA
输入失调电流（典型值）	I_{IO}	5	nA
输入失调电压（典型值）	V_{IO}	2	mV
供电电流（典型值）	I_{CC}	1.5	mA
输出短路电流（典型值）	I_{OS}	40	mA
共模电压抑制比（典型值）	K_{CMR}	70	dB
电源电压抑制比（典型值）	PSRR	100	dB

5.5.4 四运放 LM324

LM324 系列芯片是由 4 个独立的运算放大器封装在一起构成的，其静态工作电流小，适用于±1.5V～±16V 的双电源供电场合。

LM324 有 14 个引脚，主要采用双列直插 DIP 封装、窄体贴片 SO-14 封装和宽体贴片 TSSOP-14 封装，其外形如图 5.5.4 所示。

LM324 的引脚封装如图 5.5.5 所示。

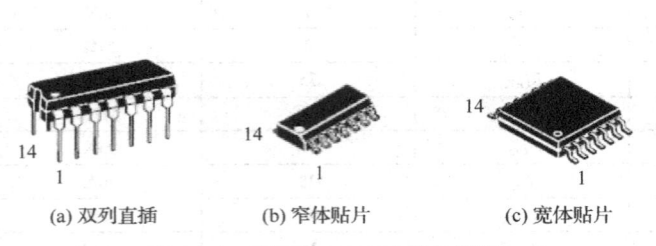

(a) 双列直插　　(b) 窄体贴片　　(c) 宽体贴片

图 5.5.4 四运放 LM324 的外形图

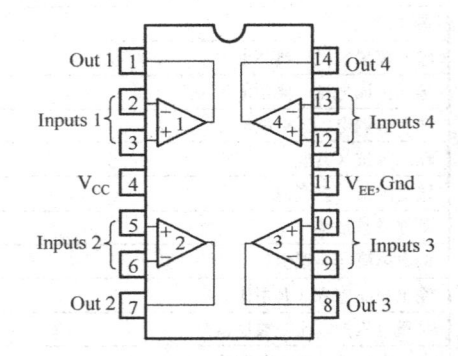

图 5.5.5 四运放 LM324 引脚封装图

表 5.5.4 给出了通用型集成运算放大器 LM324 的主要技术参数。

表 5.5.4 四运放 LM324 的主要技术参数

技术参数名称	参数符号	参数值	参数单位
最高供电电压	V_S	32	V
输入偏置电流（典型值）	I_{IB}	40	nA
输入失调电流（典型值）	I_{IO}	3	nA
输入失调电压（典型值）	V_{IO}	1.5	mV
单位增益带宽	B_{GI}	1.2	MHz
供电电流（典型值）	I_{CC}	1	mA
输出短路电流（典型值）	I_{OS}	40	mA
共模电压抑制比（典型值）	K_{CMR}	75	dB
电源电压抑制比（典型值）	PSRR	100	dB

5.5.5 集成运放 NE5532

NE5532 是内置补偿电路的低噪声双运算放大器，具有驱动能力强、增益带宽宽、压摆率高等优点，常被用在高品质专业音响设备、电话通道放大等电路中。

NE5532 的引脚封装如图 5.5.6 所示。

表 5.5.4 给出了集成运算放大器 NE5532 的主要技术参数。

图 5.5.6 NE5532 引脚封装图

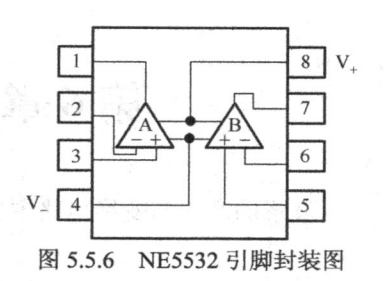

表 5.5.5 NE5532 的主要技术参数

技术参数名称	参数符号	参数值	参数单位
推荐供电电压	V_S	±5～±15	V
输入偏置电流（典型值）	I_{IB}	200	nA
输入失调电压（最大）	V_{IO}	5	mV
增益带宽	B_{G1}	10	MHz
功率带宽	B_{OM}	140	kHz
最大功耗@T_A=25℃	P_D	1200	mW
电压转换速率	SR	9	V/μs
空载静态工作电流（典型值）	I_{CC}	8	mA
输出短路电流（典型值）	I_{OS}	38	mA
共模抑制比（典型值）	K_{CMR}	100	dB

用 NE5532 设计的音频放大器具有音色温暖、保真度高等优点，在 20 世纪 90 年代，NE5532 一直被誉为"运放之皇"，至今仍是很多音响发烧友手中必备的运放之一。

第 6 章　波形的产生与变换电路

波形的产生与变换电路主要有两大类：正弦波产生电路和非正弦波产生电路。

6.1　预习思考题

（1）在用集成运放设计的 RC 桥式正弦波振荡电路中，应该怎样使用 RC 串并联选频网络？其主要作用是什么？

（2）在用集成运放设计的 RC 桥式正弦波振荡电路中，为什么要在负反馈支路加两个互为反向的二极管？这两个二极管应该怎样选取？

（3）在用集成运放设计的 RC 桥式正弦波振荡电路中，与两个二极管并联的电阻应该如何选取？如果该电阻值选择过大或选择过小，对电路会产生哪些影响？

（4）在调试 RC 桥式正弦波振荡电路时，如果接通直流供电电源后，在输出端观测不到振荡输出波形，即电路不起振，应该调节哪些参数？怎样调节？如果振荡过度，即输出波形发生了饱和失真，应该调节哪些参数？怎样调节？

（5）为什么迟滞比较器会有两个门限电压？设计迟滞比较器时，应注意哪些问题？

（6）比较说明集成电压比较器和集成运算放大器的异同点。

6.2　实验电路的设计与测试

波形的产生与变换电路内容繁多，形式多样，本章只介绍 RC 桥式正弦波振荡电路、单门限电压比较器、迟滞电压比较器、窗口电压比较器等电路的设计与实现。

6.2.1　RC 桥式正弦波振荡电路的设计与测试

用实验室提供的集成运算放大器设计一个 RC 桥式正弦波振荡电路，要求元器件参数自己选取，振荡频率自己设定，画出电路原理图。

设计电路时，应先确定振荡频率，振荡频率确定后，再根据频率计算公式来确定 *RC* 值。电容器的标称值相对较少，因此，应先根据 *RC* 值和电容器的标称值将容值确定下来，然后再根据 *RC* 值计算得到电阻值。

尽量不要串联或并联使用电容或电阻，实验时应根据器件的标称值来选取，如果找不到适合的电容或电阻，也可以根据实际器件参数值重新调整设计频率。

接在反相输入端和参考地之间的电阻值，应根据静态平衡要求计算得到。

实验要求用两个二极管和一个电阻来设计自动起振和稳幅电路。

负反馈支路上的增益调节器件用电位器实现。

设计实验步骤和测试方法，用实验室给定的器件搭接实验电路。

检查实验电路，接通直流电源，用示波器观测输出波形。

在电路调试过程中，如果发现电路不起振，可以先将负反馈支路上的电阻调大，即将电位器的全部阻值都加在负反馈支路上，保证放大倍数大于3，使电路能够起振。

如果增大负反馈电阻值满足起振条件后，在电路的输出端依旧观测不到输出波形，则说明电路搭接错误，或者元器件参数值选择不当，需要重新检查电路，计算并确定元器件参数值。

在电路调试过程中，如果发现输出波形起振过度，则说明电路搭接正确，只需调小负反馈电阻值，降低电压放大倍数，即可在输出端观测到不失真的正弦波振荡波形。

设计实验数据记录表格，画出起振波形、稳定波形和过起振波形，记录最大不失真峰值电压、频率等参数。

在电路原理图上标注出各元器件在实验电路中所选用的标称值。

6.2.2 单门限电压比较器的设计与测试

用实验室提供的集成电压比较器和集成运算放大器分别设计一个单门限电压比较器，实验要求元器件参数值和比较门限电压自己设定，画出电路原理图。

用实验室提供的元器件搭接实验电路。

检查实验电路，接通直流供电电源，用示波器观测输入、输出波形。

设计实验步骤和测试方法，分别测试以上两种器件的压摆率。

设计实验数据记录表格，画出相关波形，记录测试数据。

在电路原理图上标注出实际所使用各元器件的参数值。

比较电压比较器和集成运算放大器有哪些异同点。

6.2.3 迟滞比较器的设计与测试

用集成运放设计一个从反相输入端加被测信号的迟滞比较器，要求参考门限电压用给定器件设计产生，输出电压可以稳定在指定电压值上，画出电路原理图。

将设计完成的迟滞比较器与 6.2.1 节设计的 RC 桥式正弦波振荡电路级联，即将 RC 桥式正弦波振荡电路所产生的输出信号作为迟滞比较器的输入信号，画出电路原理图。

用实验室提供的器件搭接实验电路。

检查实验电路，接通直流供电电源，用示波器观测输入、输出波形。

设计实验步骤和测试方法，测试迟滞比较器的门限电压和输入输出波形。

设计实验数据记录表格，记录测试数据，画出输入、输出波形。

在电路原理图上标注出实际所使用各元器件的参数值。

6.2.4 窗口电压比较器的设计与测试

用集成电压比较器设计一个窗口电压比较器，要求窗口门限电压自己设定，元器件参数值应根据标称值选取，输出端用不同颜色的发光二极管来指示当前输入信号所处的窗口范围，画出电路原理图。

用实验室提供的器件搭接实验电路。

检查实验电路，接通直流供电电源。

设计实验步骤和测试方法，测试窗口电压比较器的窗口电压范围。

设计实验数据记录表格，记录不同范围内输入信号所对应的输出状态。

在电路原理图上标注出实际所使用各元器件的参数值。

6.3 波形的产生与变换电路设计基础

波形的产生与变换电路主要有正弦波产生电路、三角波产生电路、方波产生电路等。

6.3.1 振荡电路起振后的平衡条件

RC 桥式正弦波振荡电路是一个没有输入信号、带正反馈选频网络的正弦波产生电路，是用来产生正弦波输出波形的最常用设计电路之一。

为保证 RC 桥式正弦波振荡电路在没有外接输入信号的条件下能够自动起振并产生稳定的正弦波输出波形，电路必须满足一定的起振条件、振幅平衡条件和相位平衡条件。

图 6.3.1(a)所示为一种带正反馈的放大电路实现方案框图，当外接输入信号 $\dot{X}_i = 0$ 时，图 6.3.1(a)可以用图 6.3.1(b)表示，因没有输入信号，1、2 两点相当于连在一起，则 $\dot{X}_a = \dot{X}_f$，电路构成一个闭环回路。

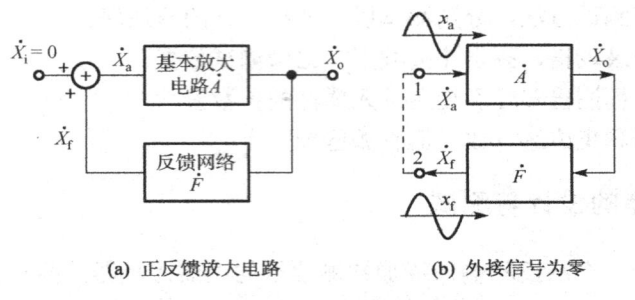

(a) 正反馈放大电路　　(b) 外接信号为零

图 6.3.1　正弦波振荡电路实现方案框图

因 $\dot{X}_a = \dot{X}_f$，即 $\dot{X}_a$ 与 $\dot{X}_f$ 的大小相等、相位相同，则

$$\frac{\dot{X}_f}{\dot{X}_a} = \frac{\dot{X}_o}{\dot{X}_a} \cdot \frac{\dot{X}_f}{\dot{X}_o} = \dot{A}\dot{F} = 1$$

由上式可以推出：

$$\left|\dot{A}\dot{F}\right| = AF = 1$$

$$\phi_a + \phi_f = 2n\pi, \quad n = 0, 1, 2, \cdots$$

以上两式是振荡电路起振后的振幅平衡条件和相位平衡条件，是振荡电路产生持续振荡的两个基本条件。

6.3.2 RC 桥式正弦波振荡电路起振后的平衡条件

用集成运算放大器设计的 RC 桥式正弦波振荡电路如图 6.3.2 所示。从电路结构上看，该电路是一个没有输入信号、带正反馈 RC 串并联选频网络的闭环放大电路。

在集成运放的输出端、同相输入端和参考地之间接有一个 RC 串并联正反馈选频网络，

该选频网络的正反馈系数为:

$$\dot{F}_v = \frac{V_f}{V_o} = \frac{Z_2}{Z_1+Z_2} = \frac{j\omega RC}{(1-\omega^2 R^2 C^2)+j3\omega RC} = \frac{1}{3+j\left(\omega RC - \dfrac{1}{\omega RC}\right)}$$

其中串联阻抗: $\dot{Z}_1 = R + \dfrac{1}{j\omega C}$

并联阻抗: $\dot{Z}_2 = R // \dfrac{1}{j\omega C} = \dfrac{R}{1+j\omega RC}$

令 $\omega_0 = \dfrac{1}{RC}$,则该选频网络的正反馈系数可以简化为:

$$\dot{F}_v = \frac{1}{3+j\left(\dfrac{\omega}{\omega_0} - \dfrac{\omega_0}{\omega}\right)}$$

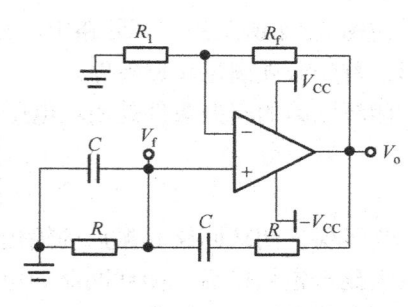

图 6.3.2 RC 桥式正弦波振荡电路

故该选频网络的幅频响应为:

$$|F_v| = \frac{1}{\sqrt{3^2+\left(\dfrac{\omega}{\omega_0}-\dfrac{\omega_0}{\omega}\right)^2}}$$

当 $\omega = \omega_0$ 时,幅频响应达到最大振幅 $|F_{v\max}| = \dfrac{1}{3}$。

该选频网络的相频响应为:

$$\phi_f = -\arctan\frac{\dfrac{\omega}{\omega_0} - \dfrac{\omega_0}{\omega}}{3}$$

当 $\omega = \omega_0$ 时,相频响应 $\phi_f = -\arctan 0 = 0$。即当 $\omega = \omega_0 = \dfrac{1}{RC}$ 时,反馈系数 $|F_{v\max}| = \dfrac{1}{3}$ 达到最大;相角 $\phi_f = 0$。

根据 6.3.1 节介绍的振荡电路产生持续振荡的基本条件 $\dot{A}\dot{F}=1$,即振幅平衡条件 $|\dot{A}\dot{F}|=AF=1$ 和相位平衡条件 $\phi_a+\phi_f=2n\pi$,$n=0,1,2,\cdots$,为保证图 6.3.2 所示电路能够保持持续稳定振荡,则当 $\omega = \omega_0 = \dfrac{1}{RC}$ 时,应满足:

$$\left|\dot{A}_v \dot{F}_v\right| = |A_v||F_{v\max}| = \left|1+\frac{R_f}{R_1}\right|\left|\frac{1}{3}\right| = 1$$

$$1 + \frac{R_f}{R_1} = 3$$

$$R_f = 2R_1$$

$$\phi_a + \phi_f = 2n\pi,\quad n=0,1,2,\cdots$$

振荡频率为：

$$f_0 = \frac{1}{2\pi RC}$$

6.3.3 RC 桥式正弦波振荡电路的建立与稳定

在图 6.3.2 所示的闭环回路中，为满足 RC 桥式正弦波振荡电路能够输出持续稳定的振荡波形，首先必须满足起振条件。

闭环回路的起振条件是闭环电压放大倍数大于 1，即

$$\left|\dot{A}_v \dot{F}_v\right| > 1, \quad \left|\dot{A}_v\right| > 3$$

为了保证闭环回路起振后的输出波形不至于发生饱和失真，电路还必须能够保证当信号被放大到一定幅值后，闭环回路的电压放大倍数能够自动降低，以满足振荡电路起振后的振幅平衡条件和相位平衡条件：

$$\left|\dot{A}_v \dot{F}_v\right| = 1, \quad \left|\dot{A}_v\right| = 3$$

从而，RC 桥式正弦波振荡电路可以输出持续稳定的振荡波形。

为使图 6.3.2 所示的 RC 桥式正弦波振荡电路能够自动起振，并且电路起振后的电压放大能力能够自动降低，满足振荡电路起振后的振幅平衡条件和相位平衡条件，使输出波形稳定在一定的幅值并长期保持不变，需要将图 6.3.2 所示电路改成如图 6.3.3 所示。

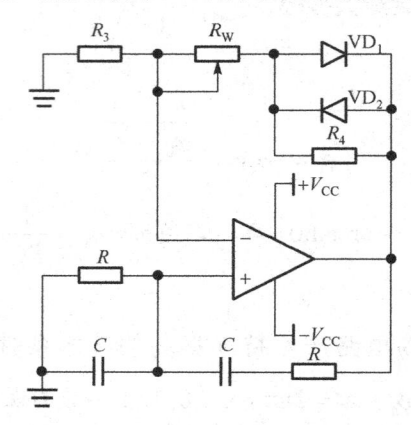

图 6.3.3 能够自起振的 RC 桥式正弦波振荡电路

图 6.3.3 所示为一个没有输入信号、带 RC 串并联选频网络的 RC 桥式正弦波振荡电路。接通直流电源的瞬间，RC 串并联选频网络将电路中同频噪声加到同相输入端并放大。开始时，同频噪声的幅值很小，经同相放大后输出信号的幅值也很小，不足以使负反馈支路上的两个二极管 VD_1、VD_2 导通，两个二极管都表现为大电阻。

电阻 R_4 与两个二极管 VD_1、VD_2 并联使用。与处于截止状态下的两个并联二极管相比，电阻 R_4 在负反馈支路上起主要作用，与负反馈电位器 R_W 串联在一起，构成负反馈电阻，对 RC 串并联选频网络选出的谐振频率信号进行放大。

当闭环回路将选出的谐振频率信号放大到一定幅值时，两个二极管在输出信号的正半周

或负半周分时导通，导通的二极管表现为一个阻值可变的小电阻，两个二极管 VD_1、VD_2 与电阻 R_4 并联使用时起主要作用的是二极管的导通电阻 r_D。

二极管 VD_1、VD_2 正向导通时的电阻很小，从而导致图 6.3.3 中的 RC 桥式正弦波振荡电路总的反馈电阻值变小，电压放大倍数自动降低，满足振荡电路起振后的振幅平衡条件和相位平衡条件，最后使输出波形稳定在一定的幅值并长期保持不变。利用二极管的单向导电性和导通电阻的非线性特性实现了稳幅。

从上面的分析可知，为保证闭环回路起振后的输出信号不发生饱和失真，在负反馈支路上应加非线性器件，以保证在接通电源的瞬间，负反馈电阻足够大，其放大作用可以将同相输入端的微弱信号进行放大；当信号被放大到一定幅值后，负反馈支路的等效电阻会自动减小，交流电压放大倍数自动降低，最后达到平衡状态，满足振荡电路起振后的振幅平衡条件和相位平衡条件，使输出信号稳定在一定的幅值并保持不变。

在图 6.3.3 所示电路中，正反馈支路上的 RC 串并联选频网络会自动将与其谐振频率相一致的电路噪声加到同相输入端并进行同相放大，因此，RC 串并联选频网络的谐振频率决定了 RC 桥式正弦波振荡电路的振荡频率。振荡频率为：

$$f = \frac{1}{2\pi RC}$$

设计实验电路时，应先根据设计要求确定振荡频率，然后计算 RC 值。

为保证选频网络的频率特性受集成运算放大器的输入阻抗 R_i 和输出阻抗 R_o 的影响较小，选频网络的电阻 R 应满足：$R_i \gg R \gg R_o$，因此，应先确定电阻的数量级。同时，考虑到电容 C 的标称值较少，在确定电阻值之前还应把电容值选好。电容 C 应根据标称值列表选取，并且应选用稳定性相对较好、精度较高的电容。

为减小输入失调对振荡电路的影响，电阻 R_3 应根据放大电路的静态平衡条件计算得到，即 $R_3 // 2R_3 = R$。

在图 6.3.3 所示电路中，根据前面介绍的振荡电路建立振荡的基本条件：

$$\left| \dot{A}_v \dot{F}_v \right| > 1$$

即 $1 + \dfrac{R_f}{R_3} > 3$。

反馈电阻 R_f 是由可调电位器 R_W 与三个器件（电阻 R_4 和两个二极管 VD_1、VD_2）并联后的阻抗串联而成的。总的反馈电阻为：

$$R_f = R_W + (R_4 // r_D)$$

由前面的分析可知，稳定振荡后，二极管导通，其导通后的动态电阻很小，计算时可以将其忽略。电位器 R_W 的标称值应大于电阻 R_3 标称值的两倍以上，以保证调节电位器 R_W 时，可以改变负反馈深度，满足振荡电路的起振条件，保证闭环回路能够起振。

在图 6.3.3 所示的电路中，两个互为反向且并联在一起的二极管 VD_1、VD_2 和电阻 R_4 一起组成起振电路和稳幅电路。小信号时，两个二极管都截止，负反馈深度较大，满足起振条件；大信号时，两个二极管在信号的正半周和负半周分时导通，导通电阻很小，并且随着信号幅值的增大，其导通电阻会变小，从而使振荡电路总的负反馈电阻减小，负反馈深度降低，使振荡信号稳定下来并保持不变。为保证输出波形幅值的对称性，两个二极管 VD_1、VD_2 应选用特性完全相同的二极管。

和两个二极管 VD_1、VD_2 并联在一起的电阻 R_4 有改善输出波形的作用，该电阻的阻值不宜选择过大，也不宜选择过小。因为与两个二极管 VD_1、VD_2 并接在一起时的导通电阻相比，如果电阻 R_4 的阻值选择过小，会破坏起振条件，从而导致闭环回路不容易起振。与电位器 R_w 的有效阻值相比，如果电阻 R_4 的阻值选择过大，当波形在零点附近变化时，不满足二极管的导通条件，两个二极管都截止，大电阻 R_4 会使波形在过零附近变化较快，使输出波形在过零附近失真，从而导致输出波形的失真度变差。

选用集成运放时，其单位增益带宽应大于振荡频率的 3 倍以上，最好更高；并且，考虑到二极管的导通电阻会随振荡信号的频率和幅值发生变化，因此，当振荡频率较高时，还应考虑集成运放的单位增益带宽和二极管的频率特性是否满足电路设计要求。

6.3.4 单门限电压比较器

电压比较器属于集成运算放大器的非线性应用电路，工作原理是在不加负反馈器件的条件下，运算放大器同相输入端的电压信号与反相输入端的电压信号比较，当两个输入的电压信号比较结果发生改变时，运算放大器的输出电压将发生跳变。

在图 6.3.4 所示的电路中，因理想运放的开环电压增益很高，即 $A_{vo} \to \infty$，因此，只要两个输入端的电压信号不等，输入信号的差值就会被无限放大输出。

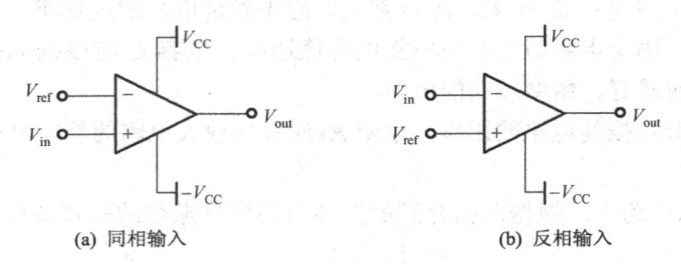

(a) 同相输入　　(b) 反相输入

图 6.3.4　单门限电压比较器

电压比较器可以接成两种形式：一种是输入信号由同相输入端引入，参考电压接在反相输入端，如图 6.3.4(a)所示，采用这种接法的电压比较器被称为同相输入单门限电压比较器；另一种是输入信号由反相输入端引入，参考电压接在同相输入端，如图 6.3.4(b)所示，采用这种接法的电压比较器被称为反相输入单门限电压比较器。

不论采用哪种连接方式，对于单门限电压比较器，只要同相输入端的电压信号大于反相输入端的电压信号，则差模输入信号大于零，经开环放大后的输出电压为集成运放的高饱和输出电压 V_{OH}；同理，当反相输入端的电压信号大于同相输入端的电压信号时，则差模输入信号小于零，经开环放大后的输出电压为集成运放的低饱和输出电压 V_{OL}。

当参考电压为零时，单门限电压比较器为过零电压比较器。

图 6.3.5 所示为过零电压比较器，其输出被双向稳压管 2DW232 钳位在两个固定值上。

当输入电压 V_{in} 小于参考电压，即 $V_{in}<0$ 时，运放输出高饱和输出电压 V_{OH}。在输出端，双向稳压管 2DW232 中一个稳压管反向稳压，另一个稳压管正向导通，输出电压等于一个稳

压管的反向稳压值 V_Z 加上另外一个稳压管的正向导通压降 V_D，即：

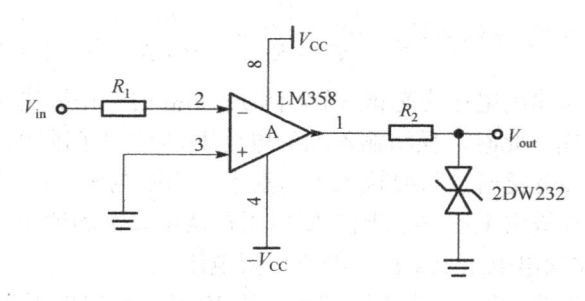

$$V_{out} = V_Z + V_D$$

图 6.3.5 过零比较器

当输入电压 V_{in} 大于参考电压，即 $V_{in}>0$ 时，运放输出低饱和输出电压 V_{OL}。在输出端，双向稳压管 2DW232 中一个稳压管正向导通，另一个稳压管反向稳压，输出电压为：

$$V_{out} = -(V_Z + V_D)$$

单门限电压比较器电路结构简单，当输入信号和参考电压比较接近，且输入信号总在参考电压附近频繁变化时，输出电压会在高饱和输出电压 V_{OH} 和低饱和输出电压 V_{OL} 之间不停地跳变，如果用这种不稳定的跳变信号去控制电机等执行部件，很容易造成电路失控，因此在某些实际应用场合，单门限电压比较器没有实际应用价值。

为了提高电路的抗干扰能力，可以采用后面将要介绍的迟滞电压比较器设计监控电路。

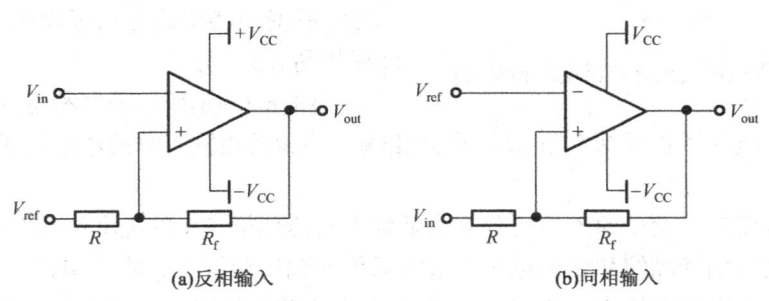

6.3.5 迟滞电压比较器

迟滞电压比较器也称为施密特触发器（Schmitt Trigger）或滞回比较器。

迟滞电压比较器在单门限电压比较器的基础上引入了正反馈，其门限电压受两种不同输出状态的控制，构成了具有双门限的电压比较器，如图 6.3.6 所示。

(a)反相输入　　(b)同相输入

图 6.3.6 迟滞电压比较器

在图 6.3.6 所示的电路中，运算放大器有两种饱和输出状态：高饱和输出电压 V_{OH} 和低饱和输出电压 V_{OL}。由于电路有正反馈，输出电压的变化会通过正反馈电阻 R_f 反过来影响同相输入端的门限电压 V_+。

在图 6.3.6(a)所示的电路中，参考电压 V_{ref} 通过电阻 R 加到同相输入端，反馈电阻 R_f 接在同相输入端和输出端之间。当输出电压发生跳变时，同相输入端的电压 V_+ 也随之发生跳变，发生跳变时的高门限电压 V_H 和低门限电压 V_L 分别为：

$$V_H = V_+ = V_{ref} + V_R = V_{ref} + \frac{V_{OH} - V_{ref}}{R_f + R}R = \frac{R_f}{R + R_f}V_{ref} + \frac{R}{R + R_f}V_{OH}$$

$$V_L = V_+ = V_{ref} + V_R = V_{ref} + \frac{V_{OL} - V_{ref}}{R_f + R}R = \frac{R_f}{R + R_f}V_{ref} + \frac{R}{R + R_f}V_{OL}$$

由以上两式可知，当输出电压为高饱和输出电压 V_{OH} 时，门限电压是由高饱和输出电压 V_{OH} 决定的上门限电压 V_H，此时，反相输入端的电压 V_{in} 低于上门限电压 V_H。

在输入电压由低向高变化时，只要输入电压高于上门限电压 V_H，输出电压将由高饱和输出电压 V_{OH} 跳变到低饱和输出电压 V_{OL}，则门限电压也从由高饱和输出电压 V_{OH} 决定的上门限电压 V_H 跳变为由低饱和输出电压 V_{OL} 决定的下门限电压 V_L。

同理，当反相输入端的电压 V_{in} 高于下门限电压 V_L 时，输出电压为低饱和输出电压 V_{OL}。在输入电压由高向低变化时，只要输入电压低于下门限电压 V_L，则输出电压将由低饱和输出电压 V_{OL} 跳变为高饱和输出电压 V_{OH}，门限电压也由低饱和输出电压 V_{OL} 决定的下门限电压 V_L 跳变为由高饱和输出电压 V_{OH} 决定的上门限电压 V_H。

由以上的分析可知，输出电压的跳变是由两个不同的门限电压监控的。上门限电压 V_H 监控输入电压 V_{in} 由低向高的变化过程，当输入电压 V_{in} 高于上门限电压 V_H 时，输出电压跳变为低饱和输出电压 V_{OL}，上门限电压 V_H 随着输出电压的跳变也跳变成下门限电压 V_L；下门限电压 V_L 监控输入电压 V_{in} 由高向低的变化过程，当输入电压 V_{in} 低于下门限电压 V_L 时，输出电压跳变为高饱和输出电压 V_{OH}，下门限电压 V_L 随着输出电压的跳变也跳变成上门限电压 V_H。整个变化过程如图 6.3.7 所示。

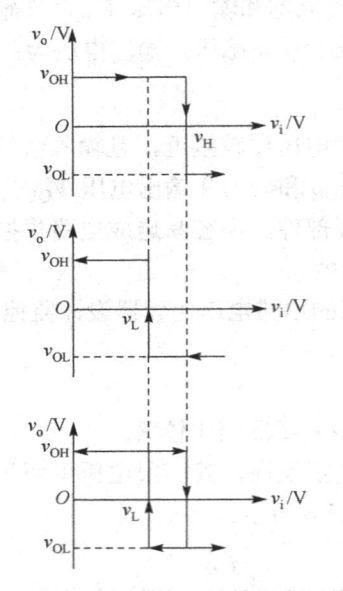

图 6.3.7 反相输入迟滞电压比较器电压传输特性

在图 6.3.6(b)所示的同相输入迟滞电压比较器电路中，由于接入了正反馈电阻 R_f，当同相输入端和反相输入端的电压比较时，会受到输出电压的影响。

定义发生跳变时的两个输入电压分别为低输入电压门限 V_{IL} 和高输入电压门限 V_{IH}。这两个输入电压门限分别受高饱和输出电压 V_{OH} 和低饱和输出电压 V_{OL} 的控制。

当输出电压为高饱和输出电压 V_{OH} 时，在发生跳变的瞬间，同相输入端的电压与参考电压相等，定义此时所对应的输入电压 V_{IL} 为低输入门限电压，则

$$V_{ref} = V_+ = V_{IL} + \frac{V_{OH} - V_{IL}}{R + R_f}R = \frac{R_f V_{IL} + R V_{OH}}{R + R_f}$$

即

$$V_{IL} = \frac{(R + R_f)V_{ref} - R V_{OH}}{R_f} = \frac{R + R_f}{R_f}V_{ref} - \frac{R}{R_f}V_{OH}$$

当输出电压为低饱和输出电压 V_{OL} 时，在发生跳变的瞬间，同相输入端的电压与参考电压相等，定义此时所对应的输入电压值 V_{IH} 为高输入门限电压，则

$$V_{ref} = V_+ = V_{IH} + \frac{V_{OL} - V_{IH}}{R + R_f}R = \frac{R_f V_{IH} + R V_{OL}}{R + R_f}$$

即

$$V_{IH} = \frac{(R + R_f)V_{ref} - R V_{OL}}{R_f} = \frac{R + R_f}{R_f}V_{ref} - \frac{R}{R_f}V_{OL}$$

由前面的推导可知，当输入信号 V_{in} 由高向低变化时，发生跳变之前，运算放大器输出的是高饱和输出电压 V_{OH}，输入门限电压是由高饱和输出电压 V_{OH} 决定的低输入门限电压 V_{IL}。发生跳变时，输出电压由高饱和输出电压 V_{OH} 跳变为低饱和输出电压 V_{OL}，受输出电压的影响，输入门限电压也由低输入门限电压 V_{IL} 跳变成高输入门限电压 V_{IH}。

当输入信号 V_{in} 由低向高变化时，发生跳变之前，运算放大器输出的是低饱和输出电压 V_{OL}，输入门限电压是由低饱和输出电压 V_{OL} 决定的高输入门限电压 V_{IH}。发生跳变时，输出电压由低饱和输出电压 V_{OL} 跳变为高饱和输出电压 V_{OH}，受输出电压的影响，输入门限电压也由高输入门限电压 V_{IH} 跳变为低输入门限电压 V_{IL}。

同相输入迟滞电压比较器输入、输出波形的变化过程如图 6.3.8 所示。

图 6.3.9 所示为一个反相输入迟滞比较器的实际应用电路，参考电压 $V_{ref} = 0$，输出电压被双向稳压管钳位在 $\pm V_{DZ}$ 上，发生跳变时的高门限电压 V_H 和低门限电压 V_L 分别为：

$$V_H = \frac{R_1}{R_1 + R_2}V_{DZ}$$

$$V_L = -\frac{R_1}{R_1 + R_2}V_{DZ}$$

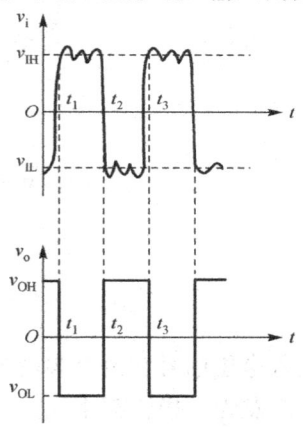

图 6.3.8 同相输入迟滞比较器的输入输出波形

式中，V_{DZ} 是双向稳压管 2DW232 输出的稳压值。

为保证稳压管能够正常稳压，实验要求：集成运放的饱和输出电压必须高于稳压管的标称稳压值。并且限流电阻 R_3 不宜选择过大，否则会影响稳压管的稳压性能。

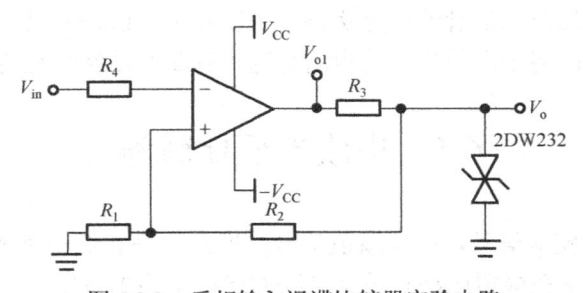

图 6.3.9 反相输入迟滞比较器实验电路

当输入电压 V_{in} 高于上门限电压 V_H 时，运算放大器的输出端为低饱和输出电压 V_{OL}；当输入电压 V_{in} 低于下门限电压 V_L 时，运算放大器的输出端为高饱和输出电压 V_{OH}；当输入电压在高门限电压和低门限电压之间变化时，输出电压不发生变化。

两个门限电压的差值定义为回差,也叫门限差,用 V_{DIF} 表示。
图 6.3.9 所示电路的回差为:

$$V_{DIF} = 2\frac{R_1}{R_1+R_2}V_{DZ}$$

6.3.6 窗口电压比较器

窗口电压比较器可以用来判断输入电压信号的范围是否满足设计要求。

用两个电压比较器设计的窗口电压比较电路如图 6.3.10 所示。

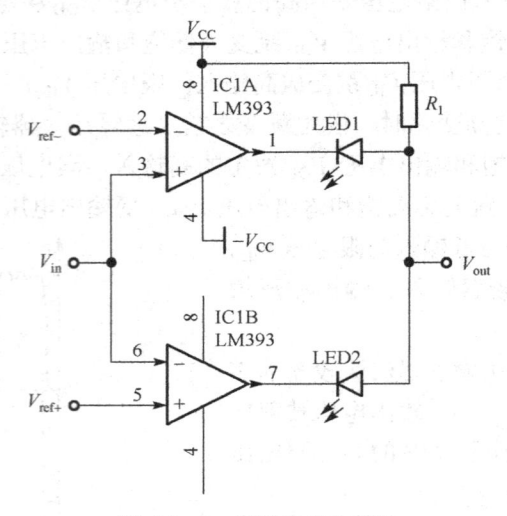

图 6.3.10 窗口电压比较器

当输入电压信号在两个参考电压之间变化时,即 $V_{ref-}<V_{in}<V_{ref+}$ 时,两个比较器都输出高电平,两个发光二极管都不亮。

当输入电压低于低门限电压 V_{ref-},即 $V_{in}<V_{ref-}$ 时,IC1A 输出低电平,发光二极管 LED1 亮;IC1B 输出高电平,发光二极管 LED2 不亮。

当输入电压高于高门限电压 V_{ref+},即 $V_{in}>V_{ref+}$ 时,IC1A 输出高电平,发光二极管 LED1 不亮;IC1B 输出低电平,发光二极管 LED2 亮。

通过两个不同颜色发光二极管的亮灭状态,可以判断当前输入信号所处的大致范围。

窗口电压比较器可以用于产品生产过程的筛选,判断产品参数是否在规定的范围内。

6.4 集成电压比较器

电压比较器可以将模拟信号转换成双值信号,即只有高、低电平两种输出状态的离散信号,因此,电压比较器常在模拟电路和数字电路的接口电路中使用。

在不加负反馈的条件下,可以将运算放大器设计成电压比较器使用,但在某些应用场合,用集成运算放大器设计的电压比较器的性能不能满足设计要求,这就需要采用专门的集成电压比较器(如 LM393、LM339)设计电路。

第 6 章 波形的产生与变换电路

与集成运算放大器相比,专用集成电压比较器有以下特点。

(1) 多数情况下,专用集成电压比较器采用集电极开路的方式输出,使用时,其输出端必须加上拉电阻。多个集成电压比较器的输出可以并联使用,构成与门。用集成运放设计电压比较器,其输出端无须加上拉电阻,也不能并联使用。

(2) 集成电压比较器工作在开环或正反馈条件下,不容易产生自激振荡;用集成运放设计的电压比较器工作在开环或正反馈条件下时,容易产生自激振荡。

(3) 集成电压比较器的转换速率相对较高,典型的响应时间为纳秒级;而通用集成运放的响应时间一般都是微妙级。例如,当集成运放的转换速率为 0.7V/μs,供电电压为±12V 时,其响应时间约为 30μs。

(4) 与集成运放相比,集成电压比较器的输入失调电压高,共模抑制比低,灵敏度低。

(5) 集成电压比较器的输出只有两种状态,高电平或者低电平,从电路结构上看处于开环状态,工作在非线性区。有时为了提高转换速率,也可以接入正反馈。

6.4.1 双电压比较器 LM393

LM393 系列集成电压比较器芯片内部是由两个完全独立的电压比较器构成的,可以用单电源供电,也可以用双电源供电,其引脚封装如图 6.4.1 所示。

集成电压比较器 LM393 的引脚封装主要采用 8 个引脚的双列直插 DIP 封装和贴片 SO-8 封装两种形式,其外形如图 6.4.2 所示。

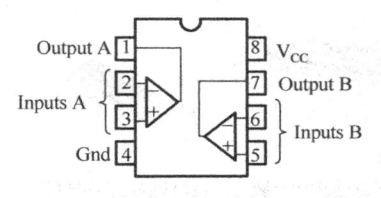

图 6.4.1 LM393 引脚封装图   图 6.4.2 LM393 外形图

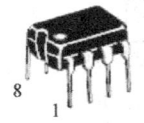

表 6.4.1 给出了集成电压比较器 LM393 的主要技术参数。

表 6.4.1 集成电压比较器 LM393 的主要技术参数(V_{CC} = 5.0 V_{dc})

技术参数名称	符 号	参 数 值	单 位
供电电压范围	V_{CC}	2~36 或±1~±18	V
输入偏置电流(典型值)	I_{IB}	25	nA
输入失调电流(典型值)	I_{IO}	±5	nA
输入失调电压(最大值)	V_{IO}	±5	mV
最大功耗	P_D	570	mW
输出短路电流(典型值)	I_{OS}	20	mA
大信号响应时间(典型值)	t_{LSR}	300	ns
输出引脚吸收电流(典型值)	I_{sink}	16	mA

图 6.4.3 所示为用 LM393 设计的实验电路,在输出端加有上拉电阻 R_3,和电阻 R_3 串接的发光二极管 LED1 用来指示输出状态。

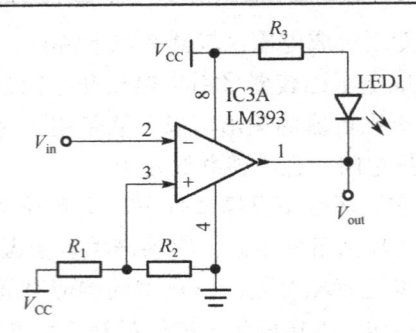

图 6.4.3　电压比较器实验电路

6.4.2　四电压比较器 LM339

LM339 系列集成电压比较器内部是由 4 个完全独立的电压比较器构成的，可以单电源供电，也可双电源供电，其引脚封装如图 6.4.4 所示。

电压比较器 LM393 的引脚封装主要有 14 个引脚的双列直插 DIP 封装和贴片 SO-14 封装两种形式，其外形如图 6.4.5 所示。

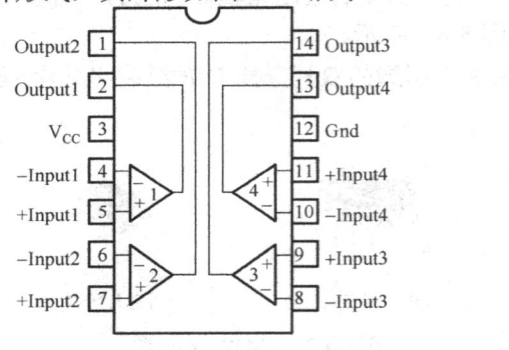

图 6.4.4　LM339 顶视引脚连接图

(a) 双列直插DIP封装　(b) 贴片SO-14封装

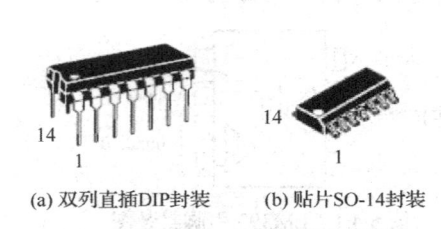

图 6.4.5　LM339 的外形图

表 6.4.2 给出了集成电压比较器 LM339 的主要技术参数。

表 6.4.2　集成电压比较器 LM339 主要技术参数（$V_{CC} = +5.0V_{dc}$, $T_A = +25°C$）

技术参数名称	符号	参数值	单位
最高供电电压	V_{CC}	36	V
输入偏置电流（典型值）	I_{IB}	25	nA
输入失调电流（典型值）	I_{IO}	±5	nA
输入失调电压（最大）	V_{IO}	±2	mV
最大功耗	P_D	1000	mW
大信号响应时间（典型值）	t_{LSR}	300	ns
输出引脚吸收电流（典型值）	I_{sink}	16	mA

第三部分

模拟电子技术课程设计

第 7 章　电源电路设计

电源电路是电子系统设计必不可少的重要组成单元,是保证电子系统正常工作所必需的能量提供者。电源电路性能的好坏,将直接影响整个电子系统的稳定性和可靠性。

7.1　设计要求及注意事项

7.1.1　设计要求

(1) 设计一个实用的电源电路,将市政电网中的 220V/50Hz 变换成指定直流电压源。

(2) 根据设计指标和设计要求,详细分析各单元电路的设计过程,逐级设计各单元电路,画出单元电路原理图,分析主要元器件的选择依据。

(3) 设计各单元电路的实现、调试、测试方案和实验数据记录表格,完成单元电路测试,分析各单元电路的测试数据和输入、输出波形是否满足设计要求。

(4) 根据前面的设计分析画出系统设计框图或系统设计流程图。

(5) 根据系统设计框图逐级级联各单元电路,每增加一级电路,必须先测试并检验级联后的电路是否满足设计要求。如果级联后的电路可以满足设计要求,方可继续级联下一级电路;如果级联后的电路不能满足设计要求,则必须先定位问题所在点,完成纠错后,方可继续级联下一级电路。否则,一旦系统电路出现故障,将很难排查。

(6) 设计系统电路的测试方案和实验数据记录表格,测试系统电路的实验数据和输入、输出波形,详细分析系统电路的测试数据和输入、输出波形是否满足设计要求。

(7) 用计算机辅助电路设计软件(如 Altium Designer 等)画出系统电路原理图。

(8) 详细分析在电路设计过程中遇到的问题,总结并分享电路设计经验。

7.1.2　注意事项

调试电源电路时,应注意以下几个问题。

(1) 安装电路前,应检测电源变压器的绝缘电阻,以避免因电源变压器漏电而损坏实验设备,严重时甚至会危及人身安全。通常情况下,应采用兆欧表测量各绕组之间、各绕组与屏蔽层之间,以及绕组与铁芯之间的绝缘电阻,绝缘电阻应不小于 1000MΩ。

(2) 切记电源变压器的初级绕组和次级绕组不能接反!如果将初级绕组和次级绕组接反,会损坏电源变压器并引起电源故障,严重时甚至会危及人身安全。

(3) 使用集成稳压器件前,应先查阅生产厂家提供的产品数据手册,弄清每个引脚的正确接法。要特别注意公共端引脚不能开路,否则电源电路的输出电压将不稳定。

(4) 电源电路的参数受温度、通风、散热等条件影响较大,因此,在设计电源电路时,应合理考虑并施加散热措施,如加散热片等。

（5）搭接实验电路时，应尽量坚持少用导线、用短导线，盲目使用导线会引入不必要的寄生参量，使实际设计出来的电路参数发生偏离，并增加电路出错的概率。

7.2 设 计 指 标

（1）电源变压器初级交流输入电压：～220V/50Hz。
（2）电源变压器次级交流输出电压：能够满足后级负载电路的设计要求。
（3）电源变压器输出功率：能够满足后级负载电路的设计要求。
（4）整流电路：桥式全波整流，整流电流、电压能够满足后级负载电路的设计要求。
（5）滤波电路：输出电压能够满足后级负载电路的设计要求，纹波系数≤1%。
（6）稳压电路：
　①单路固定输出线性直流稳压电源：+5V/500mA。
　②双路固定输出线性直流稳压电源：±12V/100mA。
　③单路可调输出线性直流稳压电源：1.5～12V/100mA。
　④单路正向输出降压型开关电源：+5V/500mA，输出电压纹波系数≤5%。
　⑤单路正向输出升压型开关电源：+24V/100mA，输出电压纹波系数≤5%。
　⑥单路负向输出反转变换型开关电源：−12V/100mA，输出电压纹波系数≤5%。

7.3 系统设计框图

常用直流稳压电源系统设计框图如图 7.3.1 所示。

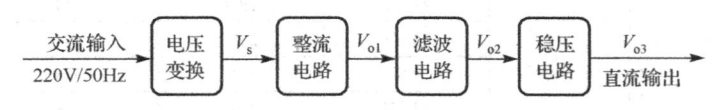

交流输入 220V/50Hz → 电压变换 → V_s → 整流电路 → V_{o1} → 滤波电路 → V_{o2} → 稳压电路 → V_{o3} → 直流输出

图 7.3.1　直流稳压电源系统框图

7.4 设 计 分 析

多数电子系统的电源电路都是从市政电网中获取能量的，将 220V/50Hz 的市政交流电经电压变换、整流、滤波、稳压后，输出直流给负载使用，如图 7.3.1 所示。

如果稳压电路所需能量不是从市政电网中获得的，而是直接从电池或其他直流电源中获得的，则设计电源电路时，就无须加电压变换、整流、滤波环节，可以直接用稳压电路将不稳定的输入电压进行升压或降压处理后，送给负载使用。

7.4.1　电压变换电路

最常用的交流电压变换电路是电源变压器。电源变压器（Transformer）是利用电磁感应原理变换交流电压的一种装置。电源变压器主要由初级线圈、次级线圈、铁芯或磁芯等构成。通常将连接在 220V/50Hz 市政电网的绕组定义为初级线圈，其余的绕组定义为次级线圈。

次级线圈可以是一个绕组，也可以是多个绕组。每个次级绕组都可以提供至少一组交流输出电压。

1. 电源变压器的选型

电源变压器的主要作用是将电源电路所需能量从市政电网中取出。

下面通过具体的实例介绍电源变压器的主要技术参数及其选型依据。

表 7.4.1 给出了 T8 系列单绕组次级线圈电源变压器的主要技术参数。

T8 系列电源变压器的视在功率为 8V·A，空载时自损耗≤0.6W，变压器的电压调整率≤20%，正常工作时温升≤22℃，体积 45×37×33mm³，自重 195g。

电压调整率是电源变压器的重要指标之一，其定义为当输入电压不变，且负载电流从零变化到额定值时，输出电压的相对变化量，通常用百分数表示。

$$dV = \frac{V_\circ - V}{V_\circ} \times 100\%$$

式中，$V_\circ$ 是电源变压器空载时的输出电压，V 是电源变压器热平衡后满载输出电压。

表 7.4.1　T8 系列电源变压器主要技术参数

型号	初级工作电流		次级工作电压		次级最大电流 /mA	次级等效阻抗 /Ω
	空载	满载	空载	满载		
T8-01	≤28mA	≤51mA	7.5V	6V	1333	1.3
T8-01B			9.3V	7.5V	1067	2.1
T8-02			11.2V	9V	889	3
T8-03			14.9V	12V	667	5.3
T8-04			18.7V	15V	533	8.3
T8-05			22.4V	18V	444	12
T8-05B			26.1V	21V	381	16.3
T8-06			29.9V	24V	333	21.3
T8-06B			33.6V	27V	296	27

在选择电源变压器时，应注意以下几个问题。

（1）电源变压器的输出功率必须能够满足电源负载的设计要求，工程计算时应给出一定的设计裕量。具体计算时，除了应考虑电源负载功率需求外，还应将电压变换、整流、滤波、稳压等环节的热损耗计算进去。

（2）对于降压型稳压电路，电源变压器的满载输出电压经整流、滤波后，应高于稳压器件的最低输入电压要求。但所选电源变压器的输出电压不能太高，如果电源变压器的满载输出电压偏高，会使稳压器件自身的压降升高，热损耗增大，散热难度加大。稳压器件长时间工作在高温条件下，将缩短其使用寿命，严重时会造成永久性损坏。

（3）如果产品设计成本、布线空间等条件允许，应尽量选用绕组线圈多、体积大的电源变压器使用。尽量避免选用绕组线圈少的电源变压器使用，因为绕组线圈越少，电源变压器的热损耗越大，电压调整率越高，带载能力越弱。

（4）如果电子系统对电源噪声、电磁干扰等要求较高，也可以考虑选用转换效率高、电磁干扰小、振动噪声小的环形电源变压器使用。

2. 电路测试

使用电源变压器时，一定要注意用电安全，在断电条件下安装、连接电源变压器。上电后，不要用身体的任何部位直接接触电源变压器。

安装并连接电源变压器，设计实验数据记录表格，测试电源变压器的初级输入电压、次级空载输出电压。选用适合的功率电阻作为负载，测试电源变压器次级带载输出电压。

记录实验数据，计算电源变压器的带载输出功率和电压调整率。

7.4.2 整流电路

整流电路负责将电源变压器输出的交变电信号变换成脉动的直流电输出给滤波电路使用。整流电路主要利用二极管的单向导电性完成整流，因此，整流二极管是构成整流电路的主要元器件。根据整流方式不同，整流电路可以由一个或多个整流二极管构成。

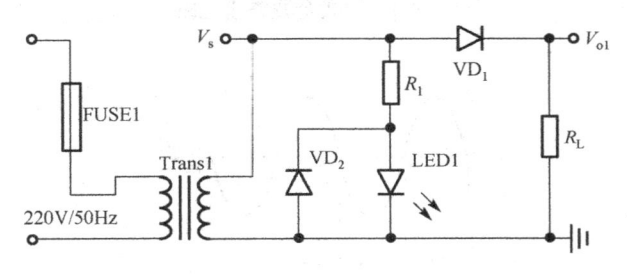

1. 半波整流电路

半波整流电路结构简单，用一个二极管就可以实现。在不考虑整流效率的情况下，可以采用半波整流电路对交流信号进行整流。半波整流电路如图 7.4.1 所示。

在图 7.4.1 所示的电路中，二极管 VD_1 负责整流，其他元器件都是辅助元件。其中 FUSE1 是电源保险丝；Trans1 是电源变压器；LED1 是电源指示灯；R_1 是限流电阻，用于保护发光二极管 LED1；VD_2 是保护用二极管，在交流信号的负半周导通，用以防止发光二极管 LED1 因反向电压过高而烧毁；R_L 是负载电阻，如果没有负载电阻 R_L，就不能构成完整的整流回路。在负载电阻 R_L 上，可以测到整流后的输出波形，如图 7.4.2 所示。

图 7.4.1 半波整流电路

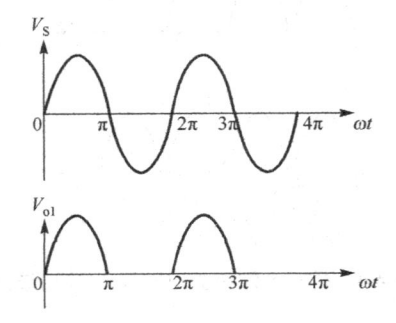

图 7.4.2 半波整流电路输入/输出波形

从图 7.4.2 可知，半波整流电路的输出波形只有输入波形的一半。并且，由于整流二极管

VD_1 上也需要消耗一定的能量，因此，半波整流电路的整流效率理论计算上应小于 50%，即半波整流电路输出信号的能量达不到输入信号的一半。

在设计半波整流电路时，主要考虑整流二极管的额定正向工作电流应高于负载电路所要求的最大工作电流；整流二极管所能承受的最高反向工作电压应高于交流输入信号的峰值电压。实际设计时，整流二极管的额定正向工作电流和最高反向工作电压还应给出一定的设计裕量，以防止不必要的电路噪声损坏二极管。

2. 桥式全波整流电路

在图 7.4.3 所示的桥式全波整流电路中，4 个整流二极管 $VD_1 \sim VD_4$ 按桥式连接构成整流电路。在交流输入的正半周，电流从电源变压器的 A 端流出，经二极管 VD_1、负载电阻 R_L、二极管 VD_3 后，流回到电源变压器的 B 端，整个过程构成一个完整的电流回路。在交流输入的负半周，电流从电源变压器的 B 端流出，经二极管 VD_4、负载电阻 R_L、二极管 VD_2 后，流回到电源变压器的 A 端，整个过程也构成一个完整的电流回路。在输出负载电阻 R_L 上，可以测到图 7.4.4 所示的桥式全波整流电路脉动输出波形。

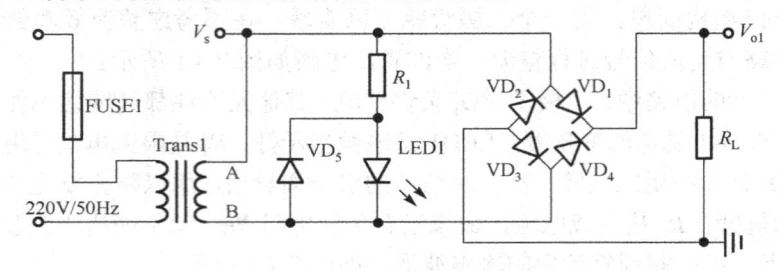

图 7.4.3 桥式全波整流电路

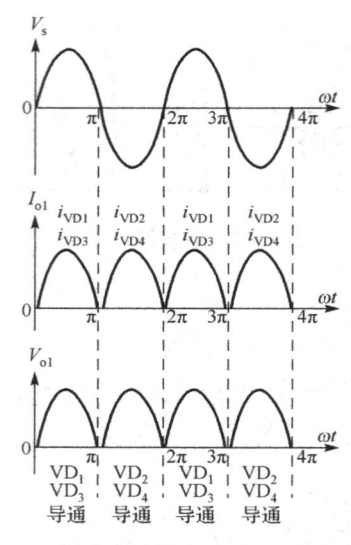

图 7.4.4 桥式全波整流电路输入/输出波形

桥式全波整流电路的热损耗主要来自 4 个整流二极管，因此，在不加辅助设计器件的前提下，桥式全波整流电路也不可能将输入信号的全部能量传递给负载，并且，整流电压越低，相对损耗越大，整流效率越低。

和半波整流电路相比,桥式全波整流电路的整流效率高,实际应用中较为常见。

在选用整流二极管时,桥式全波整流电路也应考虑整流二极管的额定正向工作电流要高于负载要求的工作电流;整流二极管所能承受的最高反向工作电压应高于交流输入信号峰值电压的一半。实际电路设计时,整流二极管的额定正向工作电流和最高反向工作电压应给出一定的设计裕量,以防止不必要的电路噪声损坏二极管。

某些生产厂家将 4 个整流二极管封装在一起,做成专门用于桥式全波整流的集成整流器件,被称为整流桥(Bridge Rectifier),简称桥块。在实际应用中,这种已经封装好的专门用于全波整流的整流桥块较为常见。

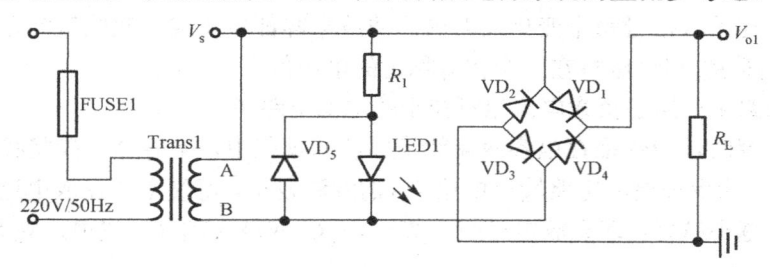

3. 正负双路输出桥式全波整流电路

正负双路输出桥式全波整流电路如图 7.4.5 所示。与单路输出桥式全波整流电路相类似,正负双路输出桥式全波整流电路也是由 4 个整流二极管 $VD_1 \sim VD_4$ 按桥式连接构成的。但在正负双路输出桥式全波整流电路的输入端有两个对称的串联绕组。这两个串联绕组的公共端必须和直流输出电压的参考地连接在一起,共同构成电源系统的直流参考地。

图 7.4.5 正负双路输出桥式全波整流电路

和单路输出桥式全波整流电路一样,在选用整流二极管时,也应考虑整流二极管的额定正向工作电流要高于电源负载所要求的工作电流;二极管所能承受的最高反向工作电压应高于单个绕组的峰值电压。实际设计时,二极管的额定正向工作电流和最高反向工作电压还应给出一定的设计裕量,以防止不必要的电路噪声损坏二极管。

4. 电路测试

在整流电路中,没有负载电阻就构不成完整的整流回路,因此,在测试整流电路时,必须使用负载电阻。

连接整流电路,设计整流电路实验数据记录表格,测试整流电路输入电压有效值和输出电压有效值。记录实验数据,计算整流电路的整流效率。

7.4.3 滤波电路

电容器件和电感器件是储能元件。利用电容器两端的电压变化或流经电感器的电流变化,电容器或电感器可以完成先将能量存储,然后再释放的能量传递过程。

在图 7.4.6 所示的滤波电路中,V_{o1} 是整流电路输出的直流脉动信号。变化的直流脉动输入信号 V_{o1} 使电路中的电容器两端电压或流经电感器的电流发生变化,通过抑制直流脉动信号的变化趋势,电容器或电感器可以将直流脉动信号中的部分纹波滤除,达到平滑输入信号的目的。

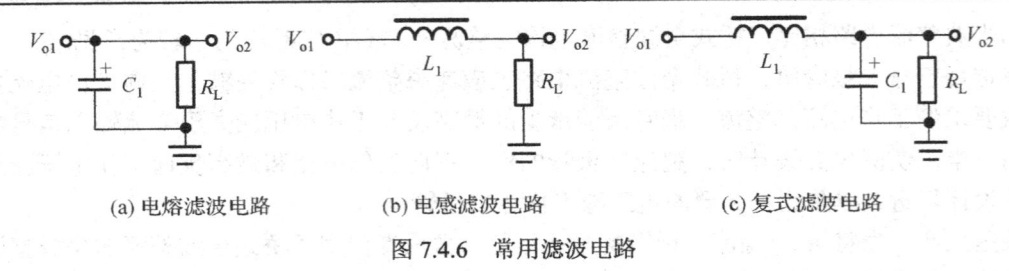

(a) 电容滤波电路　　　　(b) 电感滤波电路　　　　(c) 复式滤波电路

图 7.4.6　常用滤波电路

比较常用的滤波电路有三种，如图 7.4.6 所示。其中图 7.4.6(a)是电容滤波电路、图 7.4.6(b)是电感滤波电路、图 7.4.6(c)是复式滤波电路。R_L 是负载电阻。用电容滤波时，电容器应与负载电阻并联；用电感滤波时，电感器应与负载电阻串联。

1．滤波电路设计

在图 7.4.6(a)所示的电容滤波电路中，当输入脉动信号 V_{o1} 上升时，对滤波电容 C_1 进行充电，完成储能过程；当输入脉动信号 V_{o1} 开始下降时，滤波电容 C_1 开始充当电源，将存储起来的能量释放。在输入信号每个变化周期内，滤波电容都能完成一次能量的存储和释放的过程，以使输出电压 V_{o2} 可以维持在一个相对稳定的电压值上。

电容滤波电路主要用于负载电流相对较小的电源电路中。

选择滤波电容时，应保证在电容两端能量释放的过程中，电容器不能将存储起来的能量全部释放。并且，为保证滤波电路输出电压 V_{o2} 的纹波较小，滤波电容在放电过程中所释放出来的相对能量应越小越好，即充放电时间常数 $\tau = R_L C_1$ 应越大越好。式中，R_L 是负载电阻值，C_1 是滤波电容值。

由以上分析可知，滤波电容值越大，其释放能量的相对速率越慢，输出电压纹波系数越小，输出电压越平滑，滤波效果越好。因此，在设计条件允许的情况下，应尽量选用电容值较大的电容器作为滤波电容。

在选择滤波电容时，除了要考虑电容值，还应考虑电容器的标称耐压值。电容器的标称耐压值应高于加在电容器两端的最大电压值。并且，工程设计时，通常还要求电容器标称耐压值应至少高于加在电容器两端最大电压值的 50%。

大容量滤波电容有较大的寄生电感，寄生电感会使滤波电容的高频旁路作用大打折扣。为了滤除高频噪声，还应在大容量滤波电容两端并联一个或多个电容值不同的小电容，如独石电容或瓷片电容等。不同电容值的小电容可以滤除输入信号中不同频率的高频噪声。有些电容器的引脚分正、负极，安装电路时，切记电容器的正、负引脚不能接反！

当输入电流变化较快，且电源负载工作电流要求较大时，考虑到滤波电容器的体积和电路成本等条件制约，这时，可以考虑采用电感器进行滤波，如图 7.4.6(b)所示。

选用电感器进行滤波时，应将电感器与负载串接。当输入电流增大时，流过电感器的电流也发生变化，电感器将一部分电能转化成磁场能量存储起来。当输入电流开始减小时，电感器产生反向电动势阻止输入电流变化，即将存储的磁场能量释放，从而滤除输入信号中的部分纹波，达到平滑输入信号的目的。

选用滤波电感时，要求基波感抗应足够大，即 ωL 应足够大，最好能远大于负载电阻 R_L；同时，还应考虑滤波电感器的额定工作电流必须满足设计要求。

有时为了提高滤波效果，在电感滤波电路的输出端对地并接一个或多个滤波电容，构成电容电感复式滤波电路，如图 7.4.6(c)所示。

2．滤波电路功能测试

输出电压纹波系数是滤波电路的重要参数之一，如果测得的输出电压纹波系数较大，应考虑增大滤波电容值或滤波电感量。在复式滤波电路中，也可以考虑同时增大这两个参数值。如果在增大滤波电容值或滤波电感量之后，输出电压纹波系数还不能满足设计要求，则应考虑在滤波电路的输出端对地接一个或多个电容值不同的小滤波电容，以进一步滤除输出信号中的高频噪声。

设计实验数据记录表格，测试滤波电路输出电压信号的直流平均值和交流有效值。记录实验数据，计算滤波电路输出电压的纹波系数。

应特别注意：电路测试时，必须加上符合要求的负载电阻。

7.4.4 稳压电路

经过整流、滤波处理后的直流电源虽然比较平滑，但稳定性较差，当输入电压发生波动或电源负载发生变化时，都会导致输出电压变化。对于要求稳定供电的电子系统，还必须对整流、滤波后的电源信号进行稳压处理后才能使用。

根据稳压电路所采用的稳压器件不同，电源电路可分为：线性直流稳压电源、开关型直流稳压电源和电压基准源。

1．线性直流稳压电源

线性直流稳压电源多采用线性集成稳压器件进行稳压。用线性集成稳压器件设计的稳压电路具有外围电路简单、输出电压稳定、纹波系数小、电路噪声低等优点。

线性集成稳压器件有多种不同的分类方法。按稳压器件自身压降大小来区分，线性集成稳压器件可分为通用型线性稳压器件和低压差型线性稳压器件。按输出电压是否可调来区分，线性集成稳压器件可分为固定输出线性稳压器件和可调输出线性稳压器件。按输出电压的极性不同来区分，线性集成稳压器件还可分为正电压输出线性稳压器件和负电压输出线性稳压器件等。

（1）固定输出线性直流稳压电源

LM78××系列和 LM79××系列三端集成稳压器件是最常用的固定输出集成线性稳压器件。其中，LM78××系列稳压器件的输出电压为正电压；LM79××系列稳压器件的输出电压为负电压。两种系列均有 5V、6V、9V、12V、15V、18V、24V 等输出电压产品。

LM78××系列和 LM79××系列三端集成线性稳压器件内部均设有短路保护和过热保护电路，可以预防因电路瞬时过载而造成的器件永久性损坏。

LM78××系列和 LM79××系列产品后面的两位数字代表该器件可以输出的标称电压值。两种系列产品的引脚封装顺序并不相同，如图 7.4.7 所示，使用时要特别注意！

图 7.4.8 所示为用集成三端稳压器件 LM7805 和 LM7905 设计的±5V 输出直流稳压电源。该电源从 220V/50Hz 市政电网中获得能量，先经电源变压器 T15-07 进行电压变换，再经过桥式整流、电容滤波后送给 LM7805 和 LM7905 进行稳压处理。

(a) LM78××系列 (b) LM79××系列

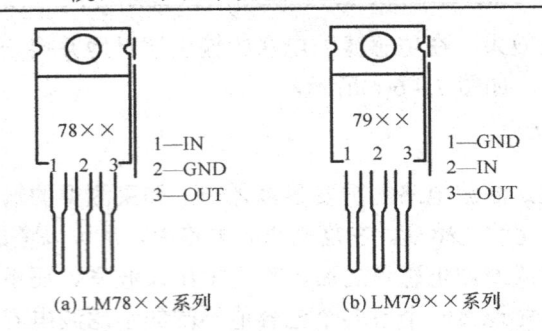

图 7.4.7　三端固定输出集成稳压器件 TO-220 引脚封装图

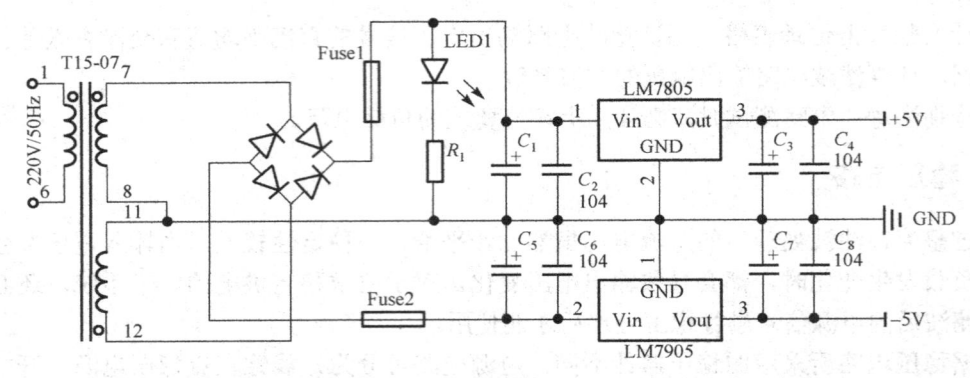

图 7.4.8　用 LM7805 和 LM7905 设计的±5V 输出直流稳压电源

在图 7.4.8 所示的电路中，在稳压器件 LM7805 和 LM7905 的输入、输出端分别并联了两个电容值不同的电容，大电容用来滤除电源中的低频杂波，抑制负载变化引起的电压波动；小电容用于滤除电源中的高频杂波。

（2）可调输出线性直流稳压电源

LM317 是三端可调正电压输出集成稳压器件；LM337 是三端可调负电压输出集成稳压器件。与三端固定输出集成稳压器件一样，三端可调输出集成稳压器件 LM317 和 LM337 的内部也设有过流保护和过热保护电路。两者之间的主要区别是：三端可调输出集成稳压器件 LM317 和 LM337 用调整引脚 ADJ 代替了三端固定输出集成稳压器件的接地引脚 GND。图 7.4.9 所示为三端可调输出集成稳压器件的引脚封装图。

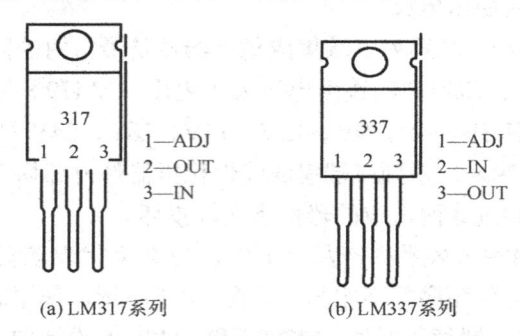

(a) LM317系列　(b) LM337系列

图 7.4.9　三端可调输出集成稳压器件 TO-220 引脚封装图

由图 7.4.9 可知，三端可调输出集成稳压器件 LM317 和 LM337 的引脚排序并不相同，使用时要特别注意！

图 7.4.10 所示为三端可调输出集成稳压器件 LM317 的典型应用电路。电阻 R_1 的取值范围为 120～240Ω。电阻 R_2 的取值范围可以根据输出电压要求通过计算得到。

输出电压 V_{o3} 可以通过下式计算得到：

$$V_{o3} = V_{REF} \times \left(1 + \frac{R_2}{R_1}\right) + I_{ADJ} \times R_2$$

式中，电流 I_{ADJ} 是从可调引脚 ADJ 流出的电流，其典型值为 50μA，多数情况下，该电流对输出电压的影响很小，可以忽略不计。参考电压 V_{REF} 是输出引脚 OUT 与调整引脚 ADJ 之间的电势差，其典型值为 1.25V。通过改变接在调整引脚 ADJ 上的两个电阻 R_2 和 R_1 的比值，就可以改变输出电压值 V_{o3}。

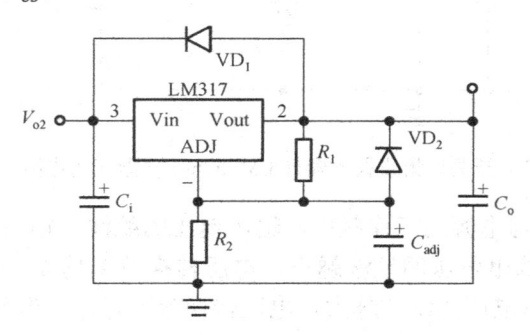

图 7.4.10　LM317 典型应用电路

图 7.4.10 中的电容 C_i、C_o、C_{adj} 是滤波电容，用于抑制电源信号中的纹波噪声。电容 C_{adj} 可以不加，但是如果加了电容 C_{adj}，就必须加上保护用二极管 VD_2。保护用二极管 VD_2 给电容 C_{adj} 提供了放电通路。二极管 VD_1 也是保护用二极管，用于给电容 C_o 提供放电通路。两个保护用二极管主要用于在极端情况下，给对应电容提供放电通路，以防止存储在电容两端的电荷进入芯片内部低阻抗回路烧毁稳压器件。

LM337 的用法与 LM317 相类似，具体使用时可以参考生产厂家提供的产品数据手册。

2．开关型直流稳压电源

线性直流稳压电源的缺点是当调整压差较大时，很大一部分能量会以发热的形式消耗在电压调整管上，转换效率低。

开关型直流稳压电源主要利用电压调整管的饱和导通与截止两种状态来调整输出电压，其饱和导通压降与截止穿透电流都很小，因此，开关型直流稳压电源能量损耗小，转换效率高。多数开关型直流稳压电源的转换效率可高达 80%～90%。

开关型直流稳压电源的缺点是输出电压纹波系数高，通常会给电子系统带来高频干扰。并且开关型直流稳压器件对芯片外部的元器件要求较高，电路结构相对复杂。

LM2576 是一种比较常用的降压开关型集成稳压器件，其芯片内部集成了振荡器、基准源、保护电路等，只需少量的外围器件，就可以实现高性能的开关型直流稳压电源。

图 7.4.11 所示为开关型集成稳压器件 LM2576 的常用引脚封装图。

LM2576 系列开关型集成稳压器件最大允许输入电压为 45V。最高可以提供 3A 的连续输出电流。固定输出电压有 3.3V、5V、12V 三种类型；可调输出电压在 1.23～35V 范围内连续可调。

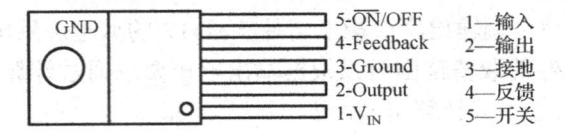

```
5-ON/OFF    1—输入
4-Feedback  2—输出
3-Ground    3—接地
2-Output    4—反馈
1-V_IN      5—开关
```

图 7.4.11 开关型集成稳压器件 LM2576 引脚封装图

图 7.4.12 所示为开关型集成稳压器件 LM2576-5 典型应用电路。

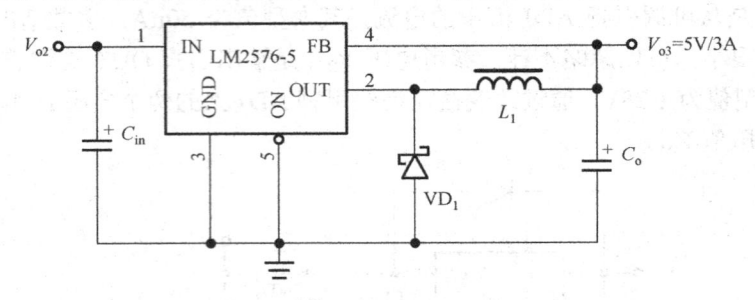

图 7.4.12 开关型集成稳压器件 LM2576-5 典型应用电路

在图 7.4.12 中，电感 L_1 与电源的工作频率、输出电压的纹波、输出电流等参数有关。在规定范围内，电感量越大，输出电压的纹波越小，电压转换效率越高，但最大输出电流会降低。反之，电感量越小，输出电压的纹波越大，电压转换效率越低，但最大输出电流会提高。在 LM2576 技术手册中，有详细的电感选择表供用户参考。

图 7.4.12 中的二极管 VD_1 必须选用高频肖特基二极管，其额定正向工作电流应不小于电源负载要求的最大工作电流的 1.2 倍；最高反向工作电压应大于加在其两端最大电压的 1.25 倍。输入电容 C_{in} 和输出电容 C_o 可以根据产品数据手册选取，同时还必须考虑电容的额定耐压值必须满足工程设计要求。

图 7.4.13 所示为用可调输出开关型集成稳压器件 LM2576-ADJ 设计的可调输出开关型直流稳压电源。其电路结构、元器件参数与固定输出开关型直流稳压电源相类似。不同点是：可以通过改变电阻 R_1 和 R_2 的比值来改变反馈电压 FB，从而达到调整输出电压 V_{o3} 的目的。输出电压 V_{o3} 可以通过下面的公式计算得到：

$$V_{o3} = 1.23 \times \left(1 + \frac{R_2}{R_1}\right)$$

式中，1.23V 是反馈引脚输出电压，该电压值由芯片内部决定。电阻 R_1 的取值范围为 1～5kΩ。电阻 R_2 的取值范围需要根据输出电压要求通过计算得到。

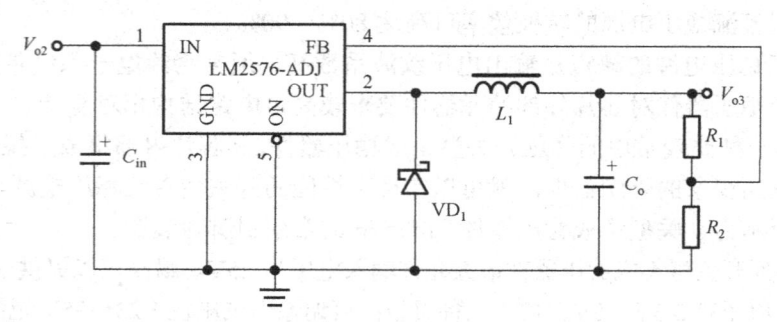

图 7.4.13 可调输出 LM2576 典型应用电路

第 7 章 电源电路设计

另外一种较为常用的开关型集成稳压器件是 MC34063。与 LM2576 相比，MC34063 的输出能力相对较弱，采用 DIP8 封装的 MC34063 降压应用，12V 输入，5V 输出时，连续输出电流只有 0.5A。MC34063 体积小，温升低，不需要加散热片就可以正常工作，批量生产时具有价格成本优势。

MC34063 有多种封装形式，图 7.4.14 所示为 MC34063 最为常用的双列直插引脚封装图。

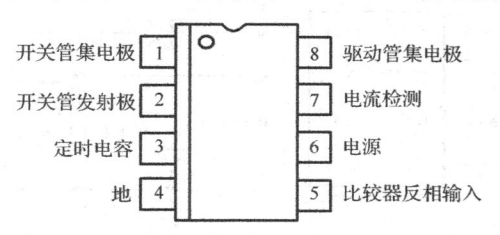

图 7.4.14 开关型集成稳压器件 MC34063 双列直插引脚封装图

采用不同接法，开关型集成稳压器件 MC34063 可以实现升压、降压、反向变换等多种电源。通过外扩开关管，MC34063 还可以实现更大电流输出。

图 7.4.15 所示为用开关型集成稳压器件 MC34063 设计的降压型开关电源。

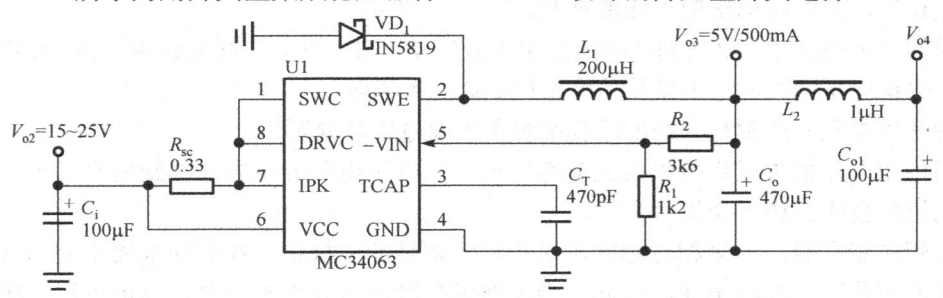

图 7.4.15 开关型集成稳压器件 MC34063 降压时典型应用电路

通过改变外部器件的连接方式，开关型集成稳压器件 MC34063 可以轻易实现升压型开关电源，如图 7.4.16 所示；反向变换型开关电源，如图 7.4.17 所示。

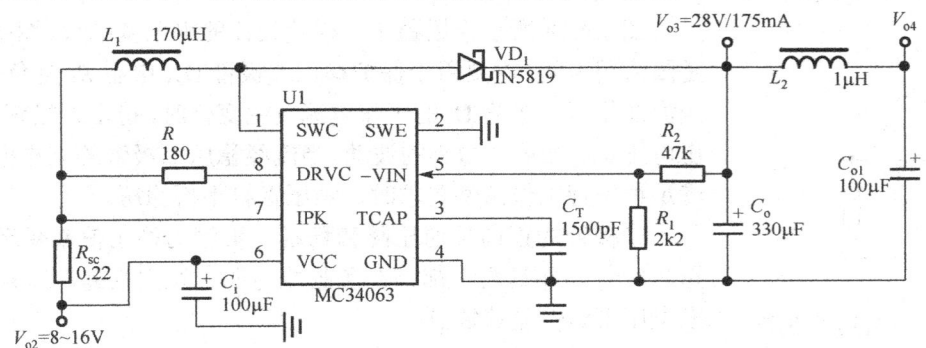

图 7.4.16 开关型集成稳压器件 MC34063 升压时典型应用电路

具体应用时，应充分发挥线性稳压器件和开关型稳压器件的优点，两者结合使用，以得到高效率、低纹波的稳压电源。例如，当需要从+40V 直流电源稳压到+5V 输出时，不可以直接用 LM7805 进行线性稳压，因为 LM7805 最大允许输入电压是 25V。为了能够得到从+40V

到+5V 变换的直流稳压电源，可以先用开关型稳压器件 LM2576-ADJ 进行一次降压，输出 7.5V 的直流电源；然后再用线性稳压器件 LM7805 进行进一步稳压，最后得到+5V 输出的线性直流稳压电源。

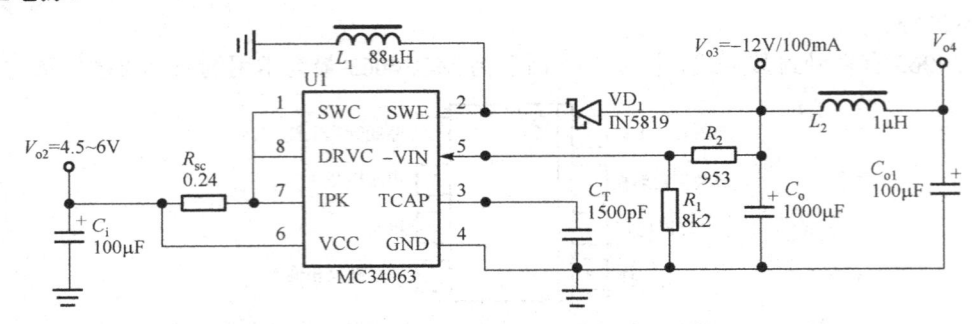

图 7.4.17 开关型集成稳压器件 MC34063 反向变换时典型应用电路

3．电压基准源

理想电压基准源应具有精准的初始电压，并且，在负载电流、环境温度、连续工作时间等发生变化时，其输出电压应能保持不变。

在模拟集成电路中，电压基准源的应用十分广泛，它可以为串联型稳压器件、A/D 或 D/A 转换器件提供电压基准源，为多数传感器提供激励电压等。

两种常用电压基准源是齐纳电压基准源和能隙电压基准源。

采用电阻分压的方式也可以得到参考电压，但采用电阻分压方式得到的参考电压并不稳定，其电压值会随负载的变化而变化。

二极管的正向导通压降相对稳定，对于特定型号的二极管，在驱动电流不变的条件下，其正向导通压降基本保持不变。因此，当电路对基准电压要求不高时，也可以用二极管的正向导通压降作为参考电压。

齐纳二极管也称为稳压二极管，在工作条件满足设计要求的条件下，齐纳二极管可以克服普通二极管的缺点，输出较为稳定的基准电压。

图 7.4.18 所示为用稳压二极管设计的电压基准源。图中电阻 R 是限流用电阻，主要用于保护稳压二极管 D_z。电阻 R_L 是负载电阻。当流经稳压二极管 D_z 的工作电流发生变化时，稳压二极管 D_z 的输出电压 V_{DZ} 会产生微小的波动。当流经稳压二极管的工作电流不再满足稳压管工作条件要求时，稳压管将不再稳压。

二极管的正向导通压降和稳压二极管的稳压值都受环境温度影响较大，并且两者都存在负载能力弱、稳定性差、噪声大、基准电压可调性差等缺点。

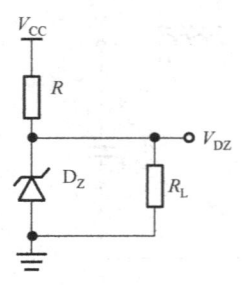

图 7.4.18 用稳压二极管设计的电压基准源

集成电压基准源具有精度高、噪声低、温漂小、功耗低等优点，已被广泛应用于电压调整器、数据转换器（A/D、D/A）、集成传感器等器件中。

比较常用的集成电压基准源有 LM385 和 TL431。

集成电压基准源 LM385 分两大类：固定输出和可调输出。

图 7.4.19 所示为采用 TO-92 封装的 LM385 引脚封装图。固定输出的 LM385 有两个有用引脚，一个空引脚；可调输出的 LM385 有三个有用引脚。

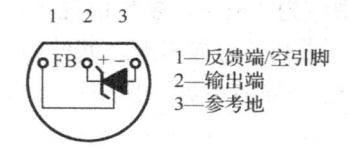

图 7.4.19　集成电压基准源 LM385 引脚封装图（顶视）

集成电压基准源 LM385 的静态工作电流极小。固定输出 LM385 最小工作电流只有 15μA，工作在 100μA 时，输出电阻仅为 1Ω，常用输出电压有 1.2V 和 2.5V 两种。可调输出 LM385 的工作电流为 10μA～20mA，输出电压在 1.24～5.30V 范围内连续可调。集成电压基准源 LM385 的长期稳定性好，平均可达 20ppm/kHr。

图 7.4.20 所示为集成电压基准源 LM385 的典型应用电路。其中电阻 R_1 是器件供电用限流电阻。V_{o5} 是集成电压基准源 LM385 的输出电压。在图 7.4.20(b)中，可调输出电压 V_{o5} 可以通过改变电阻 R_2、R_3 的比值来调整，具体可以通过如下公式计算得到：

$$V_{o5} = 1.24 \times \left(1 + \frac{R_3}{R_2}\right)$$

式中，1.24V 是反馈端 FB 与参考地接在一起时，输出端的电压值。

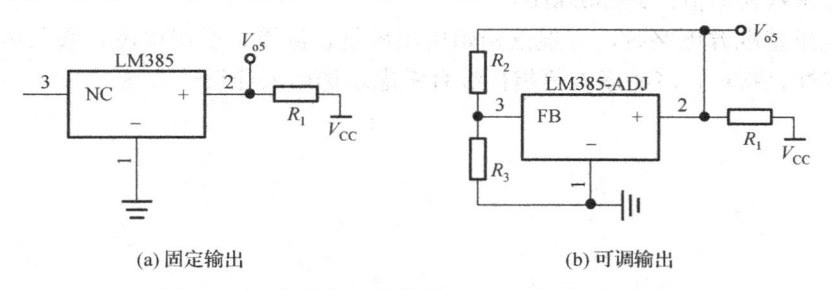

(a) 固定输出　　　　　　　　　(b) 可调输出

图 7.4.20　集成电压基准源 LM385 典型应用电路

另外一种比较常用的可调输出集成电压基准源是 TL431。图 7.4.21 所示为集成电压基准源 TL431 的引脚封装图。两种封装形式的 TL431 都只有三个有用引脚。其中 SO-8 封装的 TL431 有 5 个什么都不接的空引脚。

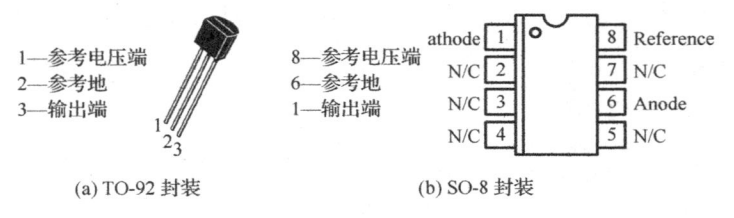

(a) TO-92 封装　　　　　　　　(b) SO-8 封装

图 7.4.21　集成电压基准源 TL431 的引脚封装图

集成电压基准源 TL431 典型应用电路如图 7.4.22 所示。

可调输出电压 V_{o5} 可以通过改变电阻 R_2 和 R_3 的比值，根据以下公式计算得到：

$$V_{o5} = V_{REF} \times \left(1 + \frac{R_2}{R_3}\right) + I_{REF} \times R_2$$

式中，参考电流 I_{REF} 很小，其典型值为 1.8μA，多数情况下，该电流对输出电压 V_{o5} 的影响可以忽略不计。V_{REF} 是参考电压输出端 Ref 与参考地之间的电势差，其典型值为 2.495V。电阻 R_1 是器件供电用限流电阻。电容 C_0 是滤波电容，主要用于滤除输出电压 V_{o5} 中的高频噪声。

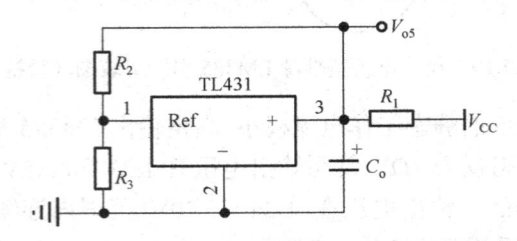

图 7.4.22　集成电压基准源 TL431 典型应用电路

集成电压基准源 TL431 输出电压范围宽，可在 2.5～36V 范围内任意调整，其特点如下。
（1）最大输出电压：36V。
（2）动态输出电阻典型值：0.22Ω。
（3）可供给负载电流：1～100mA。
（4）最大连续工作电流：150mA。
（5）温度系数典型值：50ppm/kHr。

在设计电压基准源电路时，应根据初始电压精度、温漂、供出电流、吸入电流、静态电流、长期稳定性、噪声、产品成本等指标综合考虑，选出最佳设计方案。

第 8 章 音响系统设计

音响系统是人们日常生活中最为常用的电子系统，在很多电子产品中都会用到，如手机、电视机、笔记本电脑、车载音响、专用音响等。不同的音响系统性能差别很大，价格也相差悬殊，人们可以根据需要，选择适合自己的音响系统。

8.1 设计要求及注意事项

8.1.1 设计要求

（1）设计一个至少包括前置放大、音调控制、音量控制、功率放大 4 级电路的音响系统。

（2）根据设计指标和设计要求，详细分析各单元电路的设计过程，逐级设计各单元电路，画出单元电路原理图，分析主要元器件的选择依据。

（3）设计各单元电路的实现、调试、测试方案和实验数据记录表格，完成单元电路测试，分析各单元电路的测试数据和输入、输出波形是否满足设计要求。

（4）根据前面的设计分析画出系统设计框图或系统设计流程图。

（5）根据系统设计框图逐级级联各单元电路，每增加一级电路，必须先测试并检验级联后的电路是否满足设计要求。如果级联后的电路可以满足设计要求，方可继续级联下一级电路；如果级联后的电路不能满足设计要求，则必须先定位问题所在点，完成纠错后方可继续级联下一级电路。否则，一旦系统电路出现故障，将很难排查。

（6）设计系统电路的测试方案和实验数据记录表格，测试系统电路的实验数据和输入、输出波形，详细分析系统电路的测试数据和输入、输出波形是否满足设计要求。

（7）用计算机辅助电路设计软件（如 Altium Designer 等）画出电路原理图。

（8）详细分析在电路设计过程中遇到的问题，总结并分享电路设计经验。

8.1.2 注意事项

（1）搭接音响电路前，应先切断电源，对系统电路进行合理布局。布局布线应遵循"走线最短"原则。通常，应按信号的传递顺序逐级进行布局布线。带电作业容易损坏电子元器件，并引起电路故障。

（2）电路系统应逐级调试，单元电路调试完成后方可级联。每增加一级电路，应先检测级联后的电路功能是否正常，正常后方可继续级联下一级电路。不允许直接将已经调试好的所有单元电路直接级联，否则，一旦系统电路出现故障，将很难排查。

（3）音响电路的电源和地应尽量按顺序接入，不要有交叉。尤其是功率放大器的电源，必须经过滤波、去耦处理后，方可送给前面几级电路使用。

（4）搭接音响系统电路时，应尽量坚持少用导线、用短导线，盲目使用导线很容易引入不必要的寄生参量，增加电路产生自激振荡的概率。

（5）音响系统电路安装完毕后，不要急于通电，应仔细检查元器件引脚有无接错，测量电源与地之间的阻抗。如果发现存在阻抗过小等问题，应及时纠错后方可通电。

（6）接通电源时，应注意观察电路有无异常，如有元器件发热、异味、冒烟等异常现象发生，应立即切断电源，待故障排除后方可通电。

（7）检测电路功能时，应首先测试各单元电路静态工作点是否正常，待各单元电路静态工作点调试正确无误后，方可加入交流信号进行动态功能测试。

（8）检验电路动态功能时，应顺着交流信号的流向用示波器逐级观察输入、输出波形。

（9）用音箱放音前，应先将音量调小，即功放级输出波形的有效值最好小于 500mV。待音箱能够播放出清晰的声音后，方可继续调节音量控制旋钮（电位器）和音调控制旋钮（电位器）进行实际播放效果试音。

8.2 设 计 指 标

（1）语音放大级输入灵敏度：5mV（有效值）。

（2）当负载 $R_L=8\Omega$，供电电压 $V_{CC}=\pm12V$ 时，功率放大级最大输出功率不小于 5W。

（3）频率响应范围：20Hz～20kHz。

（4）音调控制：低音 100Hz±20dB，高音 15kHz±20dB。

8.3 系 统 框 图

音响系统主要包括话筒（MIC）、语音放大电路、前置混合放大电路、音调控制电路、音量控制电路、功率放大电路、音箱等，其系统框图如图 8.3.1 所示。

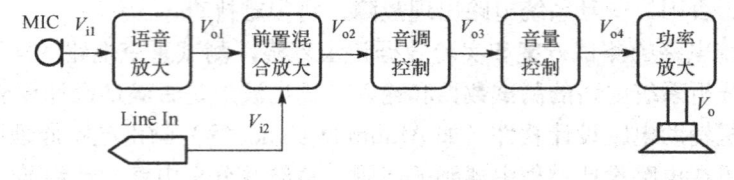

图 8.3.1 音响系统设计框图

8.4 设 计 分 析

根据系统框图要求，音响系统需要设计 5 级单元电路：语音放大电路、前置混合放大电路、音调控制电路、音量控制电路、功率放大电路。如果不使用话筒拾取前级信号，语音放大电路和前置混合放大电路可以用一个放大电路实现。

8.4.1 电源电路

为电路设计方便，音响系统的电源电路不要求学生单独设计，实验时，可以直接使用实验室提供的直流稳压电源。但实验室提供的直流稳压电源是对 220V/50Hz 市政交流电进行整流、滤波、稳压后得到的，直流电源中含有 50Hz 电源噪声和其他噪声，为了抑制由电源噪声和电路连接过程引入的干扰，实验时，应对直流稳压电源按图 8.4.1 处理后，再送给音响系统供电，以减小因噪声干扰而引起自激振荡的概率。

在图 8.4.1 所示电路中，应先对正、负电源分别做滤波处理后再给功率放大电路供电。并且，还应对功率放大电路的供电电源做去耦、滤波处理后，再送给前级小信号电路使用，以削弱功率放大电路的噪声对前级小信号电路所造成的影响。

在图 8.4.1 所示电路中，C_2、C_4、C_6、C_8 应选用几十微法至几百微法的铝电解电容；C_1、C_3、C_5、C_7 应选用几百皮法至几万皮法的瓷片电容或独石电容。具体选用的电容值可以根据噪声情况确定，也可以通过实验的方法观察得到。使用不同容值的电容器进行滤波的目的是分别滤除电源中的高频噪声和低频噪声。

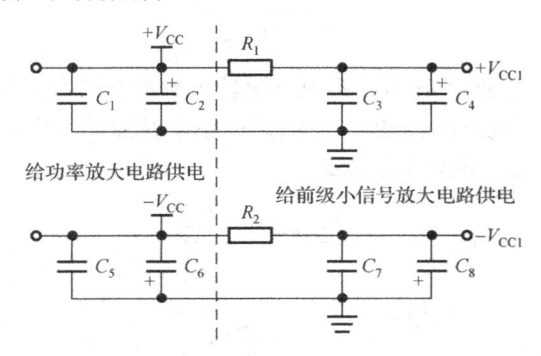

图 8.4.1 电源去耦滤波电路

在图 8.4.1 所示电路中，电阻 R_1、R_2 的电阻值应根据以下原则确定：
（1）应保证接入去耦电阻 R_1、R_2 后，不会对电路系统的正常供电产生影响；
（2）不会因为增加了去耦电阻 R_1、R_2 后，使电路系统的热损耗有明显增加；
（3）本实验建议图 8.4.1 中的 R_1、R_2 选用几百欧姆的电阻。

正常供电时，根据前级小信号放大电路的工作电流不同，电阻 R_1、R_2 上会有一定的压降，但由于前级小信号放大电路工作电流较小，该压降较低，不会影响整个系统的正常供电。但如果实验中将供电电路接反，即直流电源先给前级小信号放大电路供电，经去耦、滤波后再给功率放大电路供电，则会因功率放大电路工作电流较大而使去耦电阻 R_1、R_2 上有较高的压降，从而导致：
（1）功率放大电路供电电压不够；
（2）去耦电阻 R_1、R_2 发热，严重时也可能会烧毁电阻。

8.4.2 语音放大电路

集成运算放大器具有输入阻抗高、输出阻抗低、工作状态稳定等优点，因此，本实验推荐使用集成运算放大器设计语音放大电路。

1. 电路设计

语音放大电路的主要作用是不失真地放大来自话筒（MIC）的输出信号。

实验室可以提供的话筒大多是电容式驻极体话筒，因此，本实验以驻极体话筒为例介绍语音放大电路的设计，其电路原理图如图 8.4.2 所示。

在图 8.4.2 所示的语音放大电路中，采用的是双电源供电方式。

外接电源 $+V_{CC1}$ 通过电阻 R_4 给驻极体话筒提供直流偏置，并通过电阻 R_4 调节。

电容 C_1、C_2 是输入、输出耦合电容。耦合电容的标称值应根据待处理信号的频率范围和电路的输入阻抗计算得到。所选电容的容值应保证可以将待处理信号不失真地传递给下一级电路。本实验需要放大的音频信号频率为 20Hz～20kHz。根据设计要求，对系统频率范围内的信号，电容的容抗与下一级电路的输入阻抗相比应小到可以忽略不计，因此，耦合电容 C_1、C_2 可以选用标称值为 10μF 或更大的电解电容。电容 C_3 是负反馈隔直电容，其标称值的选取应根据系统下限截止频率和电路响应时间来确定，具体的计算方法是：

$$f_L = \frac{1}{2\pi R_1 C_3}$$

通过上式可知，如果 C_3 选择过小，系统下限转折频率会较高；如果 C_3 选择过大，RC 值较大，接通电源的瞬间，需要对电容进行充电，电压上升速率变慢，系统响应时间会变长，本实验建议电容 C_3 选用 10μF 的铝电解电容。

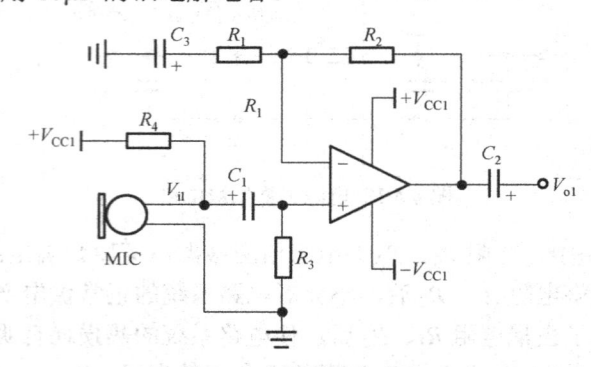

图 8.4.2 语音放大电路

对于音频信号，电容 C_3 的容抗较小，相对于电阻 R_1、R_2 的阻抗，电容 C_3 的容抗可以忽略不计，因此计算语音放大电路交流电压放大倍数时可以将其忽略。

图 8.4.2 所示为同相比例放大电路，其交流电压放大倍数为：

$$A_v = \frac{V_{o1}}{V_{i1}} = 1 + \frac{R_2}{R_1}$$

选取电阻值时，应先确定反馈电阻 R_2 的阻值。电压放大时，因受器件单位增益带宽的限制，反馈电阻 R_2 不宜选择过大；同时考虑输入失调的影响，反馈电阻和输入电阻的阻值也不宜选择过小。通常反馈电阻可以选用几十千欧姆至几百千欧姆阻值的电阻。

电阻 R_1 应根据反馈电阻和电压放大倍数计算得到。实际使用时，应尽量选用最接近于增益设计要求的标称值电阻。

电阻 R_3 是静态平衡电阻，可以根据集成运放的静态平衡原则计算得到。

电解电容的耐压值应根据所使用的电源电压来确定。工程设计要求电容的耐压值应高于电源电压，并且还要给出一定的设计裕量，以保证系统可以长期稳定工作。

2. 电路测试

测试语音放大电路时，驻极体话筒输出的电压信号可以用函数发生器模拟产生。用函数发生器模拟驻极体话筒时，应把驻极体话筒和偏置电阻 R_4 断开。

将函数发生器的输出信号设置为正弦波，频率 1kHz，输出电压有效值 10mV。

用示波器的两个通道同时观察语音放大电路输入、输出波形变化。设计实验数据记录表格，测试并记录语音放大电路的输入、输出电压有效值，计算电压放大倍数。

保持输入信号的幅值不变，改变输入频率，用示波器的两个通道同时观察语音放大电路输入、输出波形的变化。设计实验数据记录表格，测试并记录语音放大电路的幅频特性数据，用波特图的形式画出语音放大电路的幅频特性曲线。

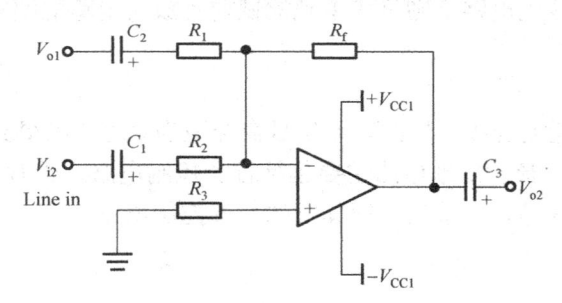

8.4.3 前置混合放大电路

前置混合放大电路的主要作用是将经语音放大电路放大后的输出信号与播放机输出的音乐信号 V_{i2} 混合并放大后，送给下一级音调控制电路进行处理。

1. 电路设计

受增益带宽积的限制，为保证前置混合放大电路有较宽的通频带，前置混合放大电路的电压增益不宜设置过高，否则在带宽范围内容易引起波形失真。

图 8.4.3 所示为用集成运算放大器设计的前置混合放大电路。

图 8.4.3 前置混合放大电路

前置混合放大电路的主要作用是将两路输入信号 V_{o1} 和 V_{i2} 进行放大并叠加。两路输入信号分别来自语音放大电路的输出信号 V_{o1} 和播放机的输出信号 V_{i2}。如果选用电阻 $R_1=R_2=R$，则总的输出电压 V_{o2} 为：

$$V_{o2} = -\frac{R_f}{R_1}V_{o1} - \frac{R_f}{R_2}V_{i2} = -\frac{R_f}{R}(V_{o1} + V_{i2})$$

如果前级没有设计语音放大电路，则前置混合放大电路的输出可以简化为：

$$V_{o2} = -\frac{R_f}{R_2}V_{i2}$$

在图 8.4.3 中，电容 C_1、C_2、C_3 是输入、输出耦合电容，其电容值可以根据前面介绍的设计分析选取。选取前置混合放大电路的电阻值时，也应该先确定反馈电阻 R_f 的阻值，然后再根据电压放大倍数计算得到输入电阻 R_1、R_2 的阻值。电阻 R_3 是静态平衡电阻，可以根据集成运算放大器静态平衡原则计算得到。

2. 电路测试

搭接前置混合放大电路，先单独测试前置混合放大电路的功能是否正常。

将函数发生器的输出信号设置为正弦波,频率1kHz,输出电压有效值10mV。

测试前置混合放大电路时,应先单独分别加入一路输入信号,将没接输入信号的输入端直接接地,以降低因输入端空载而引入的噪声干扰。

用示波器的两个通道同时观察输入、输出波形变化,设计实验数据记录表格,分两次测出两个不同输入通路的输入、输出电压有效值,记录实验数据,计算电压放大倍数。

如果没有设计语音放大电路,则只需测试一路输入信号的放大数据。

当确定前置混合放大电路功能正常后,再将已经调试好的语音放大电路和前置混合放大电路级联,测试两级电路级联后的功能是否正常。

将函数发生器的输出信号设为正弦波,频率1kHz,输出电压有效值10mV。用示波器的两个通道同时观察两级电路级联后的输入、输出波形变化,设计实验数据记录表格,测试电路级联后的输入、输出电压有效值,记录实验数据,计算电压放大倍数。比较前两级电路级联后的电压放大倍数与单级测试的电压放大倍数的乘积是否一致。

保持输入信号的波形和幅值不变,改变输入信号的频率,用示波器的两个通道同时观察两级电路级联后的输入、输出波形的变化。设计实验数据记录表格,测试并记录两级电路级联后的幅频特性数据,按波特图的形式画出两级级联电路的幅频特性曲线。

如果没有设计语音放大电路,则只需单独测试前置放大电路的幅频特性。

8.4.4 音调控制电路

为美化音质,经前置混合放大后的音频信号需经适当处理,以得到更加完美的声音信号。在较高档的组合音响中,音质处理电路主要包括音调控制电路、带宽控制电路、均衡电路、降噪电路、延时混响电路等。本节只介绍其中的音调控制电路。

1. 电路设计

不同人发出的声音信号,其高音部分和低音部分不完全一样,并且不同人对高音信号和低音信号的感觉和喜好也不完全相同。在音响电路中,为了弥补扬声器和放音环境的不足,满足人们对不同音调的喜好,在前置混合放大电路的输出端,通常需要加一级音调控制电路,用以调整待处理信号的幅频特性,即调整不同频率信号的电压放大倍数,有选择地提升或抑制指定频段的信号,达到美化音质的目的。

图 8.4.4 所示为负反馈式音调控制电路。负反馈式音调控制电路具有失真小、通频带宽、插入损耗小等优点。通过选用不同的电容值 C_1、C_2、C_3,电路可以自动将音频信号划分为三个频段:低频信号、中频信号和高频信号。通过调整不同频段所对应的电压放大倍数调节旋钮,即改变电位器 R_{p1} 和 R_{p2} 可调端的位置,有选择地使低音信号或高音信号得到提升或抑制,实现音调控制。

在图 8.4.4 所示的负反馈式音调控制电路中,经前置混合放大电路放大后的输出信号 V_{o2} 送到音调控制电路的输入端,通过选用符合设计要求的电容值 C_1、C_2、C_3,可以使不同频率的输入信号流经不同的通路。

选择 C_1、C_2 的电容值时,与电位器 R_{p1} 的电阻值相比,对于低频输入信号,应保证电容 C_1、C_2 的容抗都足够大,在电路中表现为阻断低频信号,低频输入信号不能流经电容 C_1、C_2,只能流经电位器 R_{p1} 送到反相输入端进行负反馈放大。对于中、高频输入信号,应保证电容

C_1、C_2 的容抗足够小,在电路中表现为短路,中、高频输入信号可以直接流经电容 C_1、C_2 送到反相输入端进行负反馈放大。

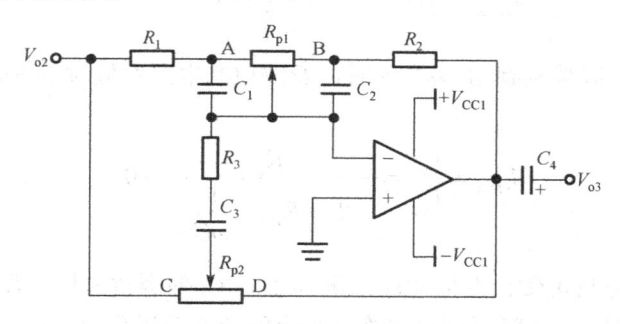

图 8.4.4 负反馈式音调控制电路

选择电容 C_3 时,对于中、低频输入信号,应保证电容 C_3 的容抗足够大,在电路中表现为阻断中、低频输入信号。对于高频输入信号,应保证电容 C_3 的容抗足够小,在电路中表现为短路,高频输入信号可以流经电位器 R_{p2}、电容 C_3、电阻 R_3 送至反相输入端进行负反馈放大。

当只考虑低频输入信号时,电容 C_1、C_2、C_3 的容抗都足够大,可以认为电容 C_1、C_2、C_3 在电路中都表现为开路。因此,对于低频输入信号,图 8.4.4 所示电路可以简化为图 8.4.5 所示电路。

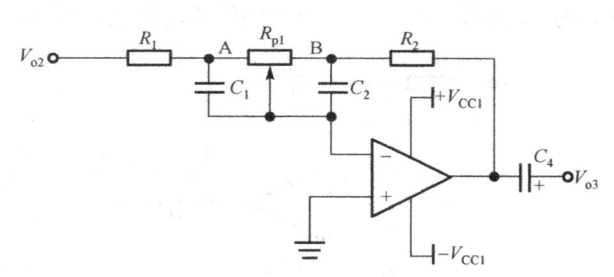

图 8.4.5 音调控制电路对低频输入信号的等效电路

图 8.4.5 所示为音调控制电路对低频输入信号的等效电路。

在图 8.4.5 所示的电路中,与电位器 R_{p1} 相比,电容 C_1、C_2 的容抗足够大,因此,在电路中能起到阻断低频输入信号的作用,低频输入信号只能流经电位器 R_{p1} 送至反相输入端进行负反馈放大。调节电位器 R_{p1} 的可调端,可以同时改变输入电阻和反馈电阻的大小,即改变放大电路的电压增益。当电位器 R_{p1} 的可调端从 B 端向 A 端方向变化时,输入电阻减小,反馈电阻增大,电压放大倍数增大;反之,当电位器 R_{p1} 的可调端从 A 端向 B 端方向变化时,输入电阻增大,反馈电阻减小,电压放大倍数减小。通过改变电位器 R_{p1} 可调端的位置可以达到提升或抑制低频输入信号的目的。

根据设计指标要求,在 100Hz 和 15kHz 的频点上,音调控制电路对输入信号最大有±20dB 的提升或抑制作用,即音调控制电路对输入信号最大有 10 倍(+20dB)的电压放大作用或 0.1 倍(−20dB)的电压抑制作用。

当电位器 R_{p1} 的可调端调到 A 端位置时,音调控制电路对低频输入信号最大有−10 倍的电压放大作用,即

$$A_{\text{vmax}} = \frac{V_{o3}}{V_{o2}} = -\frac{R_2 + R_{p1} // \dfrac{1}{j\omega C_2}}{R_1} = -10$$

当电位器 R_{p1} 的可调端调到 B 端位置时，音调控制电路对低频输入信号最大有 -0.1 倍的电压抑制作用，即

$$A_{\text{vmin}} = \frac{V_{o3}}{V_{o2}} = -\frac{R_2}{R_1 + R_{p1} // \dfrac{1}{j\omega C_1}} = -0.1$$

根据前面的设计分析可知：在低频段，电容 C_1、C_2 的容抗与电位器 R_{p1} 的电阻值相比应足够大，因此与电位器 R_{p1} 并联后可以忽略，则上面两式可以化简为：

$$\frac{R_2 + R_{p1}}{R_1} = \frac{R_1 + R_{p1}}{R_2} = 10$$

由前面的设计分析知道，在图 8.4.5 所示电路中，选取电阻值时，应先确定反馈电阻的阻值。本实验电路应先确定反馈电位器 R_{p1} 的阻值，如果选用标称值为 $100\text{k}\Omega$ 的电位器，经计算得到，电阻 R_1、R_2 选用标称值为 $11\text{k}\Omega$ 的电阻最接近设计要求。

当只考虑中频输入信号时，电容 C_1、C_2 的容抗都足够小，对于中频输入信号，电容 C_1、C_2 在电路中表现为短路；电容 C_3 的容抗足够大，对于中频输入信号，电容 C_3 在电路中表现为断路。因此，对于中频输入信号，图 8.4.4 所示电路可以简化为图 8.4.6 所示电路。

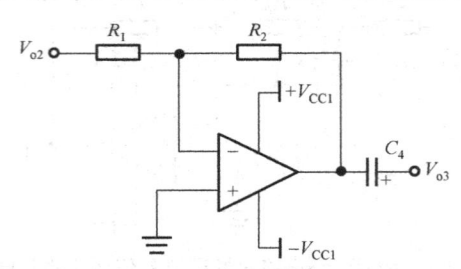

图 8.4.6 音调控制电路对中频信号的等效电路

由图 8.4.6 可知，对于中频输入信号，电压放大倍数为：

$$A_v = \frac{V_{o3}}{V_{o2}} = -\frac{R_2}{R_1}$$

由上式可知，对于中频输入信号，电位器 R_{p1}、R_{p2} 没有调节作用，中频输入信号的电压放大倍数完全由电阻 R_1 和 R_2 的阻值决定。当取电阻值 $R_1=R_2$ 时，音调控制电路对中频输入信号的电压放大倍数的绝对值等于 1，即电压增益等于 0dB。

当只考虑高频输入信号时，电容 C_1、C_2、C_3 的容抗都足够小，在电路中都表现为短路，因此，图 8.4.4 所示负反馈式音调控制电路可以简化为图 8.4.7 所示电路。

图 8.4.7 所示为音调控制电路对高频输入信号的等效电路。

在图 8.4.7 所示的电路中，高频输入信号有两个输入通路：一路输入信号流经电阻 R_1 直接送至反相输入端进行负反馈放大；另一路输入信号需流经电位器 R_{p2}、电容 C_3、电阻 R_3 后，再送至反相输入端进行负反馈放大。

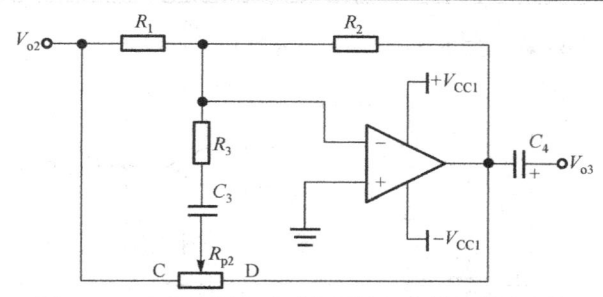

图 8.4.7 音调控制电路对高频输入信号的等效电路

电阻 R_1 和 R_2 的取值相等，因此，直接流经该路的第一路高频输入信号不会被放大。对于流经第二路的高频输入信号，当调节电位器 R_{p2} 的可调端时，会改变输入电阻和反馈电阻的大小，即改变电压放大倍数。当电位器 R_{p2} 的可调端由 D 端向 C 端方向变化时，输入电阻减小，反馈电阻增大，电压放大倍数增大；反之，当电位器 R_{p2} 的可调端由 C 端向 D 端方向变化时，输入电阻增大，反馈电阻减小，电压放大倍数减小。通过改变电位器 R_{p2} 可调端的位置可以达到提升或抑制高频输入信号的目的。

在图 8.4.7 所示电路中，根据前面的设计分析可知，音调控制电路对高频输入信号最大有 ±20dB 的提升或抑制作用，即音调控制电路对高频输入信号最大有 10 倍（+20dB）的电压放大作用和 0.1 倍（-20dB）的电压抑制作用。

当电位器 R_{p2} 的可调端调到 C 端位置时，图 8.4.7 变为图 8.4.8 所示电路，此时，音调控制电路对高频输入信号有 -10 倍（20dB）的电压放大作用，即

$$A_{vmax} = \frac{V_{o3}}{V_{o2}} = -\frac{R_2 // \left(R_3 + \frac{1}{j\omega C_3} + R_{p2}\right)}{R_1 // \left(R_3 + \frac{1}{j\omega C_3}\right)} = -10$$

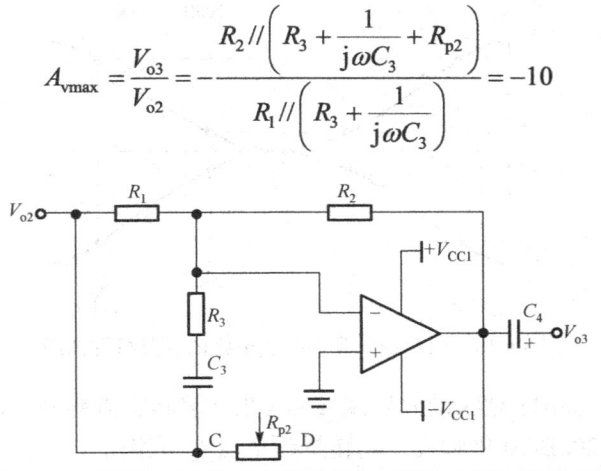

图 8.4.8 音调控制电路对高频信号 R_{p2} 调到 C 端的等效电路

当电位器 R_{p2} 的可调端调到 D 端位置时，图 8.4.7 所示电路变为图 8.4.9 所示电路，此时，音调控制电路对高频输入信号有 -0.1 倍（-20dB）的电压抑制作用，即

$$A_{vmin} = \frac{V_{o3}}{V_{o2}} = -\frac{R_2 // \left(R_3 + \frac{1}{j\omega C_3}\right)}{R_1 // \left(R_3 + \frac{1}{j\omega C_3} + R_{p2}\right)} = -0.1$$

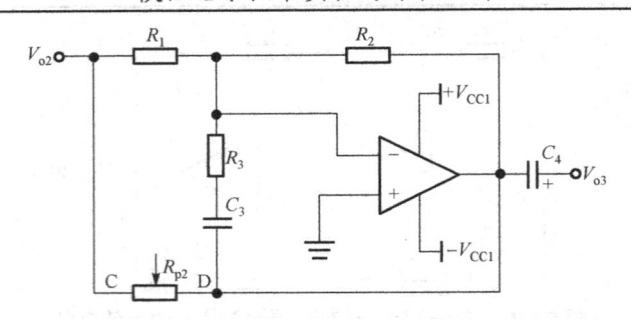

图 8.4.9 音调控制电路对高频信号 R_{p2} 调到 D 端的等效电路

在图 8.4.7 所示的等效电路中，与 R_3 的电阻值相比，电容 C_3 的容抗很小，在计算 R_3 的电阻值时可以将其忽略。当电位器 R_{p2} 选用标称值为 100kΩ 的电位器时，经计算 R_3=1.091kΩ。根据附录 A 中 E-12 系列常用电阻标称值可知，R_3 选用 1.0kΩ 或 1.2kΩ 的电阻比较接近设计要求。实验中不要使用电位器来代替电阻 R_3，以避免引入不必要的电路调试障碍。

根据设计指标要求，负反馈式音调控制电路的幅频特性曲线如图 8.4.10 所示。

在选取电容值时，应先计算转折点频率，即图 8.4.10 中虚线上折点所对应的 4 个频率点 f_{L1}、f_{L2}、f_{H1}、f_{H2}。根据设计指标要求，在低音 100Hz 和高音 15kHz 这两个频点上，音调控制电路对输入信号最大有+20dB（10 倍）的电压提升作用和–20dB（0.1 倍）的电压抑制作用。因此，f_{L1} 对应 100Hz，f_{H2} 对应 15kHz。在频率 $f_{L2}<f<f_{H1}$ 范围内，电压放大倍数的绝对值应等于 1，即电压增益等于 0dB，如图 8.4.10 所示。

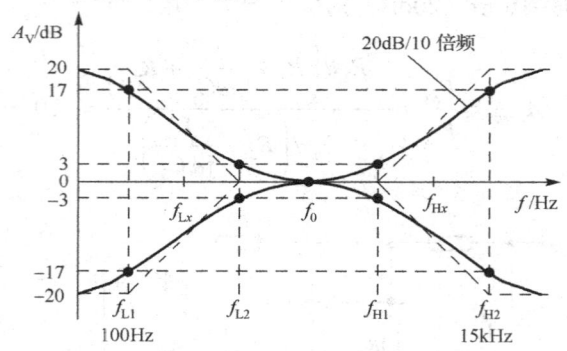

图 8.4.10 负反馈式音调控制电路的幅频特性曲线

在低频段，用 f_{L1}=100Hz 对应最大衰减–20dB 来计算转折点频率 f_{L2}。从频率点 f_{L1} 变化到 f_{L2}，增益的变化率为+20dB/10 倍频程，则转折频率点 f_{L2} 应满足：

$$\frac{-20-0}{\lg 100 - \lg f_{L2}} = 20$$

经计算得 $\lg f_{L2} = 3$，转折频率点 f_{L2}=1kHz。

在图 8.4.5 所示音调控制电路低频输入信号等效电路中，低音调节时，从输入端看进去，起主要作用的是电阻 R_1 和电容 C_1。根据频率计算公式 $f = \dfrac{1}{2\pi RC}$，则

$$C_1 = \frac{1}{2\pi R_1 f} = \frac{1}{2 \times 3.14 \times 11000 \times 1000} = 1.45 \times 10^{-8} = 0.0145 \mu F$$

根据常用电容标称值列表，C_1 选用 0.015μF 的电容最接近设计要求。

由前面的设计分析知道，在音调控制电路中，电容 C_2 应选用与电容 C_1 相同的电容，即 $C_2=C_1=0.0145\mu F$。因此，C_2 也应选用 0.015μF 的电容最接近设计要求。

在图 8.4.5 所示电路中，上述计算电容 C_1、C_2 的方法，没有将与电容 C_1 并联的电位器 R_{p1} 考虑进来。当电容 C_1、C_2 选用理论计算值进行实验时，在改变电位器 R_{p1} 可调端位置的过程中，实际测试值与理论计算值应存在一定的偏差。因此，实验时，C_1、C_2 的电容值应根据实际实验效果做适当的调整。

在高频段，用 $f_{H2}=15kHz$ 对应最大衰减 $-20dB$ 来计算转折点频率点 f_{H1}。从频率点 f_{H1} 变化到 f_{H2}，增益的变化率为 $-20dB/10$ 倍频程，则转折频率 f_{H1} 应满足：

$$\frac{0-(-20)}{\lg f_{H1} - \lg 15000} = -20$$

经计算得 $\lg f_{H1} = 3.176$，转折频率 $f_{H1}=1.5kHz$。

当电位器的可调端调到 C 端位置时，如图 8.4.8 所示。从输入端看进去，起主要作用的是电容 C_3 和电阻 R_3。根据频率计算公式 $f=\dfrac{1}{2\pi RC}$，则：

$$C_3 = \frac{1}{2\pi f R_3} = \frac{1}{2\times 3.14 \times 1500 \times 1100} = 9.65\times 10^{-8} = 96500 pF$$

当电位器的可调端调到 D 端位置时，如图 8.4.9 所示。从输入端看进去，起主要作用的是电位器 R_{p2}、电容 C_3 和电阻 R_3，则

$$C_3 = \frac{1}{2\pi f(R_3+R_{p2})} = \frac{1}{2\times 3.14 \times 1500 \times (101100)} = 1.05\times 10^{-9} = 1050 pF$$

上述两种计算方法都省略了并接的输入电阻 R_1 对高频输入信号的影响，因此，在这两种极端条件下计算得到的 C_3 的电容值差别很大，其取值范围为 1000pF～0.1μF。

电容 C_3 的取值与电阻 R_1、R_3、电容 C_1 的取值有关，实际选取时，还应考虑当调节高频电位器 R_{p2} 可调端的位置时，音调控制电路对中、低频输入信号的影响。具体选取时，应保证音调控制电路对高频输入信号的阻抗和对低频输入信号的阻抗有明显的差别，这样在实际测得的幅频特性曲线上才能明显看出音调控制电路对低频输入信号和高频输入信号的调节作用。

根据前面的设计分析可知，当确定图 8.4.4 所示音调控制电路中的 C_1、C_2、C_3 的电容值时，应分频段讨论计算得到，并且在确定电容 C_3 的取值时，还应根据实际测得的音调控制电路的幅频特性曲线做适当调整。

2. 电路测试

为便于计算分析音调控制电路对高、低音信号的调节作用，画出音调控制电路的幅频特性曲线，所有关于音调控制电路的测试数据都应是单级电路的测试数据。

搭接音调控制电路，将电位器 R_{p1}、R_{p2} 的可调端调至中点（在电位器与电路断开的情况下用万用表测得）。将函数发生器的输出信号设为正弦波，输出电压有效值 100mV。测试当两个电位器的可调端都调在中点位置时，音调控制电路的幅频特性。用示波器的两个通道同时观察输入、输出波形变化，设计幅频特性数据测试表格。

改变输入信号的频率，测试并记录在不同频点下，音调控制电路的控制作用，用波特图的形式绘制出当两个电位器 R_{p1}、R_{p2} 的可调端都调到中点位置时的幅频特性曲线。

测试音调控制电路对音频信号的提升或抑制作用。

低音调节时,将函数发生器的输出信号设置为正弦波,输出电压有效值100mV。

保持电位器 R_{p2} 可调端的位置在中点不变,改变电位器 R_{p1} 可调端的位置至 A 端,用示波器的两个通道同时观察输入、输出波形的变化。设计测试幅频特性的数据记录表格,改变输入信号的频率,测试并记录音调控制电路对低音输入信号的最大提升作用。

保持电位器 R_{p2} 可调端的位置在中点不变,改变电位器 R_{p1} 可调端的位置至 B 端,用示波器的两个通道同时观察输入、输出波形的变化。设计测试幅频特性的数据记录表格,改变输入信号的频率,测试并记录音调控制电路对低音输入信号的最大抑制作用。

高音调节时,将函数发生器的输出信号设置为正弦波,输出电压有效值100mV。

将电位器 R_{p1} 可调端的位置调至中点并保持不变,改变电位器 R_{p2} 可调端的位置至 C 端,用示波器的两个通道同时观察输入、输出波形的变化。设计测试幅频特性的数据记录表格,改变输入信号的频率,测试并记录音调控制电路对高音信号的最大提升作用。

保持电位器 R_{p1} 可调端的位置在中点不变,改变电位器 R_{p2} 可调端的位置至 D 端,用示波器的两个通道同时观察输入、输出波形的变化。设计测试幅频特性曲线的数据记录表格,改变输入信号的频率,测试并记录音调控制电路对高音信号的最大抑制作用。

参考图 8.4.10 所示负反馈式音调控制电路幅频特性曲线,计算上面 4 组数据的电压增益,在一张图上绘制出音调控制电路将高、低音信号有最大提升和抑制作用的幅频特性曲线。

8.4.5 音量控制电路

按音量控制对象不同,音量控制电路可以分为电压式和电流式两种。当音量控制电路的前一级电路的输出阻抗较高,后一级电路的输入阻抗较低时,为了能有效地传递有用信号,应选用电流式音量控制电路。当音量控制电路的前一级电路的输出阻抗较低,后一级电路的输入阻抗较高时,应选用电压式音量控制电路。

1. 电路设计

负反馈式音调控制电路输出阻抗较低,功率放大器的输入阻抗较高,因此,本实验建议采用电压式音量控制电路来实现音量控制。

图 8.4.11 所示为用电位器 R_{p3} 和电阻 R_5 并联实现的信号衰减法电压式音量控制电路。通过改变电位器 R_{p3} 可调端的位置来改变输入信号的衰减量,即通过改变功率放大电路输入信号的幅值来改变声音信号的强弱,以实现音量控制。图中输出端的电压跟随器用于隔离功率放大电路与前级电路,以缓解功率放大电路噪声对前级电路的影响。

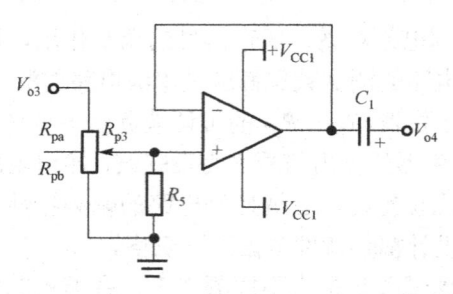

图 8.4.11 输出近似按指数规律变化的音量控制电路

第 8 章 音响系统设计

声音信号的强度与响度不是线性关系,而是近似对数关系,即声音信号的强度每增加 10 倍,人耳所能感觉到的响度只增加一倍。为了符合人耳的听觉习惯,设计音量控制电路时,应采用电阻值按指数规律变化的电位器来实现,但考虑到设计成本,本实验推荐采用图 8.4.11 所示的电位器 R_{p3} 与电阻 R_5 并联实现的输出电压信号近似按指数规律变化的音量控制电路。

在图 8.4.11 所示的音量控制电路中,输入信号和输出信号的关系为:

$$V_{o4} = \frac{R_1 // R_{pb}}{R_{pa} + R_1 // R_{pb}} V_{o3}$$

式中,$R_{p3} = R_{pa} + R_{pb}$。

在图 8.4.11 所示电路中,当改变线性电位器 R_{p3} 可调端的位置时,在音量控制电路的输出端可以得到近似按指数规律变化的输出电压 V_{o4}。输出电压 V_{o4} 的大小是由电位器 R_{p3} 的电阻值、R_{p3} 可调端的位置和 R_5 的电阻值共同决定的。

当电位器 R_{p3} 选用标称值为 47kΩ 的电位器,电阻 R_5 分别选用标称值为 2kΩ、3kΩ、4.3kΩ、5.1kΩ、6.2kΩ、7.5kΩ 和 8.2kΩ 的电阻值时,在音量控制电路的输出端可以得到图 8.4.12 所示的输出电压变化曲线。其中,横坐标是电位器 R_{p3} 中 R_{pb} 部分电阻与电位器总阻值的比值;纵坐标是输出电压 V_{o4} 与输入电压 V_{o3} 的比值。

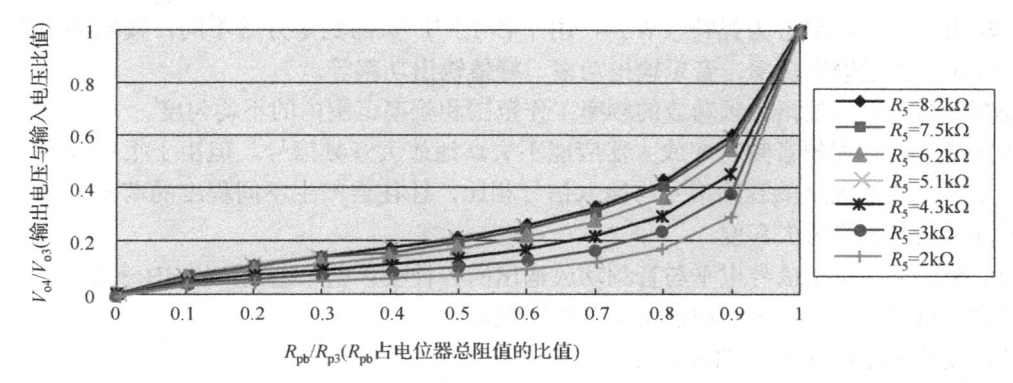

图 8.4.12 音量控制电路输出电压与电位器 R_{p3} 阻值变化的关系

由图 8.4.12 可知,将线性电位器与电阻并联,调节电位器可调端的位置,可以实现输出近似按指数规律变化的输出电压曲线,得到声音响度适合人耳变化规律要求的声音信号,满足人耳听觉习惯,实现适合人耳需要的音量控制。

2. 电路测试

将图 8.4.4 所示负反馈式音调控制电路中两个电位器 R_{p1}、R_{p2} 可调端的位置都调回到中点位置并保持不变,将前面已经调试好的所有单元电路级联。

将函数发生器的输出信号设置为正弦波,频率 1kHz。

用示波器的两个通道同时观测级联电路输入、输出波形的变化。

调节音量控制电位器 R_{p3} 可调端的位置,使频率在 1kHz 时,级联电路的输出电压有效值在 100mV 左右。保持电位器 R_{p3} 可调端的位置不变,改变输入信号的频率。观察当输入信号的频率在 20Hz~20kHz 范围内变化时,级联电路输出电压的变化。

如果当输入信号的频率在 20Hz～20kHz 范围内变化时，级联电路的输出电压能够基本保持在有效值 100mV 左右不变，则说明级联电路的频率特性能够满足设计要求。

如果当输入信号的频率在 20Hz～20kHz 范围内变化时，级联电路的输出电压变化较大，且有明显的变化规律，则说明级联电路的频率特性不能够满足设计要求，需要对电路进行纠错后再重新进行测试。纠错前，应注意检查音调控制电路中两个电位器可调端的位置是否已经调到中点。

8.4.6 功率放大电路

功率放大电路的主要作用是放大来自音量控制电路的输出信号，将音频输入信号进行功率放大并推动音箱发声。与前面小信号放大电路不同，功率放大电路处理的是大信号，容易引入噪声，产生非线性失真，引起自激振荡。

功率放大电路应具有一定的输出功率，其输入阻抗能与前一级音量控制电路的输出阻抗匹配；其输出阻抗能与后一级扬声器负载匹配，否则将影响放音效果。

1．常用音频功率放大器件

音频功率放大器种类繁多，使用前应详细了解器件的性能指标和主要技术参数。

音频功放的主要技术指标有输出功率、频率响应、失真度、信噪比、输出阻抗等。

①输出功率——单位为瓦特（W），由于各生产厂家的测量方法不同，输出功率有多种叫法，例如，额定输出功率、音乐输出功率、峰值输出功率等。

②频率响应——是指音频功放的频率工作范围和频率范围内的不均匀度。

③失真度——理想音频功率放大器应能不失真地放大音频信号。但由于很多技术条件限制，经音频功放处理后的音频信号与输入信号相比，往往会产生不同程度的畸变，即失真，失真用百分比表示称为失真度。

④信噪比——是指信号电平与音频功放输出的各种噪声电平之比，用 dB 表示。

⑤输出阻抗——是指对扬声器所呈现的等效内阻。

（1）硅功率晶体三极管 TIP41/42

TIP41/42 是很多电子元器件生产厂家生产的一对 NPN/PNP 型硅功率晶体三极管。该系列晶体三极管具有工作电压高、驱动电流大、输出功率大、开关速度快等优点，可以用于设计互补对称型音频功率放大电路、通用线性功率放大电路等。

TIP41/42 硅功率晶体三极管 TO-220 引脚封装如图 8.4.13 所示。

1—基极 b；2—集电极 c；3—发射极 e

图 8.4.13　硅功率晶体三极管 TIP41/42 引脚封装图

表 8.4.1 所示为硅功率晶体三极管 TIP41/42 的主要技术参数。

第8章 音响系统设计

表 8.4.1 TIP41/42 硅功率晶体三极管的技术参数

参数名称		参数符号	参数值			单位
器件类型（器件名称）		NPN	TIP41A	TIP41B	TIP41C	
器件类型（器件名称）		PNP	TIP42A	TIP42B	TIP42C	
集电极-基极最大反向电压（$I_E=0$）		V_{CBO}	60	80	100	V
集电极-发射极最大穿透电压（$I_B=0$）		V_{CEO}	60	80	100	V
发射极-基极最大反向电压（$I_C=0$）		V_{EBO}	5			V
集电极最大连续工作电流		I_C	6			A
集电极峰值电流		I_{CM}	10			A
基极最大连续工作电流		I_B	2			A
最大输出功率	带散热片 $T_C \leq 25℃$	P_o	65			W
	不带散热片 $T_A \leq 25℃$		2			W
带散热片	高于 25℃时，温度每增加 1℃，输出功率下降		0.52			W/℃
无散热片			0.016			W/℃

（2）集成功率放大器 TDA2030

TDA2030 是一种单声道 AB 类集成音频功率放大器，具有外围电路设计简单、谐波失真和交越失真小等优点。其芯片内部设有过流保护和过热保护电路，提供对芯片外部引脚之间的短路保护功能，以保证芯片内部功率输出管工作在安全工作区。

图 8.4.14 所示为两种采用 5 脚直插封装的 TDA2030 引脚图，其中 1 脚是同相输入端，2 脚是反相输入端，3 脚接负电源，4 脚是输出端，5 脚接正电源。

(a) TO-220-5 封装　　(b) TO-220B 封装

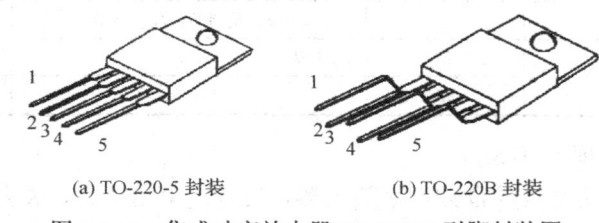

图 8.4.14 集成功率放大器 TDA2030 引脚封装图

表 8.4.2 所示为集成功率放大器 TDA2030A 的主要技术参数。

表 8.4.2 集成音频功率放大器 TDA2030A 的主要技术参数（测试条件：$V_{CC}=\pm16V$，$T_A=25℃$）

参数名称	参数符号	测试条件	参数值	单位
供电电压	V_{CC}		$\pm6 \sim \pm22$	V
输入偏置电流（最大值）	I_{IB}	$V_{CC}=\pm22V$	2	μA
输入失调电压（最大值）	V_{IO}	$V_{CC}=\pm22V$	±20	mV
功率带宽	B_{OM}	$P_O=15W$，$R_L=4$	100	kHz
输出功率（典型值）	P_o	$V_{CC}=\pm19V$，$R_L=8\Omega$	12	W
峰值输出电流	I_{omax}	最大限制电流	3.5	A
静态工作电流	I_D	$V_{CC}=\pm18V$，$P_o=0W$	50	mA
压摆率	SR		8	V/μs
开环电压增益	A_{vo}		80	dB
闭环电压增益	A_v		26	dB

（3）集成功率放大器 LM1875

LM1875 是一种单声道集成音频功率放大器，具有外围电路设计简单、谐波失真小等优点。其芯片内部设有电流限制和过热自锁等过载保护功能。

图 8.4.15 所示为采用 5 脚直插封装的 LM1875 引脚封装图，其中 1 脚是同相输入端，2 脚是反相输入端，3 脚接负电源，4 脚是输出端，5 脚接正电源。其引脚封装与 TDA2030 的 TO-220B 引脚封装兼容。

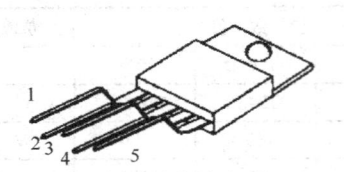

图 8.4.15 集成功率放大器 LM1875 引脚封装图

表 8.4.3 所示为集成音频功率放大器 LM1875 的主要技术参数。

表 8.4.3 集成音频功率放大器 LM1875 的主要技术参数
（测试条件：V_{CC}=±25V，T_A=25°C，R_L=8Ω，A_V=20(26dB)，f_o=1kHz）

参 数 名 称	参数符号	测 试 条 件	参数值	单位
供电电压	V_{CC}		±8～±30	V
输入偏置电流（最大值）	I_{IB}		2	μA
输入失调电压（最大值）	V_{IO}		±15	mV
增益带宽	GBW	f_o=20 kHz	5.5	MHz
功率带宽	B_{OM}		70	kHz
输出功率	P_o	典型值	25	W
		V_{CC}=±25V，R_L=4Ω 或 8Ω	20	W
峰值输出电流	I_{omax}	最大限制电流	4	A
峰值输出功率	P_{omax}	V_{CC}=±30V，R_L=8Ω，I_{omax}=4A	30	W
静态工作电流	I_D	P_o=0W	70	mA
压摆率	SR		8	V/μs

（4）集成功率放大器 LM3886

LM3886 是一款大功率集成音频功率放大器，具有输出功率大、失真小、噪声低、保护功能全等优点。LM3886 的专利保护技术包括：内部设有输出超范围保护、过载保护、电源短路保护、防止功率管热击穿的瞬态超高温自锁保护等。另外，LM3886 还设有输入静音功能。LM3886 因外围器件少、电路设计制作简单、调试相对容易、工作稳定可靠等优点，在音响制作行业得到了广泛应用。

图 8.4.16 所示为集成功率放大器 LM3886 的引脚封装图。该芯片采用了 11 脚直插封装，其中 1 脚和 5 脚接正电源，2、6、11 脚为空引脚，3 脚是输出端，4 脚接负电源，7 脚接参考地，8 脚为输入静音控制引脚，9 脚是反相输入端，10 脚是同相输入端。

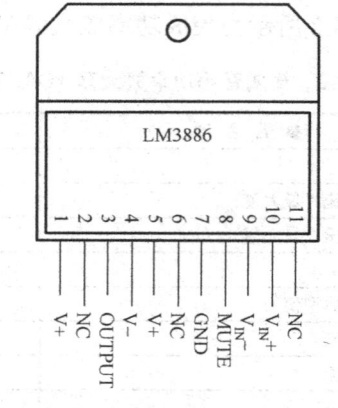

图 8.4.16 集成功率放大器 LM3886 引脚封装图

表 8.4.4 所示为集成音频功率放大器 LM3886 的主要技术参数。

表 8.4.4 集成功率放大器 LM3886 的主要技术参数（测试条件：$V=±28V$, $I_{MUTE}=-0.5mA$, $R_L=4Ω$, $T_A=25°C$）

参 数 名 称	参数符号	测 试 条 件	参数值	单位
供电电压	V_{CC}		±10～±42	V
输入偏置电流（最大值）	I_{IB}	$V_{CC}=±22V$	1	μA
输入失调电压（最大值）	V_{IO}	$V_{CC}=±22V$	±10	mV
增益带宽	GBW	$V_S=±30V$, $f_0=100kHz$, $V_{IN}=50mV_{rms}$	8	MHz
功率带宽	B_{OM}	$P_O=15W$, $R_L=4Ω$	100	kHz
输出功率	P_o	$V_S=±28V$, $R_L=4Ω$	68	W
		$V_S=±28V$, $R_L=8Ω$	38	W
		$V_S=±35V$, $R_L=8Ω$	50	W
峰值输出电流	I_{omax}	最大限制电流	11.5	A
峰值输出功率	P_{omax}	$I_{omax}=11.5A$	135	W
静态工作电流	I_D	$P_o=0W$	50	mA
压摆率	SR		19	V/μs
开环电压增益	A_{vo}	$V_S=±28V$, $R_L=2kΩ$	115	dB
闭环电压增益	A_v		26	dB

（5）集成功率放大器 TPA1517

TPA1517 是一款新型立体声音频功率放大器，芯片内部设有两个独立的放大通道，设计有静音工作模式和省电待机（Standby）工作模式，两种工作模式由同一个引脚设置。

TPA1517 用专利技术将芯片设计成 20 个引脚的热增强型表面贴装结构，这样可以有效地减小印制电路板的布板面积，并方便用自动化技术进行装配。

TPA1517 具有优异的热特性，并提供 20 个引脚的 DIP 封装结构，不需要使用散热器，被广泛应用于家用音响、电视音响、汽车音响、多媒体音响、计算机音响等应用中。

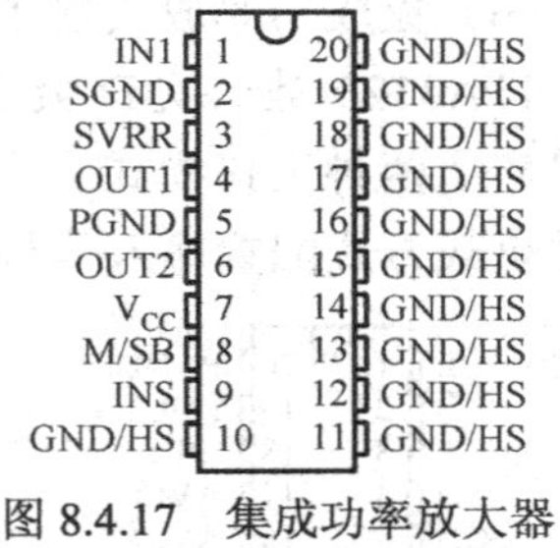

图 8.4.17 所示为集成功率放大器 TPA1517NE 引脚封装图。其中 8 脚是静音/待机模式设置引脚，可以通过增加外围器件使 TPA1517 工作在静音模式或待机模式。TPA1517 在待机模式下的静态工作电流很小。当打开电源时，先将功放设置成待机模式，开机延迟数秒后再使其正常工作；在关闭电源前，也先将功放设置成待机模式。这样就可以保证在开/关电源时，功放不发出"砰"的声响。

图 8.4.17 集成功率放大器 TPA1517NE 引脚封装图

表 8.4.5 所示为集成音频功率放大器 TPA1517NE 各引脚的功能定义。

表 8.4.5 集成音频功率放大器 TPA1517NE 的引脚描述

引脚名称	引脚标号	I/O 状态	引 脚 描 述
IN1	1	I	通道 1 音频反相输入端
SGND	2	I	输入信号参考地
SVRR	3		电源噪声纹波旁路引脚
OUT1	4	O	通道 1 音频输出端
PGND	5		电源参考地
OUT2	6	O	通道 2 音频输出端

引脚名称	引脚标号	I/O 状态	引脚描述
V_{CC}	7	I	供电电压输入端
M/SB	8	I	静音/待机模式设置引脚，待机模式@V_8≤2V；静音模式@3.5V≤V_8≤8.2V；正常模式@V_8≥9.3V
IN2	9	I	通道 2 音频反相输入端
GND/HS	10～20		参考地/散热端

表 8.4.6 所示为集成音频功率放大器 TPA1517NE 的主要技术参数。

表 8.4.6 集成功放 TPA1517NE 的主要技术参数（测试条件：V_{CC}=12V，R_L=4Ω，f=1kHz，T_A=25°C）

参 数 名 称	参数符号	测 试 条 件	参数值	单位
供电电压	V_{CC}		9.5～18	V
输出功率	P_o（每个通道）	R_L=4Ω，THD+N=0.5%	3	W
		R_L=4Ω，THD+N=1%	5	
		R_L=4Ω，THD+N=10%	6	
最大峰值输出电流	I_{omax}		4	A
连续峰值输出电流	I_o		2.5	A
静态工作电流	I_D	P_o=0W	45	mA
最大工作电流	$I_{CC(SB)}$	待机模式下	100	μA
闭环电压增益	A_v	每个通道	20	dB
静音输出电压	$V_{O(M)}$	V_i=1V（max）	2	mV
直流输出电压	$V_{O(DC)}$	6V<V_{CC}<18V 时，约等于 $\frac{V_{CC}}{2}$	6	V

（6）集成功率放大器 TPA3125

TPA3125 是一款 D 类立体声集成音频功率放大器，通过控制引脚，可将其设置为立体声或单声道两种工作模式。立体声工作模式下需单端配置输入信号；单声道工作模式下需采用桥式负载方式配置输入信号。通过两个外部引脚可以将 TPA3125 的电压增益设置成 20dB、26dB、32dB 和 36dB 这 4 种不同模式。

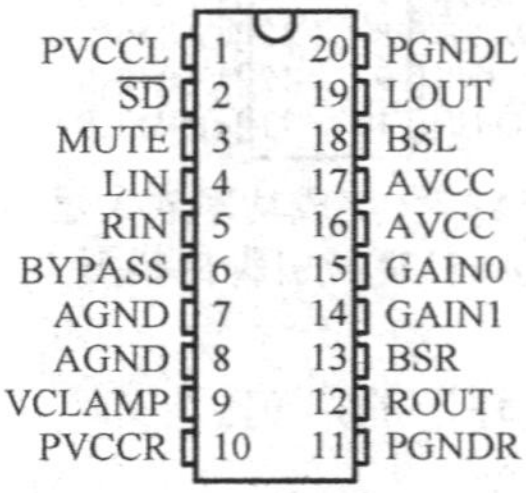

TDA3125 采用了专利电压开启和关闭技术，在不增加外部器件的条件下，很好地抑制了在开/关机时音箱发出的噪声。

TDA3125 采用了专利热散热技术，不需要加外部散热器就可以正常工作。并且双列直插的芯片封装结构保证了可以将印制电路板设计单面板结构，降低了生产成本。

图 8.4.18 所示为集成功率放大器 TPA3125D 双列直插结构引脚封装图。

图 8.4.18 集成功率放大器 TPA3125D 引脚封装图

表 8.4.7 所示为集成功率放大器 TPA3125D 各引脚的功能定义。

表 8.4.7 集成功率放大器 TPA3125D 的引脚描述

引脚名称	引脚标号	I/O 状态	引脚描述
P_{VCCL}	1		左通道电源端
$\overline{SD}$	2	I	功放关机控制端（高电平工作/低电平禁止），TTL 逻辑电平与 A_{vcc} 兼容
MUTE	3	I	静音设置引脚（高电平静音/低电平正常），TTL 逻辑电平与 A_{vcc} 兼容

续表

引脚名称	引脚标号	I/O 状态	引脚描述
L_{IN}	4	I	左声道音频输入端
R_{IN}	5	I	左声道音频输入端
BYPASS	6	O	参考电压输出端,通常=A_{VCC}/8,外接不同电容可以设置开机时间
A_{GND}	7、8		模拟地
V_{CLAMP}	9		内部自举电压输出端,需要对地接旁路电容
P_{VCCR}	10		右声道电源端
P_{GNDR}	11		右声道参考地
R_{OUT}	12	O	右声道反相输出
BSR	13	I	右声道自举电压输入端
GAIN1	14	I	增益设置高位引脚,TTL 逻辑电平与 A_{VCC} 兼容
GAIN0	15	I	增益设置低位引脚,TTL 逻辑电平与 A_{VCC} 兼容
A_{VCC}	16,17		高电源电压供电端,内部没有与 P_{VCCR} 或 P_{VCCL} 相连
BSL	18	I	左声道自举电压输入端
L_{OUT}	19	O	左声道同相输出
P_{GNDL}	20		左声道参考地

表 8.4.8 所示为集成音频功率放大器 TPA3125D 的主要技术参数。

表 8.4.8 集成功放 TPA3125D 的主要技术参数(测试条件:室温)

参数名称	参数符号	测试条件	参数值	单位
供电电压	A_{VCC},P_{VCC}		−0.3~30	V
逻辑输入电压	SD/,MUTE,GAIN0,GAIN1		−0.3~V_{CC}+0.3	V
高电平输入电压	V_{IH}(最低)	SD/,MUTE,GAIN0,GAIN1	2	V
低电平输入电压	V_{IL}(最高)	SD/,MUTE,GAIN0,GAIN1	0.8	V
模拟输入电压	R_{IN},L_{IN}		−0.3~7	V
输出功率(立体声)	P_o(每个通道)	R_L=8Ω,V_{CC}=24V	10	W
输出功率(单声道)	P_o(每个通道)	R_L=8Ω,V_{CC}=24V	20	W
输出带载最小阻抗	Z_L	立体声输出模式	3.2	Ω
		单声道输出模式	6	
静态功耗		T_A≤25℃,−15mW/℃	1.87	W
最大输出峰值电流	I_{omax}		4	A
连续输出峰值电流	I_o		2.5	A
静态工作电流	I_D	P_o=0W	45	mA

2. 设计举例

功率放大电路种类繁多,实现方法多样。本实验以集成功率放大器 TDA2030A 为例,介绍一下 TDA2030A 双电源供电方式下的典型应用电路,如图 8.4.19 所示。

在图 8.4.19 中,电阻 R_1、R_2 是闭环增益调节电阻,主要用于调节功率放大器的放大能力。在选取电阻 R_1、R_2 的阻值时,应参考生产厂家提供的产品数据手册确定。

电容 C_1 是负反馈隔直电容,其容值应根据系统的下限截止频率和电路响应时间确定。

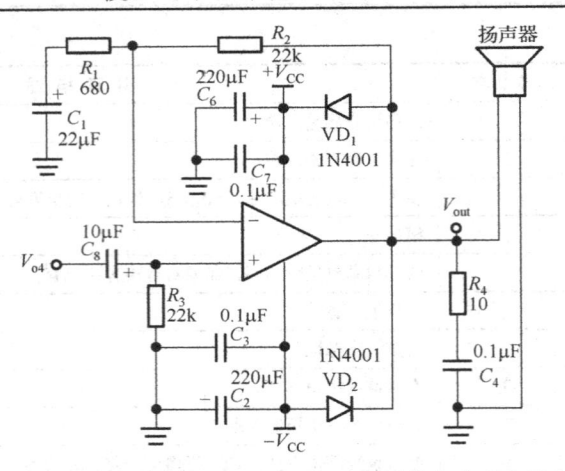

图 8.4.19 功率放大器 TDA2030A 双电源供电典型应用电路

电容 C_8 是输入耦合电容，其容值应根据待处理信号的频率范围和功率放大器的输入阻抗确定。

电阻 R_3 是静态平衡电阻，其电阻值可以根据静态平衡原则计算得到。

电容 C_2、C_3 和 C_6、C_7 是滤波电容，即电源电路图 8.4.1 中的滤波电容 C_6、C_5 和 C_2、C_1，主要用于滤除电源中的低频噪声和高频噪声，其电容值应根据电路噪声的具体情况确定。

用 TDA2030A 设计功率放大电路时，应考虑在 TDA2030A 的输出端加上保护电路，以防止因功率放大器瞬间输出高压脉冲而损坏功放器件。

在图 8.4.19 中，二极管 VD_1、VD_2 是过压保护用二极管。当电路正常工作时，二极管 VD_1、VD_2 不起作用，相当于开路。当功率放大器的输出端有较强的正脉冲出现时，二极管 VD_1 导通；当功放的输出端有较强的负脉冲出现时，二极管 VD_2 导通。总之，在功率放大器的输出端有高压脉冲出现时，二极管 VD_1、VD_2 可以将输出电压钳位到功率放大器允许的输出范围内，以达到保护功率放大器 TDA2030A 的目的。

在面包板上调试实验电路时，因功率二极管的引脚较粗，不易插接，并且在实验调试过程中，二极管 VD_1、VD_2 的保护作用并不明显，因此，在实验室条件下，如果是在面包板上调试用 TDA2030A 设计的功率放大电路，则二极管 VD_1、VD_2 可以不接。

由于扬声器是感性器件，当流经扬声器的电流发生变化时，会产生较高的反向电动势，该反向电动势对功率放大器有极强的破坏作用。为了能缓解扬声器反向电动势的破坏作用，在图 8.4.19 中，TDA2030A 的输出端设有由电阻 R_4 和电容 C_4 组成的补偿电路。补偿电容 C_4 的容性阻抗可以补偿寄生在扬声器中的感性阻抗，使总的负载表现为纯电阻特性，以防止因扬声器的反向电动势过高而击穿功率放大器件。与补偿电容串接的补偿电阻 R_4 主要用于降低因寄生电感和补偿电容引起高频自激振荡的概率。

3．电路测试

搭接功率放大电路，检查电路连接无误后方可通电。

接通电源的瞬间，应注意观察电路有无异常现象出现，同时用手轻触功率放大器件的散热部件。如感觉散热部件开始发热且温度上升迅速，应立即切断电源，找出功率放大器件发热的原因，待故障排除后，方可重新接通电源进行测试。

将各单元电路级联,保持音调控制电路中两个电位器 R_{p1} 和 R_{p2} 的可调端在中点位置不变,调节音量控制电路中音量控制电位器 R_{p3} 可调端的位置。用示波器观察系统电路输入、输出波形的变化,比较输入波形和输出波形的频率是否一致。如果发现输出波形的频率与函数发生器设定好的输出信号频率不一致,特别是当发现功率放大器输出信号的频率是 MHz 级的高频正弦波时,该输出信号极有可能是自激振荡波形。

如果确定功率放大器的输出波形是自激振荡波形,则应立即切断电源,检查并简化电路连接,调整电路中不合理的布局、布线。注意检查电路连接是否交叉导线过多,是否使用的长导线过多,电源有无正确隔离等,待故障排除后,方可重新进行测试。

当在功率放大器的输出端可以测到一个与函数发生器设定好的输出信号同种类、同频率的输出波形时,方可采用实验室提供的功率电阻测试功率放大电路的输出功率。

在图 8.4.19 中,用功率电阻代替音箱负载,连接功率电阻。

调节音量控制电路中电位器 R_{p3} 可调端的位置至功率放大电路输出电压信号达到最大不失真状态。在调试过程中,当功率放大电路的输出功率增大到一定值时,功率电阻会发热,并且输出功率越大,功率电阻越热。因此,在调试过程中,不要用手直接碰触发热的功率电阻,以免烫伤。

输出功率用输出电压有效值 V_o 和输出电流有效值 I_o 的乘积来表示时,应为:

$$P_o = V_o \cdot I_o = \frac{V_{om}}{\sqrt{2}} \cdot \frac{V_{om}}{\sqrt{2}R_L} = \frac{1}{2} \cdot \frac{V_{om}^2}{R_L}$$

式中,V_{om} 是输出电压峰值,R_L 是负载电阻值。

额定输出功率与电路的供电电压 V_{CC} 及负载电阻值 R_L 有关。理想条件下,功率放大电路的额定输出功率应为:

$$P_{om} = \frac{1}{2} \cdot \frac{V_{om}^2}{R_L} \approx \frac{1}{2} \cdot \frac{V_{CC}^2}{R_L}$$

例如,当供电电压为±12V 时,对于 8Ω 的负载电阻,计算得理想额定输出功率为 9W。

实际工作时,功率放大电路需要消耗一部分功率,因此,实际应用中的功率放大电路,其额定输出功率不可能达到理想值。

实际测试时,功率放大电路的输出功率 P_{ORL} 可以用下式计算得到:

$$P_{ORL} = V_o \cdot I_o = V_o \cdot \frac{V_o}{R_L} = \frac{V_o^2}{R_L}$$

式中,V_o 是输出电压实测有效值,R_L 是负载电阻实测值。

功率放大电路的转换效率可以通过实验的方法,用下式计算得到:

$$\eta = \frac{P_{ORL}}{P_v} \times 100\%$$

式中,P_{ORL} 是实测输出功率;P_v 是电路所消耗的总功率,其值可以用功率放大电路的供电电压 $|+V_{CC}-(-V_{CC})|$ 和供电电源的平均电流 I_{CC} 计算得到,即

$$P_v = |+V_{CC}-(-V_{CC})| \cdot I_{CC}$$

供电电源的平均电流 I_{CC} 可以用万用表或电流表直接测得。在某些电源上,供电电源的平均电流 I_{CC} 在电源表头上可以直接显示出来。

实验中，用上述方法测得的是整个电路系统的工作电流，用该电流计算得到的功率也是整个电路系统所消耗的总功率，其中包含了前级小信号电路所消耗的功率和功率放大电路的静态功率，因此，通过这种方法计算得到的转换效率比实际转换效率应略低一些。

为了能够得到更加准确的功率放大电路转换效率，测试供电电源的平均电流 I_{CC} 时，可以将前级小信号电路与功率放大电路断开，直接将函数发生器的输出信号提供给功率放大电路的输入端，然后再用上述方法测试功率放大电路单独工作时供电电源的平均电流 I_{CC}。用这种方法得到的是功率放大电路单独工作时所消耗的总功率 P_V。因此，通过这种测试方法计算得到的转换效率要相对准确一些。

将前面已经断开的前级小信号电路与功率放大电路重新级联。改变音量控制电路中电位器 R_{p3} 可调端的位置，使功率放大电路输出电压有效值在 600mV 左右。

在调试过程中，应注意用示波器观测系统电路输入、输出波形的变化，必须始终保证系统电路输入、输出波形的类型和频率保持一致。

在功率放大器的输出端接上音箱，在前置混合放大电路的输入端 V_{i2}（line in）上接入 CD 播放机的输出信号，在语音放大电路的输入端 V_{i1} 上接好话筒。

打开供电电源，用音箱、CD 播放机和话筒对实验电路进行实际效果测试。

在试音过程中，应分别改变音调控制电路中音调调节电位器 R_{p1} 和 R_{p2} 可调端的位置、音量控制电路中音量调节电位器 R_{p3} 可调端的位置，用示波器观察功率放大器输出波形的变化，了解音频信号的组成。

8.4.7 音响系统设计电路原理图

图 8.4.20 所示为音响系统设计电路原理。搭接实验电路时，应首先做好电源电路设计，特别是前级小信号供电电源的去耦、滤波处理、确定驻极体话筒的偏置电压等。

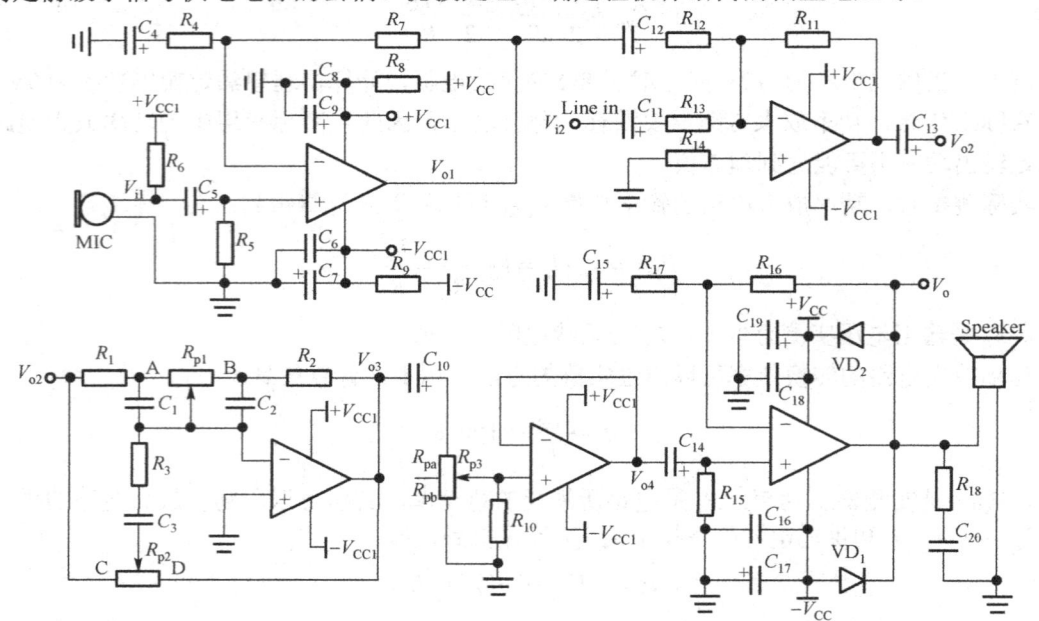

图 8.4.20 音响系统设计电路原理图

第 9 章 压控函数发生器

压控函数发生器是模拟电子技术课程设计中一个比较综合的系统设计题目，设计内容涵盖电压跟随器、反相放大器、同相放大器、反相积分器、迟滞比较器、差分放大器等多种基本电路单元，是一个综合运用模拟电子技术基础知识解决实际问题的典型模拟电子技术课程设计教学案例之一。设计过程涉及电路参数计算、元器件参数设定、级间匹配、反馈控制、电压钳位、信号动态范围、元器件选型等多种工程实际问题。

9.1 设计要求及注意事项

9.1.1 设计要求

（1）设计一个至少可以输出方波、三角波、正弦波这三种波形的压控函数发生器。

（2）根据设计指标和设计要求，详细分析各单元电路的设计过程，逐级设计各单元电路，画出单元电路原理图，分析主要元器件的选择依据。

（3）设计各单元电路的实现、调试、测试方案和实验数据记录表格，完成单元电路测试，分析各单元电路的测试数据和输入、输出波形是否满足设计要求。

（4）根据前面的设计分析，画出系统设计框图或系统设计流程图。

（5）根据系统设计框图逐级级联各单元电路，每增加一级电路，必须先测试并检验级联后的电路是否满足设计要求。如果级联后的电路可以满足设计要求，方可继续级联下一级电路；如果级联后的电路不能满足设计要求，则必须先定位问题所在点，完成纠错后方可继续级联下一级电路。否则，一旦系统电路出现故障，将很难排查。

（6）设计系统电路的测试方案和实验数据记录表格，测试系统电路的实验数据和输入、输出波形，详细分析系统电路的测试数据和输入、输出波形是否满足设计要求。

（7）用电路仿真设计软件（如 Multisim 等）设计仿真压控函数发生器，将仿真结果与实验结果进行对比分析，说明实验电路有哪些不足，需要怎样改进。

（8）详细分析在电路设计过程中遇到的问题，总结并分享电路设计经验。

9.1.2 注意事项

（1）选择集成运算放大器时，应考虑单位增益带宽是否满足系统输出频率的设计要求。

（2）系统信号的频率与多个电路参数有关，设计电路时，应综合考虑各参数之间的关系。

（3）搭接实验电路前，应先切断电源，对系统电路进行合理的布局。布局布线应遵循"走线最短"原则。通常，应按信号的传递顺序逐级进行布局布线。带电作业容易损坏电子元器件并引起电路故障。

（4）搭接实验电路时，应尽量坚持少用导线、用短导线，盲目使用导线会引入不必要的寄生参量，使实际设计出来的电路参数发生偏离，并增加电路出错的概率。

（5）系统电路安装完毕后，不要急于通电，应仔细检查元器件引脚有无接错，测量电源与地之间的阻抗。如果发现存在阻抗过小等问题，应及时纠错后方可通电。

（6）接通电源时，应注意观察电路有无异常现象，如元器件发热、异味、冒烟等。如果发现有异常现象出现，应立即切断电源，待故障排除后方可通电。

（7）检测电路功能时，应首先测试各单元电路静态工作点是否正常，待各单元电路静态工作点调试正确无误后，方可加入交流信号进行动态功能测试。

（8）检验电路动态功能时，应顺着交流信号的流向用示波器逐级观察输入、输出波形。

9.2 设 计 指 标

（1）输出信号频率在 50Hz～10kHz 范围内连续可调。

（2）输出信号峰值电压在 20mV～10V 范围内连续可调。

（3）输出波形特性：

①对于 1kHz 的方波，最大幅度输出时，信号的上升时间 t_r<20μs；

②三角波的失真系数 γ<2%；

③正弦波的失真系数 γ<5%。

9.3 系统设计框图

函数发生器，也称为信号发生器或波形发生器，主要用来产生特定的时间函数，如正弦波、方波、三角波、锯齿波、矩形波等。

波形发生器有多种设计方案，不同的设计方案产生波形的顺序不同。可以先通过正弦波振荡电路产生正弦波，然后用迟滞比较器产生方波，再由线性积分电路产生三角波。也可以先用极性变换电路，将直流电压信号变换成方波信号，再由线性积分电路产生三角波，最后利用差分放大电路的非线性特性或滤波电路将三角波转换成正弦波。

不同的设计方案，应该选用不同的电路来实现，但产生某种特定波形的电路通常是固定的。例如，方波经线性积分电路后，可以产生三角波；三角波或正弦波经过迟滞比较电路后，可以产生方波或矩形波。产生正弦波的电路有多种，可以用正弦波振荡电路直接产生，也可以通过低通滤波器对三角波或方波进行基频滤波产生，还可以利用差分放大电路的非线性电压传输特性，将三角波做非线性变换后转换成正弦波。

在图 9.3.1 所示的压控函数发生器系统设计框图中，直流电压产生电路将供电电源变成直流电压信号 V_{o1} 输出。V_{o1} 经电压跟随器、极性变换电路后，输出方波信号 V_{o3} 给积分器。积分器将方波输入信号 V_{o3} 转换成同频率的三角波信号 V_{o4}，输出给迟滞比较器、正弦波产生电路和线性放大电路。三角波 V_{o4} 经迟滞比较器变成同频率的方波信号 V_{o5}。方波信号 V_{o5} 经单极性控制电路产生同频率的反馈控制信号 V_{o6}，反馈控制信号 V_{o6} 控制极性变换电路产生同频率的方波信号 V_{o3}。迟滞比较器输出的方波信号 V_{o5} 经双向钳位电路处理成正、负幅值对称的方波信号 V_{o7}。三角波 V_{o4} 经正弦波产生电路变换成正弦波信号 V_{o8}。信号 V_{o4}、V_{o7}、V_{o8} 分时复用增益连续可调线性放大电路，分时输出特定波形 V_o。

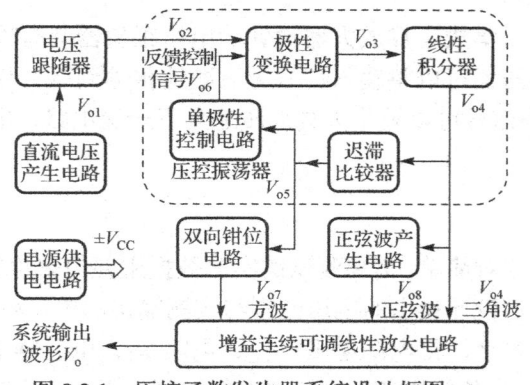

图 9.3.1 压控函数发生器系统设计框图

在图 9.3.1 中，极性变换电路、线性积分器、迟滞比较器、单极性控制电路一起构成压控振荡器。系统信号的频率受直流输入电压信号 V_{o1}（V_{o2}）控制。通过调节直流输入信号 V_{o1} 的幅值可以调节系统信号的输出频率。

9.4 设 计 分 析

设计压控函数发生器时，首先应设计直流控制电压信号产生电路，然后设计极性变换电路，将直流控制电压信号转换成方波信号输出，方波信号经线性积分器处理后可以变成三角波信号输出，三角波经差分放大电路或滤波电路后可以转换成正弦波信号输出。

9.4.1 直流电压产生电路

如图 9.4.1 所示，直流电压产生电路可以采用电阻分压的方式实现。但由于电阻分压方式产生的直流电压信号受其输出端负载的变化影响较大，因此，需要在电阻分压电路的输出端加一级电压跟随器，以消除因负载变化对直流输出电压 V_{o1} 产生的影响。

1. 电路设计

在图 9.4.1 所示的电路中，直流电源$+V_{CC}$ 经电阻 R_1 和可调电阻 R_{w1} 分压后，只要电阻值和电位器参数选择得合适，就可以在电位器可调端上得到设计要求的直流电压信号。考虑到阻抗匹配问题，直流电压信号 V_{o1} 不能直接输出给下一级电路使用，需要在电位器的可调端加一级电压跟随器做电压缓冲，输出一个与 V_{o1} 相同的可调电压信号 V_{o2}。

输出电压 V_{o1} 为：

$$V_{o2} = V_{o1} = \frac{V_{CC}}{R_1 + R_{w1}} R_{w1b}$$

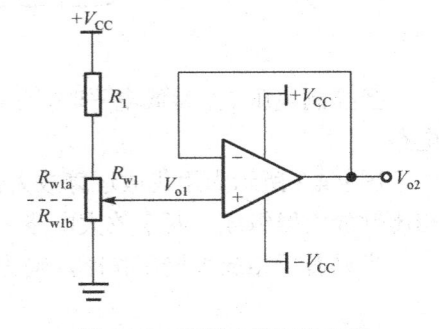

图 9.4.1 直流电压产生电路

式中，$R_{w1} = R_{w1a} + R_{w1b}$。

当$+V_{CC}=12\text{V}$，$R_1=5.1\text{k}\Omega$，R_{w1} 选用标称值为 $1\text{k}\Omega$ 的电位器时，经计算得：输出电压 V_{o1}（V_{o2}）在 0～1.96V 范围内连续可调。但因电源电压$+V_{CC}$、电阻 R_1、电位器 R_{w1} 的实测值与标称值之间存在误差，实测输出电压的可调范围与理论计算值应略有差别。

作为电压缓冲级，用集成运算放大器设计的电压跟随器具有输入阻抗大、输出阻抗小等优点，理论上，电压跟随器可以将输入信号无衰减地传输到下一级功能电路输出。同时，为了保证接近于"0"的小信号可以被不失真地传递到下一级电路，电压跟随器应采用双电源供电方式工作。

2．电路测试

直流电压产生电路相对简单，需要测试的实验数据主要用来检验直流控制电压 V_{o1} 的输出范围是否满足设计要求，设计输出的电压范围与实测输出的电压范围是否一致。

设计实验数据记录表格，将电源电压 $+V_{CC}$、电阻 R_1、电位器 R_{w1} 的实测值与标称值做比较。测试直流控制电压 V_{o1} 的输出范围，并与理想控制电压的输出范围做比较。说明实测控制电压 V_{o1} 的输出范围是否满足设计要求。

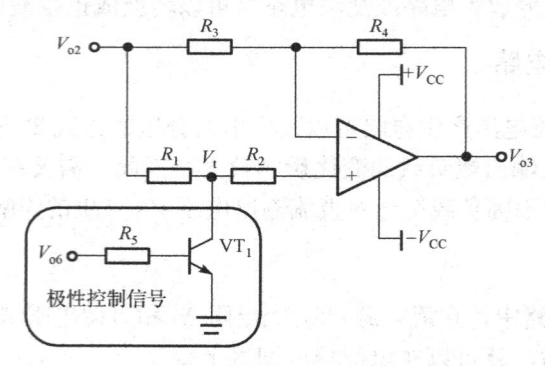

9.4.2 极性变换电路

极性变换电路的作用是：在控制信号 V_{o6} 的作用下，将前级产生的直流控制电压信号 V_{o2} 转换成方波信号 V_{o3}，输出给下一级电路使用。

1．电路设计

极性变换电路如图 9.4.2 所示，其基本电路是用集成运算放大器设计的算数运算电路。其中，三极管 VT_1 作为电子开关，由其基极控制信号 V_{o6} 来控制极性变换电路输出电压信号的极性。

图 9.4.2 极性变换电路

当控制电压 V_{o6} 为低电平时，三极管 VT_1 截止，图 9.4.2 所示电路可以简化为图 9.4.3 所示电路。

图 9.4.3 所示为用集成运算放大器设计的算术运算电路，由一个同相比例放大器和一个反相比例放大器组成。两个放大电路公用同一个输入信号 V_{o2}。

当只有反相放大器工作时，输出 V_{o3} 为：

$$V_{o3} = -\frac{R_4}{R_3} \cdot V_{o2}$$

当只有同相放大器工作时，输出 V_{o3} 为：

$$V_{o3} = \left(1 + \frac{R_4}{R_3}\right) \cdot V_{o2}$$

则总的输出电压 V_{o3} 为：

$$V_{o3} = -\frac{R_4}{R_3} \cdot V_{o2} + \left(1 + \frac{R_4}{R_3}\right) \cdot V_{o2} = V_{o2}$$

即当控制电压 V_{o6} 为低电平时，输出电压 $V_{o3}=V_{o2}$，与输入电压相同。

当控制电压 V_{o6} 为高电平时，三极管 VT_1 导通，图 9.4.2 所示电路可以简化为图 9.4.4 所示电路。

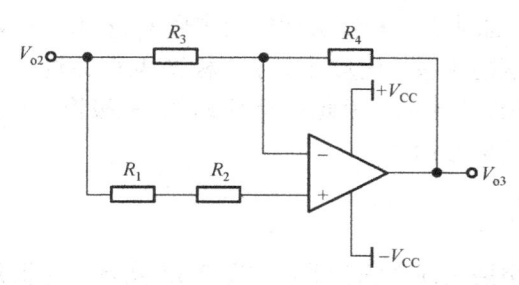

图 9.4.3 当控制电压信号 V_{o6} 为低电平时极性变换电路的简化电路

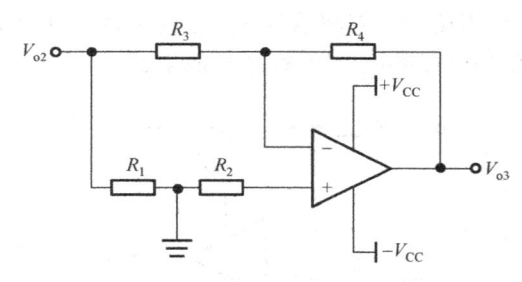

图 9.4.4 当控制电压信号 V_{o6} 为高电平时极性变换电路的简化电路

图 9.4.4 所示为一个反相比例放大器。但输入信号 V_{o2} 除了走放大通路外，还通过电阻 R_1 接地。因此，在确定电阻 R_1 的阻值时，为了保证输入信号 V_{o2} 分流到地的信号极小，电阻 R_1 应选用较大阻值的电阻。否则，电阻 R_1 的分流作用会使输入信号 V_{o2} 变小，从而使输出信号 V_{o3} 的幅值也变小。

此时，输出电压 V_{o3} 为：

$$V_{o3} = -\frac{R_4}{R_3} \cdot V_{o2}$$

由上式可知，即当控制电压 V_{o6} 为高电平，如果输入电阻 R_3 和反馈电阻 R_4 选用相同的电阻，即 $R_4=R_3$ 时，则 $V_{o3}=-V_{o2}$，实现了输出反相。

在图 9.4.2 所示的极性变换电路中，应先确定反馈电阻 R_4 的阻值。考虑到阻抗匹配、相对误差等问题，R_4 不宜选择阻值过小的电阻使用，通常，反馈电阻可以选用几十千欧姆至几百千欧姆的电阻。根据前面的设计分析知道，R_3 应该选用与 R_4 阻值相等的电阻，即 $R_3=R_4$。R_2 的电阻值可以根据静态平衡原则通过计算得到。三极管 VT_1 应选用超低饱和导通压降的快速开关管，否则将对系统输出信号的频率范围产生影响。电阻 R_5 可以根据控制电压 V_{o6} 的幅值及三极管 VT_1 的发射结压降选取。

由以上分析可知，当电阻 $R_4=R_3$ 时，极性控制电压 V_{o6} 可以控制极性变换电路输出电压的极性，即

当控制电压 V_{o6} 为低电平时，$V_{o3}=V_{o2}$；

当控制电压 V_{o6} 为高电平时，$V_{o3}=-V_{o2}$。

2．电路测试

确定图 9.4.2 所示极性变换电路中各元器件参数，将已经确定好的元器件参数标注在电路原理图上。设计实验数据记录表格，测试极性控制信号 V_{o6} 在高、低两种不同状态下，极性变换电路输出电压与输入电压的关系。测量并记录三极管 VT_1 在这两种状态下的管压降。因极性控制信号 V_{o6} 是由后级电路产生的，因此实验调试时，三极管 VT_1 的基极控制信号 V_{o6} 可以先用函数发生器产生的方波信号代替。

9.4.3 三角波产生电路

最常用的三角波产生电路是线性积分器，如图 9.4.5 所示。在积分器的反相输入端加一个方波输入信号 V_{o3}。正半周期间，方波信号 V_{o3} 相当于正向直流电压，正向电压通过电阻 R_1 对积分电容 C_1 进行充电；负半周期间，方波信号 V_{o3} 相当于负向直流电压，负向电压导致的电势差使存储在积分电容两端的电荷通过电阻 R_1 进行放电。

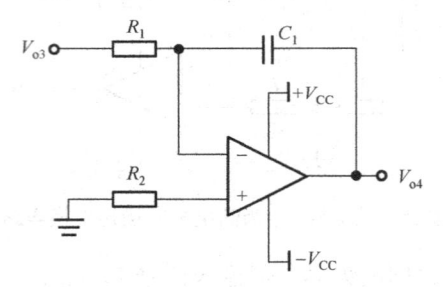

图 9.4.5 三角波产生电路

选择合适的充、放电器件，积分器可以将输入的方波信号 V_{o3} 转换成三角波信号 V_{o4}。方波输入信号 V_{o3} 半个周期变化一次相位，因此，积分器的充、放电时间是由方波输入信号发生变化的时间长短决定的，即方波输入信号半个周期时间决定的。

三角波输出信号 V_{o4} 电压上升速率的快慢，是由充、放电时间常数，即充、放电回路中电阻和电容的乘积决定的。当电阻和电容的乘积过小时，充放电速率会过快，输出电压的变化速率也会过快，从而导致输出电压信号 V_{o4} 很快进入饱和失真状态。当电阻和电容的乘积过大时，充、放电速率会过慢，输出电压的变化速率也会过慢，在输入方波信号 V_{o3} 的半个周期时间内，输出电压信号 V_{o4} 的幅值积不到设计要求的电压值，从而导致后级电路无法正常工作。

1．电路设计

在图 9.4.5 所示的三角波产生电路中，当方波输入信号 V_{o3} 为正向电压信号时，输入电流经电阻 R_1 对电容 C_1 进行充电；当方波输入信号 V_{o3} 变为负向电压信号时，由于存在电势差，存储在电容 C_1 两端的电荷通过电阻 R_1 进行放电。输出电压 V_{o4} 和输入电压 V_{o3} 之间应满足：

$$V_{o4} = -\frac{1}{R_1 C_1} \int V_{o3} \mathrm{d}t$$

在设定的半个周期内，方波信号为直流信号，V_{o3}为定值，则

$$V_{o4} = -\frac{V_{o3}}{R_1 C_1} \cdot t$$

由上式可知，三角波与方波的相位相反。其输入/输出波形如图 9.4.6 所示。

在方波信号的半个周期内，三角波可以由最大值积分到最小值或由最小值积分到最大值。当方波信号正半周期结束时，三角波达到最小值；当方波信号负半周期结束时，三角波达到最大值，即

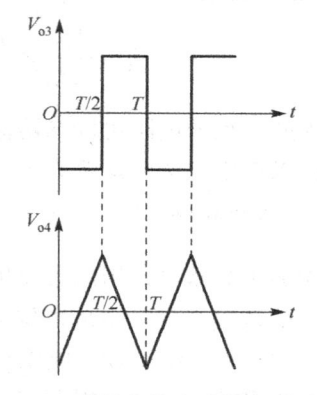

图 9.4.6 三角波产生电路输入/输出波形

当方波由正值向负值跳变时，三角波最小值 $V_{o4\min} = -\frac{V_{o3}}{R_1 C_1} \cdot \frac{T}{2} \cdot \frac{1}{2} = -\frac{V_{o3}}{R_1 C_1} \cdot \frac{T}{4} < 0$。

当方波由负值向正值跳变时，三角波有最大值为 $V_{o4\max} = -\frac{V_{o3}}{R_1 C_1} \cdot \frac{T}{4} > 0$。

由以上的计算可知，三角波的最大值和最小值不仅与方波信号的峰值电压和周期有关，还与积分电阻值和积分电容值的乘积，即时间常数 τ 有关。时间常数 τ 越小，积分器的输出电压 V_{o4} 的上升速率和下降速率越快。

在图 9.4.5 中，R_2 是平衡电阻，其电阻值可以根据静态平衡原则计算得到。

根据设计指标要求，系统输出最高频率应为 10kHz，对应方波信号的周期为 0.1ms。如果直流控制电压信号（V_{o2}）V_{o1} 的最大值为 2V。为保证输出信号的线性度，当直流供电电压为±12V 时，工程设计要求积分电路输出电压的动态范围应在±6V 之间，即积分器输出电压 V_{o4} 应满足：

$$V_{o4\max} - V_{o4\min} = \frac{V_{o3\max}}{R_1 C_1} \times \frac{T}{2} = \frac{2}{R_1 C_1} \times \frac{0.1 \times 10^{-3}}{2} \leqslant 12\mathrm{V}$$

即 $R_1 C_1 \geqslant \frac{1}{12} \times 10^{-4} = 8.3 \times 10^{-6}$。

由前面的设计分析可知，为保证积分电路输出信号的线性度，积分电阻 R_1 和积分电容 C_1 的乘积不可以过小，即积分时间常数 τ 不能过小，否则积分速度过快，积分器的输出电压 V_{o4} 容易产生非线性失真。同时，为保证在规定时间内，积分器的输出电压 V_{o4} 能够达到后级迟滞比较器门限电压要求，满足翻转条件，积分电阻 R_1 和积分电容 C_1 的乘积不可以设置过大，即积分时间常数 τ 不能过大。

在本设计中，因系统信号的频率一致，迟滞比较器的门限电压等于积分器输出电压最大值。如果设定迟滞比较器的门限电压为±6V，积分电容选用 0.01μF 的 CBB 电容，系统信号的最高频率为 10kHz，则

$$V_{o4\max} - V_{o4\min} = \frac{V_{o3}}{R_1 C_1} \times \frac{0.1 \times 10^{-3}}{2} = 12\mathrm{V}$$

将极性变换电路产生的方波输出信号 V_{o3} 的峰值电压代入公式，则

$$R_1 = \frac{V_{o3}}{12C_1} \times \frac{0.1 \times 10^{-3}}{2} = \frac{6}{12 \times 0.01 \times 10^{-6}} \times \frac{0.1 \times 10^{-3}}{2} = 2.5\text{k}\Omega$$

因此，积分电阻可以选用标称值为 2.5kΩ 的电阻。因 2.5kΩ 不是常用标称值电阻，实验中，可以选用比 2.5kΩ 略大一些的常用标称值电阻代替。

2．电路测试

检测积分器时，用函数发生器的输出信号模拟方波输入信号 V_{o3}。

将函数发生器设定成需要的方波信号。设置实验数据记录表格，测试积分器输入、输出信号的周期、频率、峰值电压和峰峰值电压。将所选器件的标称值标注在图 9.4.5 上，用电阻值 R_1、R_2 和电容值 C_1 的标称值计算以上参数，比较计算值和测试值，检验积分器是否满足设计要求。

如果积分电路符合设计要求，将积分器与其前级极性变换电路级联，用函数发生器的输出信号模拟反馈控制信号 V_{o6}，测试并检验级联后的电路是否满足设计要求。

9.4.4　反馈控制信号产生电路和方波产生电路

用集成运放设计的迟滞比较器只有两种输出状态：正向饱和或负向饱和。在迟滞比较器的输入端引入一个周期变化的信号，如果设置的门限电压能够满足迟滞比较器输出电压翻转条件，则在迟滞比较器的输出端就可以得到一个方波信号。

1．电路设计

图 9.4.7 所示为用反相输入迟滞比较器设计的反馈控制信号产生电路和方波产生电路。

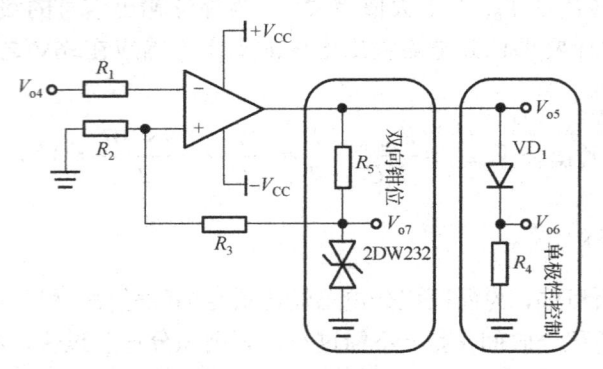

图 9.4.7　反馈控制信号产生电路和方波产生电路

在图 9.4.7 所示的电路中，输入信号 V_{o4} 是积分器输出的三角波信号，输出信号有三个：V_{o5}、V_{o6} 和 V_{o7}。

其中，V_{o5} 是迟滞比较器输出的电压信号。因多数集成运算放大器输出电压的正向饱和电压值与负向饱和电压值的绝对值并不相等，因此，多数情况下，在迟滞比较器输出端测到的是一个正、负电压的绝对值不相等的方波信号。

V_{o6} 是迟滞比较器的输出电压 V_{o5} 经二极管 VD_1 单向处理后的反馈控制信号。二极管的单向导电性使反馈控制信号 V_{o6} 是一个没有负向电压的方波信号。电阻 R_4 既是二极管 VD_1 的限流保护电阻，也是得到反馈控制信号 V_{o6} 的负载电阻，其电阻值应根据迟滞比较器的输出电压

V_{o5} 和二极管 VD_1 的工作电流计算选取。二极管 VD_1 应选用高速二极管，如 1N4148、1N5819 等。如果二极管 VD_1 选用不当，比如选用了整流二极管 1N4001 等，则在输出波形 V_{o5} 上可以测到明显的反向恢复脉冲。

V_{o7} 是方波输出信号，如图 9.4.7 中的双向钳位电路。该信号是在双向稳压管 2DW232 上获得，因此具有良好的对称性。如果系统输出的方波信号在极性变换电路的输出端获得，产生 V_{o7} 的支路也可以省略。电阻 R_5 是双向稳压管 2DW232 的限流保护用电阻，其电阻值应根据迟滞比较器的输出电压 V_{o5} 和双向稳压管 2DW232 的工作电流计算选取。

在图 9.4.6 中，反相输入迟滞比较器的上门限电压 V_H 和下门限电压 V_L 分别为：

$$V_H = \frac{V_{OH}}{R_2 + R_3} R_2 = \frac{R_2}{R_2 + R_3} V_{OH}$$

$$V_L = \frac{V_{OL}}{R_2 + R_3} R_2 = \frac{R_2}{R_2 + R_3} V_{OL}$$

在以上两式中，V_{OH} 是迟滞比较器可以输出的正向饱和电压值，V_{OL} 是迟滞比较器可以输出的负向饱和电压值。

由前面的设计分析知道，为保证积分器的输出信号能够达到迟滞比较器的门限电压值，满足翻转条件，设置的门限电压必须应等于积分器能够积到的最大电压值。根据前面的设计分析，假定迟滞比较器的门限电压值为±6V。理想情况下，迟滞比较器的正向饱和输出电压与负向饱和输出电压都等于电源电压，即 $V_{OH}=-V_{OL}=V_{CC}=12V$，则：

$$V_H = |V_L| = \frac{R_2}{R_2 + R_3} \times 12$$

在选取图 9.4.6 中的电阻值时，通常先确定反馈电阻 R_3 的阻值。如果选取 $R_3=10k\Omega$，经计算得 $R_2=10k\Omega$。即电阻 R_2、R_3 选用相同的电阻值时，可以满足前面设计分析假定的迟滞比较器门限电压等于±6V 的设计要求。

由前面的设计分析知道，当积分器输出电压 V_{o4} 达到迟滞比较器的门限电压时，迟滞比较器的输出电压 V_{o5} 发生翻转；同时极性变换电路中的反馈控制信号 V_{o6} 也发生跳变，因此，系统信号的频率 f 和周期 T 应满足以下的公式：

$$V_{o4} = V_H = |V_L| = \frac{|V_{o3}|}{R_1 C_1} \times \frac{T}{2} \times \frac{1}{2}$$

则 $f = \frac{1}{4} \times \frac{|V_{o3}|}{R_1 C_1 V_H}$。其中，$V_{o3}$ 是极性变换电路输出的峰值电压，V_{o4} 是积分器输出的峰值电压，R_1 是积分电路中的积分电阻，C_1 是积分电路中的积分电容，T 和 f 分别是系统信号的周期和频率。极性变化电路输出电压 V_{o3} 的绝对值是由直流电压产生电路的输出电压 V_{o1} 的大小决定的，因此，整个系统输出信号的频率也是由直流输出电压 V_{o1} 来控制的。

2. 电路测试

反馈控制信号产生电路和方波产生电路相对复杂，有三路输出信号，需要测试的项目比较多。计算图 9.4.7 中各元器件的参数值，并将选定的器件标称值标注在电路原理图上。

设计实验数据记录表格，用选定的元器件标称值计算迟滞比较器的门限电压。测试迟滞

比较器的输出电压 V_{o5}、反馈控制信号 V_{o6} 和方波输出信号 V_{o7}。

将前面已经设计、调试好的单元电路级联，调节直流电压产生电路中电位器 R_{w1} 可调端的位置，改变直流输出电压 V_{o1}，用示波器观察各级电路输入、输出波形的变化，测出系统电路可以产生的最低频率信号、最高频率信号和 1kHz 频率信号并记录下来。

9.4.5 正弦波产生电路

产生正弦波的方法有多种：RC 振荡、LC 振荡、对方波或三角波进行基频滤波、用折线逼近法对三角波进行分段放大、用差分放大电路对三角波进行非线性放大等。

1. 用差分放大电路产生正弦波信号

在没有公共射极电阻的差分放大电路中，电压传输特性的线性区很窄，如图 9.4.8 所示，差模输入信号只有在 $\pm V_T$ 范围内才是线性区，其中 $V_T=26\text{mV}$，是温度电压当量。

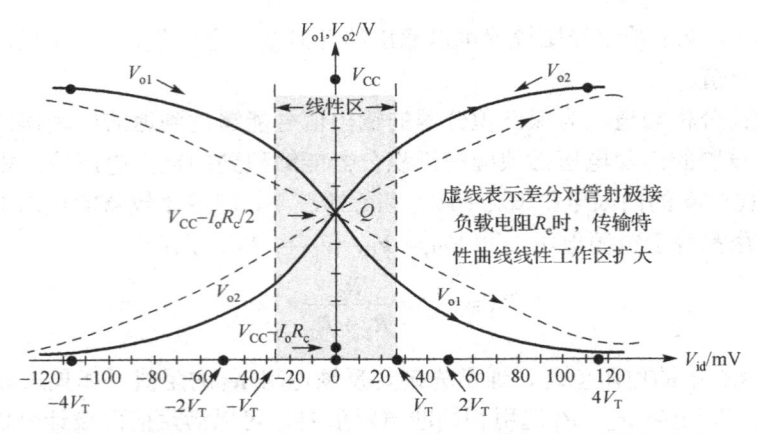

图 9.4.8 无射极公共偏置电阻差分放大电路电压传输特性曲线

在图 9.4.8 所示的电压传输特性曲线上，差模输入信号和工作区的对应关系是：

$|V_{id}| < V_T$ 时，系统工作在线性放大区；

$V_T < |V_{id}| < 4V_T$ 时，系统工作在非线性放大区；

$|V_{id}| > 4V_T$ 时，系统工作在饱和区。

利用差分放大电路电压传输特性的非线性，可以将三角波进行非线性放大，并转换成正弦波。由图 9.4.8 可知，当差模输入信号三角波的峰值电压达到 $\pm 4V_T$ 时，差分放大电路输出波形的电压达到峰值。因此，要想得到失真系数相对较小的正弦波，输入三角波必须满足差分放大电路电压传输特性曲线幅度限制要求，即保证输入三角波的峰值电压等于 $4V_T$，即峰峰值电压应等于 208mV。

差分放大电路的对称性会影响到电压传输特性曲线的对称性，因此，在设计差分放大电路时，所选用的器件必须满足差分放大电路对称性设计要求。

在图 9.4.9 所示的电路中，确定电阻 R_1 和电位器 R_{w1} 的阻值时，应保证输入三角波信号 V_{o4} 的峰值电压可以调到前面设计分析要求的 $4V_T$ 附近，即峰峰值电压应等于 208mV。

如果按照前面设计分析假定的积分器输出电压为 $\pm 6\text{V}$，R_{w1} 选用标称值为 $1\text{k}\Omega$ 的电位器，

R_1 选用标称值为 20kΩ 的电阻时，经计算知道，衰减后的三角波峰值电压可以在±286mV 范围内连续可调，能够满足设计要求。

图 9.4.9 所示为用差分放大电路实现的正弦波产生电路。图中，电阻 R_{c1} 和 R_{c2} 是差分对管的集电极电阻，选取该电阻值时，应考虑差分对管 VT_1 和 VT_2 的静态工作点是否满足设计要求。如果 R_{c1} 和 R_{c2} 选用标称值为 10kΩ 的电阻，当集电极电流 I_c=0.6mA 时，集电极的静态工作电压为：

$$V_{CQ} = V_{CC} - I_c \times R_c = 12 - 0.6 \times 10 = 6 \text{ V}$$

满足设计要求。因此电阻 R_{c1} 和 R_{c2} 的选取应根据实测集电极电流计算得到。

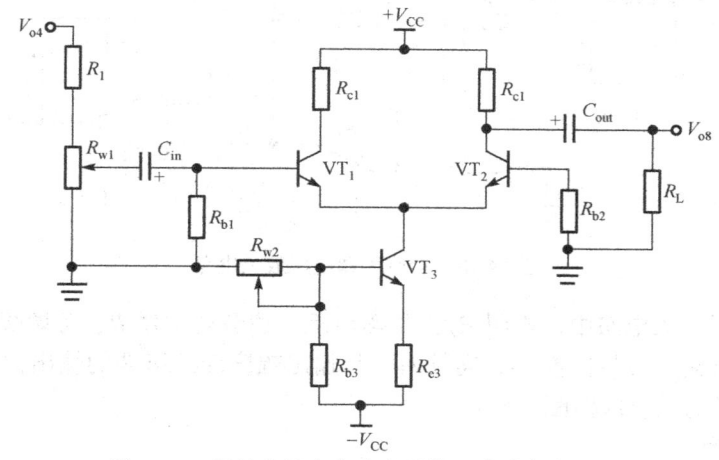

图 9.4.9 用差分放大电路实现的正弦波产生电路

图 9.4.9 中，电容 C_{in} 与 C_{out} 是输入、输出耦合电容。本系统要求信号的频率范围应为 50Hz～10kHz，属于低频信号。根据系统信号的频率范围和差分放大电路的输入阻抗，可以计算出电容 C_{in} 和 C_{out} 选取范围。

电阻 R_{b1} 与 R_{b2} 是差分对管 VT_1、VT_2 的基极偏置电阻，用来给差分对管 VT_1、VT_2 提供静态偏置电流。设计要求电阻 R_{b1} 与 R_{b2} 的阻值必须相等。

电位器 R_{w2} 和电阻 R_{b3} 主要用来给三极管 VT_3 提供静态偏置电流。

电阻 R_{e3} 和集电极电阻一起用来调整差分对管 VT_1、VT_2 的静态工作电压。

R_L 是负载电阻，电路输出的正弦波可以在负载电阻 R_L 上测到。

2．电路测试

调试差分放大电路时，应特别注意静态工作点的调试，如果静态工作点设置不合理，在差分放大电路的输出端很难得到满足设计要求的正弦波输出信号。

将选定好的元器件参数标称值标注在电路原理图上。

设计实验数据记录表格，测试图 9.4.9 中三个三极管的静态工作电压并记录下来。

根据实验测试数据，改变元器件参数，调整差分对管的静态工作电压，直至能够满足设计要求为止，记录满足设计要求的三极管静态工作电压。

用函数发生器的输出信号模拟差分放大电路需要的三角波输入信号，改变图 9.4.9 中电位器 R_{w1} 可调端的位置，用示波器观察输入、输出波形变化，直至输出正弦波信号满足设计要求，测试并记录实验数据和波形。

级联各单元电路,用示波器观察输入、输出波形变化,测试并记录级联电路输入、输出信号的测试数据和波形,分析差分放大电路是否满足设计要求。

9.4.6 增益连续可调电压放大电路

1. 电路设计

按照设计要求,如果想得到峰值电压在 20mV～10V 范围内连续可调的输出信号,在系统电路中,还必须增加一级增益连续可调的线性放大电路,如图 9.4.10 所示。

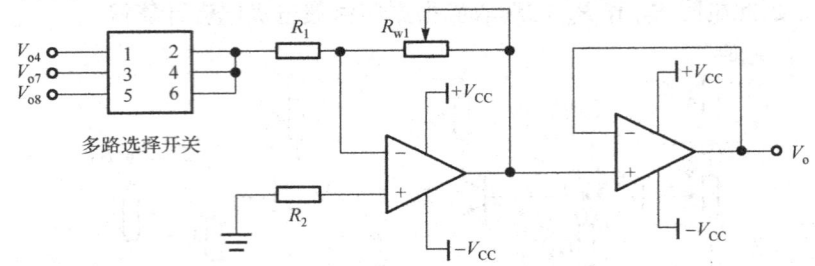

图 9.4.10 增益可调电压放大电路

在图 9.4.10 所示的电路中,电阻 R_2 是平衡电阻。调节电位器 R_{w1} 可调端的位置,在输出端可以得到一个与输入信号同波形、同频率,且输出幅度连续可调的输出信号。图中加了一级电压跟随器用以满足负载匹配要求。

输出电压 V_o 为:

$$V_o = -\frac{R_{w1}}{R_1} \times V_{in} \quad (其中,V_{in} 为 V_{o4} 或 V_{o7} 或 V_{o8})$$

将前面各级电路产生的输出波形分别送至增益可调放大电路。

2. 电路测试

将确定好的元器件参数值标注在电路原理图上。

先用函数发生器输出信号模拟图 9.4.10 中所需的输入信号,检测增益可调电压放大电路功能是否满足设计要求。

将前面几级电路调试好的输出波形接到增益可调电压放大电路输入端,改变图 9.4.10 中电位器 R_{w1} 可调端的位置,用示波器观察输入、输出波形变化。

设计实验数据记录表格,测试并记录各输出波形的最大值、最小值,分析测试结果是否满足设计要求。

9.4.7 压控函数发生器电路原理图

压控函数发生器设计涉及很多工程实际问题,比如,在极性控制信号 V_{o6} 产生电路中,如果开关管 VT_1 选择得不合适,当极性控制信号 V_{o6} 为高电平时,开关管的饱和导通压降 V_t 不为零。在低频情况下,饱和导通压降 V_t 会使极性变换电路输出的方波信号 V_{o3} 的正半周和负半周时间明显不对称。图 9.4.11 所示为改进后的极性控制信号产生电路。

图 9.4.12 所示为压控函数发生器电路原理图。在系统电路设计过程中,应特别注意元器件参数选择、级间匹配、信号动态范围等工程实际问题。

第 9 章 压控函数发生器

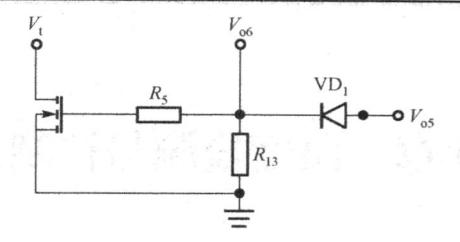

图 9.4.11 极性控制信号产生电路

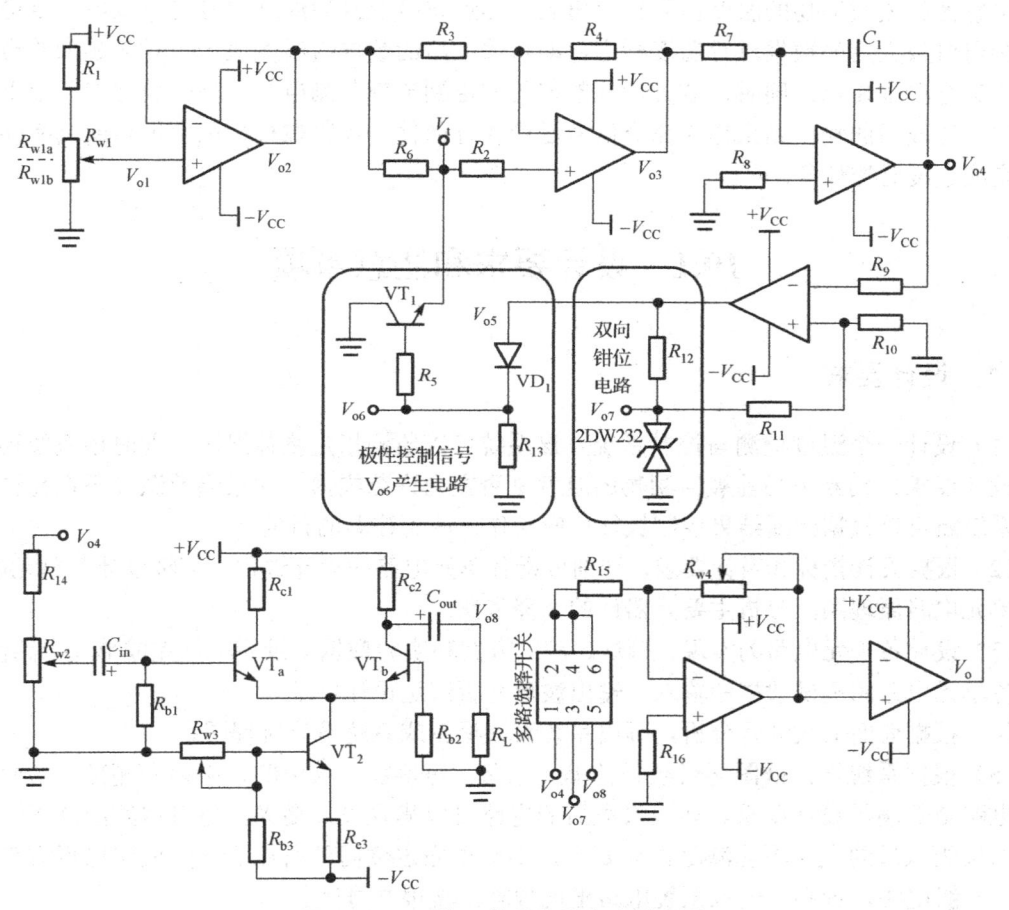

图 9.4.12 压控函数发生器电路原理图

第 10 章　温度检测与控制系统

温度检测与控制系统是人们日常生活中接触最多的电控系统。其基本设计思路是：先用温度传感器将被监测物的温度信号拾取出来，然后将拾取到的温度信号转换成电信号进行放大，接着对放大后的数据进行温度标定，即将放大后的数据与温度值一一对应起来并送到显示电路进行温度显示；同时，放大后的数据还应送到电压监测电路与预先设定的门限电压进行比较，比较后的输出结果作为命令信号送给执行部件，控制执行相应的加热或制冷操作，最终完成温度监控任务。

10.1　设计要求和注意事项

10.1.1　设计要求

（1）设计一个温度检测与控制系统。该系统可以监测指定物体温度；同时该系统还可以依据设计要求，判断出当前被监测物的温度是否在允许范围内。如果当前温度不在允许范围内，系统还可以根据判断结果控制执行相应操作，达到控温的目的。

（2）根据设计指标和设计要求，详细分析各单元电路的设计过程，逐级设计各单元电路，画出单元电路原理图，分析主要元器件的选择依据。

（3）设计各单元电路的实现、调试、测试方案和实验数据记录表格，完成单元电路测试，分析各单元电路的测试数据和输入、输出波形是否满足设计要求。

（4）根据前面的设计、分析，画出系统设计框图或系统设计流程图。

（5）根据系统设计框图逐级级联各单元电路，每增加一级电路，必须先测试并检验级联后的电路是否满足设计要求。如果级联后的电路可以满足设计要求，方可继续级联下一级电路；如果级联后的电路不能满足设计要求，则必须先定位问题所在点，完成纠错后方可继续级联下一级电路，否则，一旦系统电路出现故障，将很难排查。

（6）设计系统电路的测试方案和实验数据记录表格，测试系统电路的实验数据和输入、输出波形，详细分析系统电路的测试数据和输入、输出波形是否满足设计要求。

（7）用计算机辅助电路设计软件（如 Altium Designer 等）画出电路原理图。

（8）详细分析在电路设计过程中遇到的问题，总结并分享电路设计经验。

10.1.2　注意事项

（1）使用温度传感器 LM35DZ 时，生产厂家提供的产品数据手册上给出的是底视图。切记连接电路时不要将电源和地两个引脚接反，否则会烧坏 LM35DZ。

（2）温度的调控能力与温度传感器、执行部件、控制电路等的反应速度有关。如果温度传感器对温度的检测速度偏低，监控电路就无法及时得到被监测的温度信号，从而造成控制动作滞后，电路系统温控精度达不到设计要求。

（3）使用电制冷片前，应将制冷组件四周进行密封处理。密封处理有两种方法：一种是采用硅胶密封；另一种是采用环氧树脂密封。密封制冷组件使电制冷器的热电偶与外界空气隔离，达到防湿、防潮的目的，以延长电制冷片的使用寿命。

（4）电制冷片是功率器件，功耗大，因此对供电电源的输出功率要求较高，使用时应采用输出电流较高的开关电源供电。电制冷片对电源的纹波系数要求不高，纹波系数在±10%以内的电源都可以使用。

（5）如果想改变电制冷片的接线方式，将制冷改成制热或者将制热改成制冷，都必须先等到冷面和热面的温度都恢复到室温后方可操作，否则将损坏制冷片。

（6）电制冷片的功率是指耗电量，不是制冷量。电制冷片的制冷效率通常在60%左右，即能效比为0.6左右，100瓦的制冷片通常能产生60瓦左右的制冷量；而热面所产生的热量很大，除了100瓦功耗所产生的热量，还有60瓦左右从冷面吸收的热量，总共产生的热量有160瓦左右，因此，电制冷片冷、热两面的温度相差悬殊。

（7）电制冷片的最大工作电流是指最大电压和最好散热条件下的工作电流。例如，TEC1-12706型的半导体电制冷片，其工作电压为12V时，工作电流在4A左右；如果工作电压改为15V，则工作电流可以达到5A以上。在热面散热条件不好的情况下，电制冷片的工作电流会下降，特别是功率较大的电制冷片，这种现象会比较突出。

（8）如果电制冷片的热面散热条件不好，冷面的温度就很难降低。一般功率在60W以上的电制冷片，热面可以使用CPU散热器进行散热。再大功率的制冷片，就需要采用更加强大的散热系统，如采用超大的铝合金或铜制散热器，甚至可以采用水冷法散热。

（9）安装电制冷片时，首先应将组件的冷面和热面擦拭干净，分别在冷面和热面上均匀地涂上一层薄薄的导热硅脂。与电制冷片接触的散热器表面也应擦拭干净、保持平整、涂上导热硅脂。应保证散热器与电制冷片的表面接触良好。如果用螺丝紧固，几个螺丝的用力必须均匀，用力过度或用力不均容易导致电制冷片损坏。

10.2 设 计 指 标

（1）温度检测灵敏度：1℃；
（2）温度测量范围：10℃～40℃；
（3）温度监控范围：25℃±5℃或自行设定；
（4）功能要求：可以实现对温度信号的采集、放大、监测和控制等操作。

10.3 系 统 框 图

图10.3.1所示为温度检测与控制系统设计框图。

温度检测与控制系统主要由温度信号采集电路、信号放大与调理电路、温度检测电路、控制状态指示电路、控制执行电路和电源电路组成。

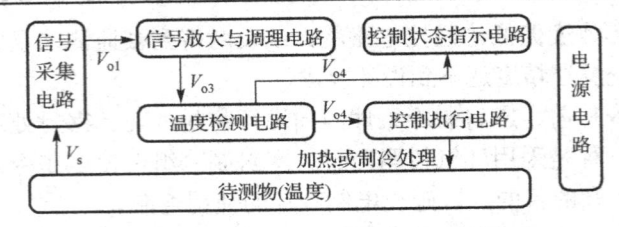

```
信号          信号放大与调理电路      控制状态指示电路
采集   V_o1                 V_o4                          电
电路         V_o3                                         源
             温度检测电路   V_o4   控制执行电路          电
       V_s                       加热或制冷处理            路
             待测物(温度)
```

图 10.3.1 温度检测与控制系统设计框图

10.4 设计分析

在室温条件下，完成温度检测与控制的重点和难点是：
（1）温度传感器的选择；
（2）放大后温度信号的标定；
（3）各单元电路之间的合理匹配；
（4）监测电路元器件参数的计算、设定和选取等；
（5）控制电路与执行部件之间的合理匹配。

10.4.1 信号采集电路

信号采集电路需要用温度传感器将被监测物的温度信号采集出来，并转换成电信号送给下一级电路使用。根据被监测物的特性不同，温度信号的采集有不同种实现方式。如果被监测物的温度较高，则最好采用非接触式温度传感器完成温度信号采集；如果被监测物的温度与其周围环境温度相差较大，则应采用响应速度快的温度传感器完成温度信号采集；如果被监测物的体积偏大，则需要对被监测物进行多点温度采集。

实验室环境温度相对稳定，比较容易检测，但实验室条件下，很难对采集到的温度数据做标定处理，即很难将采集到的数据量与温度值一一对应起来，因此，在实验室条件下，最好选用不需要温度标定的传感器完成环境温度信号的数据采集。

1. 电路设计

根据系统设计指标要求，温度测量范围为 10℃～40℃，因此，温度传感器的检测范围应宽于温度测量范围，以保证在极端情况下，系统电路仍可以正常工作。

LM35 系列温度传感器是模拟集成器件。该系列温度传感器的输出电压与摄氏温度有严格的一一对应关系，使用时，不需要外部校准电路和温度标定环节。

LM35 系列温度传感器可以在 -55℃～150℃ 全温度范围内工作，温度检测精度为 ±1℃。为便于实现，实验室条件下，建议选用 LM35DZ 作为实验室环境温度数据采集器件。

LM35 系列温度传感器具有以下特点：
（1）工作电压范围宽，可以在 4～30V DC 供电电压范围内工作；
（2）功耗低，低于 25℃ 的工作电流小于 60μA；
（3）输出阻抗低，1mA 负载时的输出阻抗仅为 0.1Ω；
（4）线性度高，典型非线性度为 ±1/4℃；
（5）在 25℃ 时，最大输出误差不超过 0.5℃；

（6）LM35DZ 直接输出的是校准后的电压信号，在规定的温度范围内，线性度为 10mV/℃，其输出电压与摄氏温度存在一一对应关系。

LM35 系列温度传感器主要有图 10.4.1 所示的 4 种封装形式。

不同封装、不同尾坠的 LM35 温度传感器，其工作电压范围和温度检测范围会略有不同，具体使用时应参阅生产厂家提供的产品数据手册。

实验室可以提供的温度传感器主要是图 10.4.1(a)所示的 TO-92 塑料封装的 LM35DZ。

采用 TO-92 封装的 LM35DZ 有三个引脚，中间引脚是输出端，两边两个引脚一个是电源端+V_S，一个是接地端 GND。因此连接电路时，要特别注意千万不能将电源端+V_S 和接地端 GND 用反，否则器件温度会迅速上升，烧毁温度传感器。

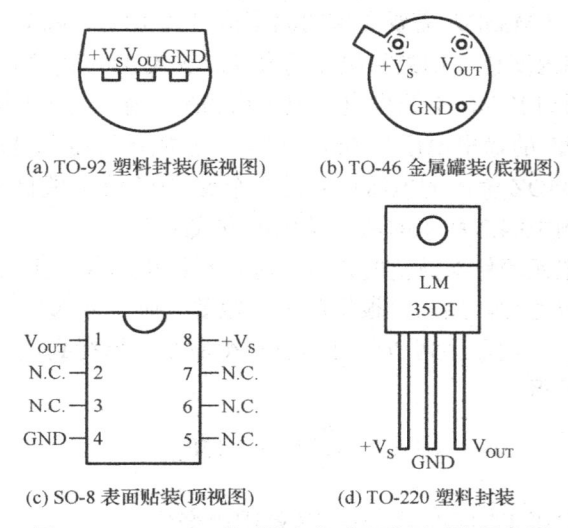

(a) TO-92 塑料封装(底视图)　　(b) TO-46 金属罐装(底视图)

(c) SO-8 表面贴装(顶视图)　　(d) TO-220 塑料封装

图 10.4.1　LM35 系列温度传感器常用引脚封装图

LM35DZ 的温度测量范围是 0℃～100℃。由于采用了内部补偿电路，其输出电压从 0mV（0℃）开始，温度每增加 1℃，输出电压提高 10mV。在规定的温度测量范围内，LM35DZ 保持了很好的输出线性度，其典型应用电路如图 10.4.2 所示。

在图 10.4.2 中，温度传感器 LM35DZ 直接输出的是转换成电压值的温度信号，并且输出电压从 0mV（0℃）开始，温度每升高 1℃，LM35DZ 的输出电压相应升高 10mV。例如，当检测温度为 25℃时，LM35DZ 的输出电压应为 250mV。

2．电路测试

设计系统电路时，应综合考虑整个系统的供电电压要求。温度传感器的供电电压一方面应符合器件本身电源电压要求，另一方面还应与系统电路的供电电压统一。

图 10.4.2　温度传感器 LM35DZ 典型应用电路

根据温度传感器工作电压及后级电路电源电压要求确定 LM35DZ 的供电电压。按照图 10.4.1(a)中引脚封装图搭接图 10.4.2 所示的实验电路。

用标准温度计测出实验室的环境温度。

设计实验数据记录表格，测量温度传感器 LM35DZ 的输出电压 V_{o1}，将该输出电压与当前温度所对应的理论输出电压值比较，分析温度传感器工作电路是否正常。

10.4.2 信号放大电路

为便于后级电路处理，需要先将温度传感器 LM35DZ 输出的电压信号做放大处理后，再送给温度检测电路和控制指示电路使用。

1. 电路设计

根据设计指标要求，LM35DZ 需要测量的温度信号在 10℃～40℃ 之间，对应的输出电压 V_{o1} 在 100～400mV 范围内变化。如果将电压信号 V_{o1} 放大 15 倍，则放大后的电压信号应在 1.5～6V 之间。系统采用±12VDC 电源供电，放大后的最大输出电压刚好满足工程设计要求。

温度传感器 LM35DZ 的输出电压从 0mV（0℃）开始，温度每升高 1℃，输出电压相应提高 10mV，因此，LM35DZ 输出的电压信号是一个过"0"点的线性信号。根据集成运放的特性，放大电路应采用图 10.4.3 所示的双电源供电方式工作。

在图 10.4.3 中，确定元器件参数值时，应先确定反馈电阻 R_2 的阻值，R_2 选用几十千欧姆至几百千欧姆的电阻比较适宜。然后再根据放大倍数要求确定输入电阻 R_1 的阻值。

R_3 是静态平衡电阻，其电阻值可以依据静态平衡原则计算得到。

根据前面的设计分析得

$$V_{o2} = -\frac{R_2}{R_1}V_{o1} = -15V_{o1}$$

即信号放大电路的输出电压 V_{o2} 应在-1.5～-6V 范围内变化。

为与后级电路匹配，需要对信号放大电路的输出电压 V_{o2} 进行反相处理，如图 10.4.4 所示。确定元器件参数值时，应保证 $R_4=R_5$。

R_6 是静态平衡电阻，其电阻值可以依据静态平衡原则计算得到。

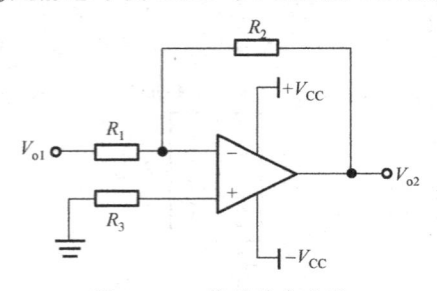

图 10.4.3　信号放大电路　　　　　图 10.4.4　反相器

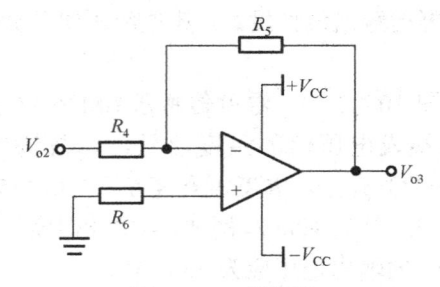

反相器的输出电压 V_{o3} 为：

$$V_{o3} = -\frac{R_5}{R_4}V_{o2} = -V_{o2}$$

2. 电路测试

选用合适的器件搭接图 10.4.3 和图 10.4.4 所示的实验电路。将所选元器件参数值标注在电路原理图上。根据设计分析设计实验数据记录表格,分别测试这两级电路单独工作时是否能达到预期的设计指标。

如果每一级电路单独工作时都能够完成预期的设计指标,则将两级电路级联,并将温度传感器输出的电压信号 V_{o1} 加到信号放大电路的输入端。设计实验数据记录表格,测试并记录电路级联后的实验数据,分析级联后的电路是否可以达到预期的设计指标。

10.4.3 温度检测电路

温度检测电路主要用于监测放大后的信号 V_{o3},并将其与预先设定好的标准门限电压做比较,判断电压信号 V_{o3} 是否在设计指标要求的范围内。同时将判断结果输出给控制状态显示电路和控制执行电路执行相应的状态显示、加热或降温操作,完成监测任务。

1. 电路设计

温度检测电路可以采用反相输入迟滞比较器或者窗口比较器实现,如图 10.4.5 所示。

通常情况下,迟滞比较器需要一个稳定的参考电压 V_{ref},该参考电压需要单独设计电路产生,具体的电路设计方法可以参考本书 7.4.4 节中电压基准源设计产生。

图 10.4.6 所示为采用集成电压基准源 TL431 设计的参考电压产生电路。

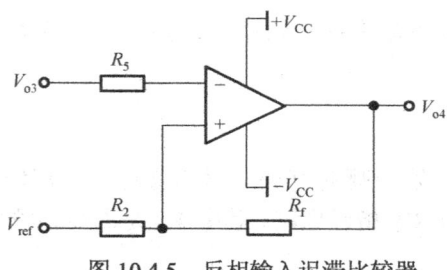

图 10.4.5 反相输入迟滞比较器 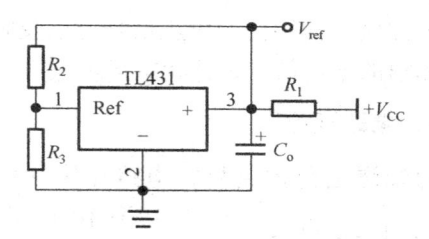　　图 10.4.6 参考电压产生电路

图 10.4.5 所示为用反相输入迟滞比较器实现的温度检测电路。正常情况下,迟滞比较器只有两种输出状态:高饱和输出电压 V_{OH} 与低饱和输出电压 V_{OL}。由于迟滞比较器采用正反馈,其输出电压对同相输入端的门限电压会产生影响。当输出端为高饱和电压时,比较门限电压 V_H 是由高饱和输出电压 V_{OH} 决定的;当输出端是低饱和电压时,比较门限电压 V_L 是由低饱和输出电压 V_{OL} 决定的,因此,迟滞比较器有两个比较门限。

当输出电压为高饱和输出电压 V_{OH} 时,对应的上门限电压 V_H 为:

$$V_H = V_{ref} + \frac{V_{OH} - V_{ref}}{R_2 + R_f} R_2 = \frac{R_f}{R_2 + R_f} V_{ref} + \frac{R_2}{R_2 + R_f} V_{OH}$$

当输出电压为低饱和输出电压 V_{OL} 时,对应的下门限电压 V_L 为:

$$V_L = V_{ref} + \frac{V_{OL} - V_{ref}}{R_2 + R_f} R_2 = \frac{R_f}{R_2 + R_f} V_{ref} + \frac{R_2}{R_2 + R_f} V_{OL}$$

计算时,可以认为 $V_{OH} = -V_{OL} = V_{CC}$。实际测试时会发现,运放的正、负饱和输出电压很难达到理想值。当输入电压 V_{o3} 高于上门限电压 V_H 时,迟滞比较器输出低饱和电压 V_{OL};当输入电压 V_{o3} 低于下门限电压 V_L 时,迟滞比较器输出高饱和电压 V_{OH}。当输入电压 V_{o3} 在 V_L 和 V_H 之间变化时,迟滞比较器保持原输出状态不变。

定义上门限电压 V_H 和下门限电压 V_L 之间的电压差为门限宽度，也称为回差。

根据前面的设计分析可知，回差 ∇V 所对应的电压范围即为温度监控范围：

$$\nabla V = \frac{R_2}{R_2 + R_f}(V_{OH} - V_{OL})$$

图 10.4.5 中，在确定元器件参数值时，R_f 和 R_2 的电阻值应根据设计要求计算得到。通过改变 R_f 或 R_2 的电阻值可以改变门限宽度，从而达到调整温度控制范围的目的。R_1 是静态平衡电阻，其电阻值可以依据静态平衡原则计算得到。

2. 电路测试

根据设计分析，确定各元器件参数值，将选定好的元器件参数值标注在电路原理图上。设计实验数据记录表格，用元器件标称值计算理想情况下两个比较门限电压 V_L 和 V_H。用函数发生器的输出信号模拟被监测输入信号 V_{o3}，用示波器测试两个比较门限电压值 V_L 和 V_H 并记录下来。比较实测值和计算值，详细分析产生误差的原因。

10.4.4 控制状态指示电路

迟滞比较器输出的电压信号可以反映出当前被测温度的大致范围，因此可以依据迟滞比较器输出的电压信号设计状态指示电路。

1. 电路设计

为知道当前控制执行电路在执行哪种操作，处于哪种状态，本实验要求设计一级如图 10.4.7 所示的控制状态指示电路，其中 V_{o4} 是温度检测电路输出的电压信号。

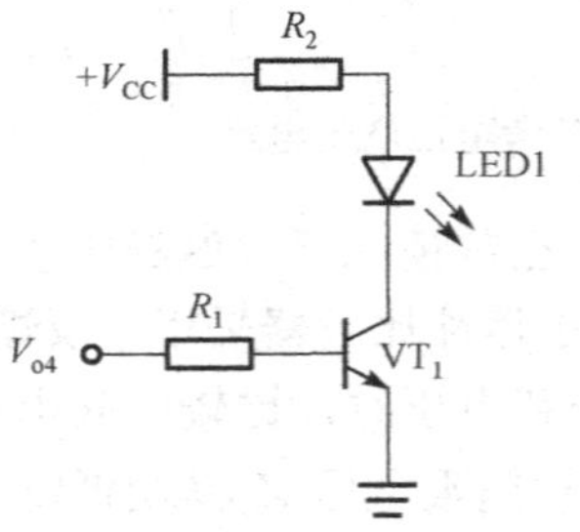

当测得的温度信号低于下门限电压 V_L 时，温度检测电路输出电压 V_{o4} 等于高饱和输出电压 V_{OH}。V_{o4} 控制图 10.4.7 中的三极管 VT_1 导通，发光二极管 LED1 发光。

当测得的温度信号高于上门限电压 V_H 时，温度检测电路输出电压 V_{o4} 等于低饱和输出电压 V_{OL}，V_{o4} 控制图 10.4.7 中的三极管 VT_1 截止，发光二极管 LED1 不发光。

图 10.4.7 控制状态指示电路

在图 10.4.7 中，R_2 是限流用保护电阻，其电阻值可以根据电源电压+V_{CC} 和发光二极管的额定工作电流计算确定。电阻 R_1 用来保护发射结同时给三极管 VT_1 提供偏置电流，因此其电阻值应根据前级电路输出电压值和三极管 VT_1 发射结的工作电流计算确定。

2. 电路测试

选用合适的元器件参数值搭接图 10.4.7 所示的实验电路。将所选元器件参数值标注在电路原理图上。测试输入信号在不同状态下，三极管 VT_1 和发光二极管 LED1 的工作状态，测量每种状态下三极管 VT_1 的管压降。设计实验数据记录表格，测试并记录实验数据，根据测试数据分析实验电路是否满足设计要求。如果测得的实验数据不能满足设计要求，则需要重新计算并调整元器件参数值，直至测试数据可以满足设计要求为止。

10.4.5 控制执行电路

图 10.4.8 所示为控制执行电路。其中，V_{o4} 是温度检测电路输出的电压信号，三极管 VT_1 在这里作为开关管使用，由基极输入电压 V_{o4} 控制三极管 VT_1 的导通或截止。三极管 VT_1 的状态一方面可以控制状态指示电路中发光二极管 LED1 的亮或灭，另一方面还可以控制继电器 Relay 的吸合或断开。再由继电器控制加热器加热或制冷器制冷，达到控制温度的目的。

1. 电路设计

图 10.4.8 中的电磁继电器 Relay 是由铁芯线圈和衔铁簧片等组成的。继电器衔铁簧片的动触点分为常开触点和常闭触点。继电器铁芯线圈没有电流流过时动触点所在的位置被称为常闭触点；继电器铁芯线圈有电流流过时动触点所在的位置被称为常开触点。单继电器有一个静触点、一个常开动触点和一个常闭动触点，其工作状态类似于一个单刀双置开关。继电器铁芯线圈没有电流流过时，常闭触点与静触点相连，控制常闭回路工作；继电器铁芯线圈有电流流过时，电磁效应使铁芯吸引衔铁，常闭触点与静触点断开，常开触点与静触点连接，控制常开回路工作。

在图 10.4.8 中表现为，当继电器的铁芯线圈有电流流过时，电磁引力使衔铁簧片的动触点由位置 3 移动到位置 2，控制加热器加热；当继电器铁芯线圈中的电流消失后，衔铁簧片的动触点被弹簧拉力由位置 2 拉回到位置 3，控制制冷器制冷。实际设计时，应选用双路双开双闭继电器，以保证控制执行电路可以有三种工作状态：加热、保持、制冷。

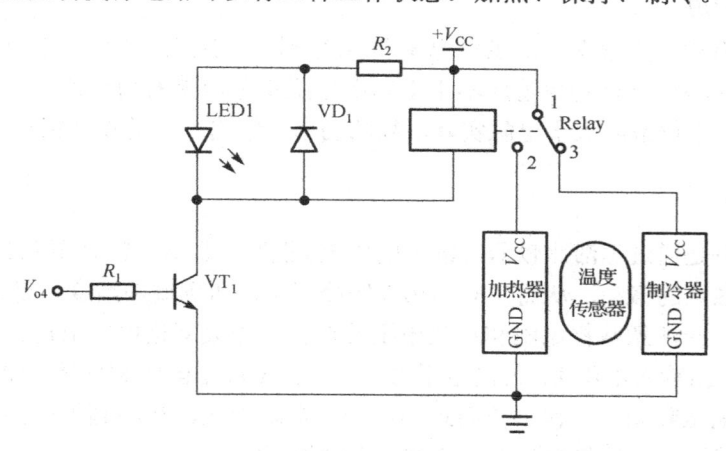

图 10.4.8　控制执行电路

选用继电器时，主要应考虑开启电压和最大工作电流等参数。如果系统供电电压为 12V DC，则选用开启电压为 12V、9V、6V 的继电器都可以使用。继电器的额定工作电流应大于加热回路和制冷回路中的最大工作电流，工程设计要求继电器的额定工作电流还应给出一定的设计裕量，以保证继电器可以长期稳定工作。

当电磁继电器铁芯线圈中的电流被撤销时，线圈上会产生一个很大的反向电动势，该反向电动势对电路有破坏作用，因此在图 10.4.8 中加有一级由二极管 VD_1 和电阻 R_2 共同组成的保护电路。在电磁继电器线圈断电的瞬间，保护通路可以迅速将反向电动势通过二极管 VD_1

和电阻 R_2 放电，达到保护电路的目的。并且，在图 10.4.8 中，电阻 R_2、发光二极管 LED1、三极管 VT_1 和电阻 R_1 一起构成了图 10.4.7 中的控制状态指示电路。

2. 制冷器和加热器的选择

制冷器和加热器都是功率器件，工作电流大、消耗功率大，选择时应特别注意。

电制冷也称为温差电制冷或导体制冷，是利用半导体材料的温差电效应，即珀尔帖效应来实现制冷的一门新兴技术。其工作原理是把不同极性的两种半导体材料 P 型材料和 N 型材料连接成电偶对。当电偶对上流过直流电流时，能发生能量转移，电流由 N 型材料流向 P 型材料时，吸收热量；电流由 P 型材料流向 N 型材料时，释放热量。

利用半导体材料的温差电效应制成的制冷装置称为电制冷器，也称半导体制冷器。电制冷器有以下特点。

（1）电制冷器有两个端面，可以同时在两个不同端面分别实现制冷和加热。

（2）电制冷器的制冷组件为固体器件，无运动部件，可靠性高，使用寿命长。

（3）与机械制冷系统相比，温差电制冷器工作噪声低。

（4）电制冷器对供电电源纹波系数要求不高，在标称电压的一个窄范围内都可以工作。但电制冷器的工作电流较大，建议选用输出电流较大的开关电源供电。

（5）电制冷器体积小，易实现点制冷，可以局部冷却专门的元器件或特定的面积。

虽然电制冷器有加热功能，可以用电制冷器的两个端面同时实现制冷和加热，但实验中考虑到实际安装、成本和安全使用等问题，本实验建议只用电制冷器实现制冷，加热功能建议选用功率电阻实现。

选用功率电阻时，应根据电源供电电压和所选电阻的阻值，计算功率电阻上实际消耗的功率。所选电阻的额定标称功率值应不小于功率电阻实际消耗的功率值。工程设计要求功率电阻的额定标称功率值应略大于电阻实际消耗的功率，给出一定的设计裕量。

3. 电路测试

控制执行电路是通过迟滞比较器的输出电压 V_{o4} 控制三极管 VT_1 的导通或截止的，从而控制电磁继电器动触点的移动，从而完成加热或制冷任务，达到调控温度的目的。

调试电路时，应注意基极电阻和加热电阻的选择。如果基极电阻值选择过大，可能会导致偏置电流过小，当输入电压 V_{o4} 为高电平时，三极管 VT_1 不能顺利导通。如果加热电阻值选择过大，受电源电压限制，工作电流会过小，功率电阻不热，达不到加热的目的；如果加热电阻额定功率选择过小，加热电阻在加热过程中会被烧毁。

选用合适的元器件参数值搭接图 10.4.8 所示的实验电路，将所选元器件参数值标注在电路原理图上。设计实验数据记录表格，测试三极管 VT_1 在不同输入电压控制下的工作状态，记录三极管 VT_1 在不同状态时控制指示电路和控制执行电路的工作状态，详细分析电路的工作状态是否正常。

10.4.6 温度检测与控制系统电路原理图

图 10.4.9 所示为温度检测与控制系统电路原理图。搭接实验电路时，应特别注意温度传

感器 LM35DZ 的引脚不能接反；参考电压 V_{ref} 应选用适合的稳压电路产生；保证电源系统有足够的电流供给电制冷器使用；加热器的功率必须满足设计要求。

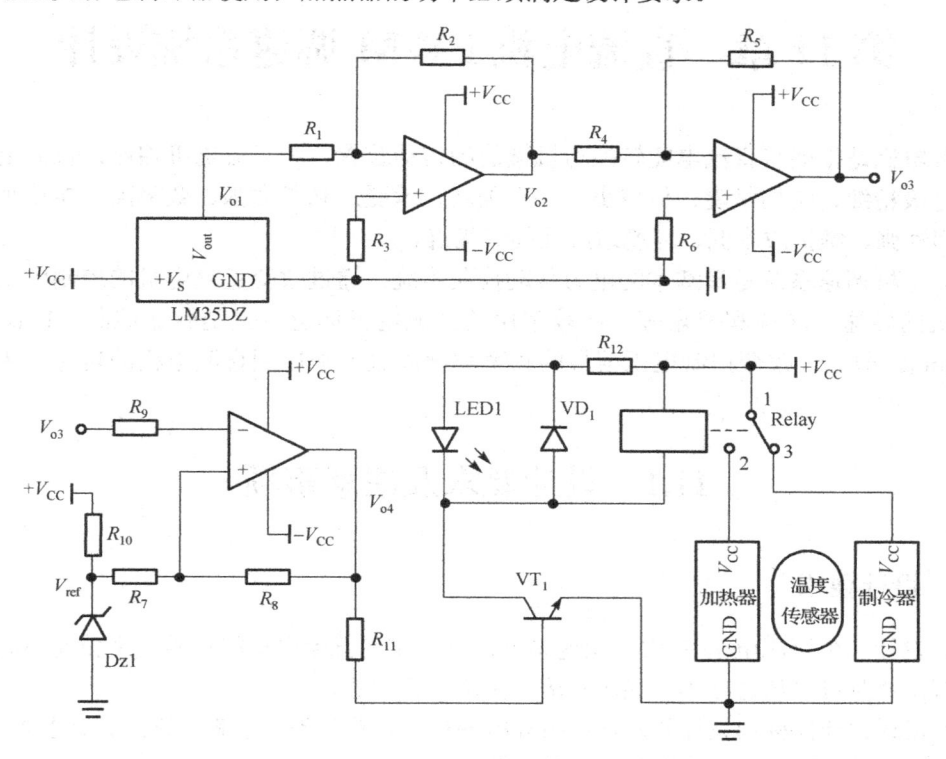

图 10.4.9　温度检测与控制系统电路原理图

第 11 章 直流电机 PWM 调速系统设计

直流电机是指能将直流电能转换为机械能的转动装置,和交流电机相比,直流电机具有传动比分级精细、结构紧凑、体积小、外形美观、承受过载能力强、效率高、振动小、噪声低、通用性强、维护成本低、环境适应性强等优点。

直流电机调速系统是最基本的电力传动控制系统,通过改变直流电机的控制电压来调节直流电机的转速、转向和扭矩等。比较常用的直流电机调速方式是脉宽调制(Pulse Width Modulator),即通过改变控制电压信号的频率和脉冲宽度来控制直流电机的转速、转向和扭矩等。

11.1 设计要求及注意事项

11.1.1 设计要求

(1)设计一个直流电机 PWM 调速系统,可以实现直流电机的正转、反转及不同转动速度的调节,并且可以通过数码管显示直流电机的工作状态。

(2)根据设计指标和设计要求,详细分析各单元电路的设计过程,逐级设计各单元电路,画出单元电路原理图,分析主要元器件的选择依据。

(3)设计各单元电路的实现、调试、测试方案和实验数据记录表格,完成单元电路测试,分析各单元电路的测试数据和输入、输出波形是否满足设计要求。

(4)根据前面的设计分析,画出系统设计框图或系统设计流程图。

(5)根据系统设计框图逐级级联各单元电路,每增加一级电路,必须先测试并检验级联后的电路是否满足设计要求。如果级联后的电路可以满足设计要求,方可继续级联下一级电路;如果级联后的电路不能满足设计要求,则必须先定位问题所在点,完成纠错后方可继续级联下一级电路。否则,一旦系统电路出现故障,将很难排查。

(6)设计系统电路的测试方案和实验数据记录表格,测试系统电路的实验数据和输入、输出波形,详细分析系统电路的测试数据和输入、输出波形是否满足设计要求。

(7)用计算机辅助电路设计软件(如 Altium Designer、Proteus 等)画出电路原理图。

(8)详细分析在电路设计过程中遇到的问题,总结并分享电路设计经验。

11.1.2 注意事项

(1)直流电机 PWM 调速系统是一个小型电路系统。搭接实验电路前,应先切断电源,对系统电路进行合理的布局。布局布线应遵循"走线最短"原则。通常,应按信号的传递顺序逐级进行布局布线。带电作业容易损坏电子元器件并引起电路故障。

(2)搭接实验电路时,应尽量坚持少用导线、用短导线,盲目使用导线会引入不必要的寄生参量,使实际设计出来的电路参数发生偏离,并增加电路出错的概率。

第 11 章　直流电机 PWM 调速系统设计

（3）电路系统应逐级搭接、逐级调试。单元电路调试正常后方可进行电路级联。每增加一级电路，都应检验级联后的电路功能是否正常。不允许直接将已经调试好的所有单元电路直接级联，否则如果系统电路出现故障，将增加排查难度。

（4）注意区分数码管的引脚标号，弄清公共端和各段线的引脚标号。

（5）电路安装完毕后不要急于通电，应仔细检查元器件引脚有无接错；测量电源与参考地之间的阻抗，如果发现阻抗过小等问题，应及时改正后方可通电。

（6）接通电源时，应注意观察电路有无异常现象：如元器件发热、异味、冒烟等，如果发现有异常现象出现，应立即切断电源，待故障排除后方可通电。

（7）为避免烧坏器件，请严格遵守各器件生产厂家提供的数据手册要求使用器件。

11.2　设 计 指 标

（1）电源：提供+5V 直流电源。
（2）数码管、电机均用三极管驱动。
（3）四位一体数码管，第一、二位：显示直流电机正反转；
　　　　　　　　　　　第三、四位：显示直流电机转动挡位。
（4）电机可以实现正转、反转和不同的转动速度。
（5）附加功能：自行设计实现其他功能（如蜂鸣器报警等）。

11.3　系 统 框 图

本实验要求设计一个直流电机 PWM 调速系统，该系统主要包括：电源模块、数码管显示模块、直流电机驱动模块等。其系统框图如图 11.3.1 所示。

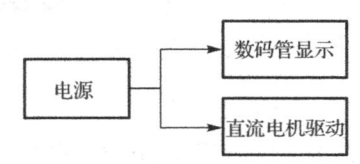

图 11.3.1　直流电机 PWM 调速系统的系统框图

11.4　设 计 分 析

依据设计要求，本实验需要设计三个功能模块：电源模块、数码管显示模块、直流电机驱动模块。

电源模块将市电转换成+5V直流电源给整个系统供电；数码管显示模块利用三极管对公共端进行驱动；直流电机驱动模块通过三极管构成的 H 桥型电路对电机进行驱动。利用信号发生器产生脉冲宽度调制（PWM）波，通过 H 桥型电路控制电机的正转或反转。采用 PWM 方式控制电机的转速，通过改变 PWM 信号的占空比来改变电机的电枢电压，从而实现对电机进行调速，加在电机两端的 PWM 信号的占空比越大，电机的转速越快。PWM 信号频率通常设置为几 kHz 到十几 kHz，如果频率设置过低，电机会产生较大振动，频率设置过高，电源会有较大损耗，而且电机厂家的电机参数本身也不推荐用太高的频率。

11.4.1 数码管显示模块

比较常用的数码管分为一位数码管、两位数码管、4 位数码管，如图 11.4.1 所示。无论是几位数码管，其显示原理都相同，均是靠点亮内部发光二极管（LED）来显示。数码管引脚及内部结构如图 11.4.2 所示。

从图 11.4.2(a)所示的引脚图上可以看出，由 7 个小段构成一个 8 字，另外还有一个小数点，即内部共有 8 组发光二极管。一位数码管封装有 10 个引脚，其中第 3 个和第 8 个引脚连在一起，构成公共端。

数码管的公共引脚分为共阳极和共阴极两大类。在共阳极数码管内部，其 8 组发光二极管的阳极连接在一起，阴极之间相互独立，因此称为"共阳极"，如图 11.4.2(b)所示。当共阳极数码管的公共端加有高电平，其他任意阴极引脚接地时，则对应的发光二极管即被点亮。通过点亮不同发光二极管，数码管可以显示"0~F"这 16 个数字编码和小数点。

在共阴极数码管的内部，其 8 组发光二极管的阴极连在一起，阳极之间相互独立，因此称为"共阴极"，如图 11.4.2(c)所示。当共阴极数码管的公共端接地，其他任意阳极引脚加高电平时，则对应的发光二极管即被点亮。通过点亮不同发光二极管，数码管可以显示"0~F"这 16 个数字编码和小数点。

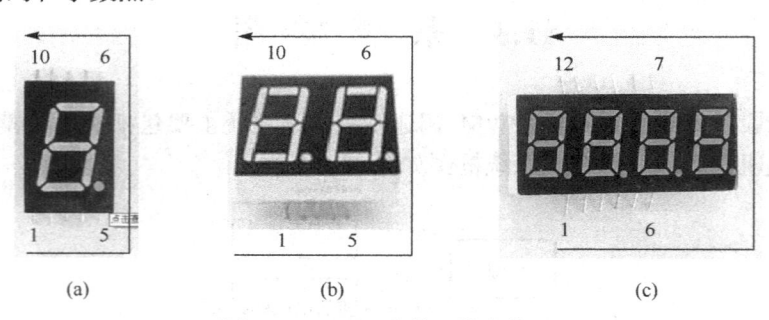

图 11.4.1 不同位数码管实物图

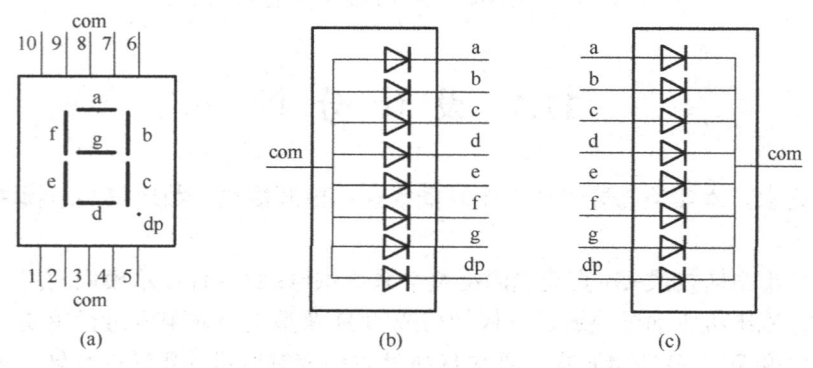

图 11.4.2 一位数码管引脚及内部结构图

多位一体的数码管内部,每位公共端之间是相互独立的,用来控制对应位的数码管是否可以被点亮。负责显示每位编码 8 个段线的公共端连在一起被称为"位选线"。与一位数码管相同,8 个段线用来控制数码管显示不同的编码,被称为"段选线"。

通常一位数码管有 10 个引脚,其中有两个引脚连在一起作为公共端,被称为位选线;剩下 8 个引脚是段选线,用来控制某一段是否可以被点亮。二位数码管也有 10 个引脚,其中 2 个引脚是位选线,分别用于控制两位数码管中的某一位是否可以被点亮,剩下 8 个引脚是段选线,用来控制某一段是否可以被点亮。4 位数码管有 12 个引脚,其中 4 个引脚是位选线,分别用于控制 4 位数码管中的某一位是否可以被点亮,剩下 8 个引脚是段选线,用来控制某一段是否可以被点亮。

具体引脚与段、位之间的关系可以查阅相关产品技术资料。如果找不到产品技术资料,也可以用数字万用表的二极管挡位进行测量判断。用数字万用表测量判断数码管引脚位、段的方法是:先找出位引脚,即公共端,然后再通过点亮字段判断段引脚,边测试边绘制引脚标号与段或位之间的关系。

在没有数字万用表的情况下,也可以用模拟万用表的欧姆挡测量。或者用直流电源串接限流电阻测试,通过各段位的状态来判断,不过这种判断方法相对比较麻烦。

为了保证发光亮度,有些体积比较大的数码管,其内部每一段是由两个或多个发光二极管组成的,具体使用时需要根据实际情况,采用适合的方法来判断。

1. 电路设计

数码管显示模块采用的是 4 段 4 位共阳极 LED 数码管。当某一位公共端引脚接+5V 直流电压时,其所属某一字段发光二极管的阴极引脚串联合适的限流电阻接地,相应段的发光二极管就会被点亮。

通常将控制发光二极管 8 位一字节的数字编码称为 LED 显示的段选码。要构成多位 LED 显示时,除了需要段选码外,还需要位选码,以确定段选码对应的显示位。段选码用来控制显示字形;位选码用来控制显示是其中的哪一位 LED。

在实际使用时,每个二极管支路都应该串接一个合适的保护用限流电阻,因此,8 个阴极应分别与 8 个限流电阻串联。

发光二极管的最大正向连续工作电流一般在 10mA 左右,选取限流电阻的阻值时,可以先假定发光二极管工作电流为 10mA。通常情况下,红色发光二极管的导通压降为 1.7V。如果实验选用+5V 直流电压源供电,计算得出限流电阻的阻值应为不小于 330Ω。但考虑到 4 位数码管同时点亮的极端情况,此时流经限流电阻的电流应为 40mA。40mA 的工作电流可以使 1/8W 的电阻发热甚至烧坏,因此,在选用限流电阻时,可以适当加大限流电阻的阻值。工程设计选择限流电阻的原则是:只要能满足显示亮度要求,限流电阻的阻值应尽量选择大阻值的电阻,以降低不必要功耗,保证数码管使用寿命。

考虑到后续接口电路的驱动能力可能满足不了点亮全部数码管的要求,所以需要设计数码管显示驱动电路。本实验建议选用了 PNP 型三极管作为数码管显示驱动器件,用三极管放大后的工作电流来驱动数码管显示。推荐选用三极管的型号为 8550。

数码管显示驱动电路如图 11.4.3 所示。通过控制段控制引脚 1~8 可以控制显示字形;通过控制位控制引脚 K_1、K_2、K_3、K_4 可以控制哪一位数码管显示。

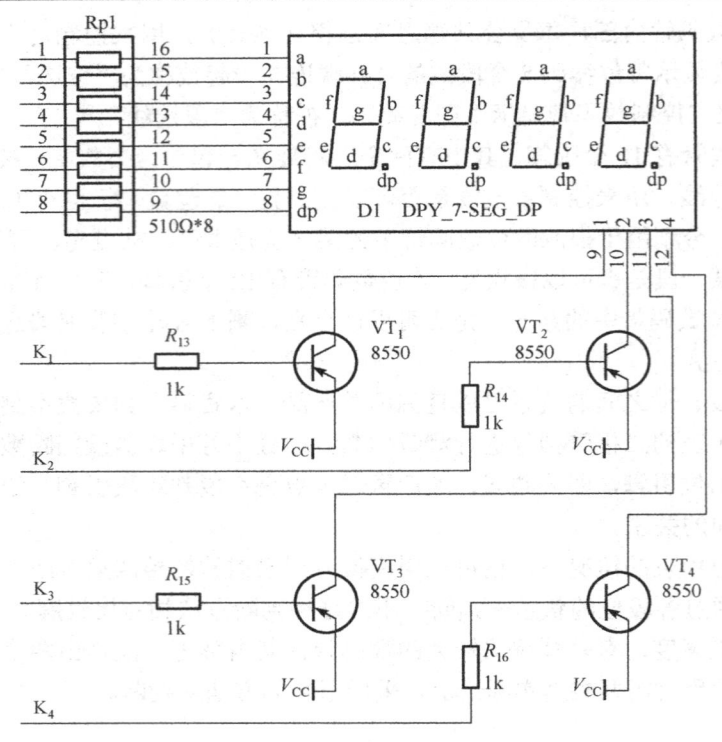

图 11.4.3 数码管显示驱动电路图

2．电路调试

依据实验要求设计并搭建数码管显示驱动电路。

用数字万用表检测并判断出 4 位共阳极数码管的 4 个公共端（位控制）引脚和 8 个段控制引脚，并画出引脚封装图。

分析控制三极管导通的条件。

三极管导通后，测试三极管静态工作电压 V_e、V_b、V_c，估算三极管集电极工作电流 I_c，设计数据记录并将测得的数据记录在表中。

详细分析怎样才能点亮指定位数码管，如果要点亮数码管的第一位，并使其显示数字"5"，需要怎样设置控制引脚？

分析将一位共阳极数码管点亮分别显示 0~F，用"0"和"1"分别表示数码管 8 个段控制引脚接"地"和"电源"，将对应的二进制码记录在表 11.4.1 中。若数码管为共阴极，完成上述显示功能，分析对应的二进制码有无改变。

表 11.4.1 共阳极数码管显示不同数值对应的二进制码

点亮数值	0	1	2	3	4	5	6	7	8	9	A	B	C	D	E	F
二进制码	C0															

11.4.2 直流电机驱动模块

电机是转换能量形态的一种装置。直流电机可以把直流电能转变为机械能。直流电机是最常见的一类电力拖动设备，其应用十分广泛。直流电机具有调速范围宽，易于控制，易于平滑调速,可靠性高,过载、启动、制动转矩大,调速时能量损耗小等优点。因此,直流电机被广泛应用于对调速要求较高的场所。

作为执行部件,直流电机内部有一个闭合的主磁路。主磁通在主磁路中流动,同时与两个电路交联,其中一个电路用来产生磁通,称为激磁回路;另一个电路用来传递功率,称为功率回路或电枢回路。

现行的直流电机主要是旋转电枢式,即激磁绕组及其所包围的铁芯组成的磁极为定子,带换向单元的电枢绕组和电枢铁芯组成直流电机的转子。

直流电机主要技术参数如下。

(1) 额定工作电压——即推荐工作电压。常见小型直流电机的额定工作电压有 3V、6V、12V、24V 和 36V。多数直流电机是在一定电压范围内工作的。工作电压的改变会影响直流电机的转速等其他参数,因此,额定工作电压也被称为最大工作电压。应根据控制电路所能提供的电压值来选取合适的直流电机,尽量不要选用需要提供额外电压供电的电机,以免增加电路设计难度。本实验建议选用额定工作电压为 3V 的直流电机。

(2) 额定功率——是指电机系统的理想功率,即电机在推荐工作条件下的最大功率。

(3) 转速——电机旋转的速度,常用单位为 r/min(转/分),国际单位为 rad/s(弧度/秒)。常见的小型直流电机空载转速范围一般为 5000~20000r/min。

(4) 转矩——是指电机得以旋转的力矩,即距中心一定半径距离上所输出的切向力。国际单位为 N·m(牛顿·米)或 kg·m(千克·米)。

(5) 启动转矩——电机启动时所产生的旋转力矩。

普通直流电机的实物图如图 11.4.4 所示。

图 11.4.4 普通直流电机的实物图

使用电机时要特别注意:电机工作电压不可以超过其额定工作电压。电机转动时的电压值越高,在绕组线圈上流过的电流越大,电机的发热量也越大。长期在超额定电压状态下工作,电机的使用寿命会大大缩短。

1. 电路设计

直流电机的速度控制可采用电枢控制,也可采用磁场控制。磁场控制法控制磁通,其控制功率虽然小,但是低速时受磁饱和的限制,高速时受换向火花和换向器结构强度的限制,并且因励磁线圈电感较大,动态响应较差,因此多数直流电机都采用电枢控制。电枢控制是在励磁电压不变的情况下,把电压控制信号加到电机电枢上控制电机的转速。目前,绝大多数直流电机都采用开关驱动方式获得电压控制信号,即半导体功率器件工作在开关状态,通过 PWM 信号来控制电机电枢两端的电压,其控制输出电压波形如图 11.4.5 所示。

$$V_o = \frac{t_{on}}{t_{on} + t_{off}} V = \frac{t_{on}}{T} V = \alpha \cdot V \ (\alpha: 占空比, 0 \leq \alpha \leq 1)$$

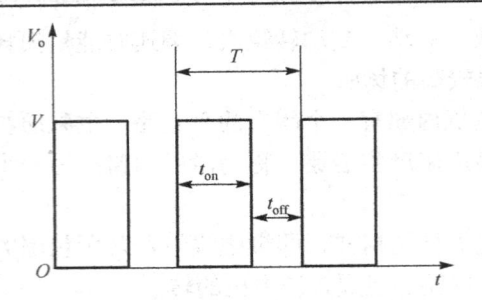

图 11.4.5 PWM 调速控制输出电压波形

由上式可知，通过改变脉冲幅值 V 和占空比 α 可以改变直流输出平均电压 V_o 的大小，实际应用时脉冲幅值通常保持不变，即 V 保持不变，所以只可以通过改变占空比 α 的大小来控制输出电压平均值的变化，即改变直流电机电枢两端电压的开通和关断时间比，达到改变输出电压平均值的目的，从而利用 PWM 控制技术实现对直流电机转速的调节。

PWM 调速方式具有响应速度快、调速精度高、调速范围宽等特点。PWM 调速可以通过定宽调频、调宽调频、定频调宽三种方式来改变占空比，但是前两种方式在调速时需要改变控制脉冲信号的周期，当控制脉冲的频率与系统的固有频率相等时会引起共振，因此，本实验建议采用定频调宽的方法来改变占空比，从而达到改变直流电机电枢两端的电压，调节直流电机转速的目的。

用三极管设计的驱动直流电机电路原理图如图 11.4.6 所示。

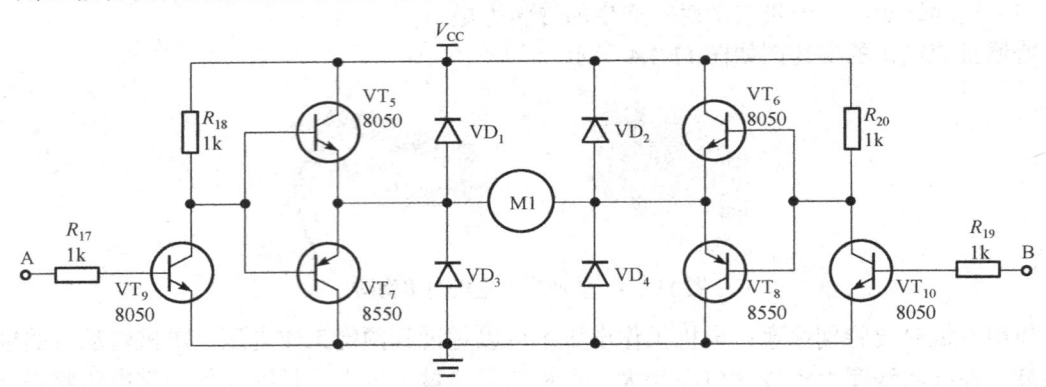

图 11.4.6 直流电机驱动电路图

在图 11.4.6 所示的电路中，A、B 两端分别与信号发生器的输出端和地相连。当 A 端为低电平时，VT_9 和 VT_7 截止，VT_5 导通，直流电机左端为高电平；当 A 端为高电平时，VT_9 和 VT_7 导通，VT_5 截止，直流电机左端为低电平。同理，当 B 端为低电平时，VT_{10} 和 VT_8 截止，VT_6 导通，直流电机右端为高电平；当 B 端为高电平时，VT_{10} 和 VT_8 导通，VT_6 截止，直流电机右端为低电平。

由以上分析可知，当 A 端为低电平，B 端为高电平时，直流电机正转；当 A 端为高电平，B 端为低电平时，直流电机反转。当 A 端和 B 端同时为高电平或同时为低电平时，直流电机不转。

电路测试时，应在 A 端或 B 端加入不同占空比的 PWM 波，以实现对电机转向的控制和转速的调节。

功率控制驱动电路主要是将信号发生器产生的 PWM 信号进行功率放大，放大后的驱动信号直接控制直流电机电枢电压的接通或断开时间，以实现调节直流电机转速的目的。并且通过控制 PWM 信号加载到电路中的不同端子来控制直流电机的电流流向，从而控制直流电机的正转或反转。

2．电路测试

依据实验要求设计并搭建电机驱动电路。

用信号发生器分别产生占空比为 20%、40%、60%、80%、100%的 PWM 波，将产生的 PWM 波加载到 A 端，B 端接地，观察电机转向和转速的变化，同时在数码管上设置显示转向和转动挡位。

用示波器测试电机在不同占空比情况下转动时的电压波形图并记录下来。

将以上产生的 PWM 波加载到 B 端，A 端接地，再次观察电机转向和转速的变化。

用示波器测试电机在不同占空比情况下转动时的电压波形图，并记录下来。

第 12 章　模拟滤波器设计

滤波器是一种能使有用频率信号顺利通过，对无用频率信号进行抑制或衰减的电路单元。工程上常被用作信号处理、数据传送和抑制干扰等。

12.1　设计要求及注意事项

12.1.1　设计要求

（1）根据设计任务要求设计有源模拟滤波器，画出电路原理图，计算元器件的参数值。

（2）设计各滤波器的电路实现、调试、测试方案，用示波器的两个通道观察滤波器输入、输出波形，设计实验数据记录表格，测试并记录滤波器电路频率响应特性数据，观察分析截止频率 F_0 是否满足设计要求，用波特图的形式画出滤波器幅频特性曲线。

（3）用计算机电路仿真设计软件（如 Multisim 等）仿真滤波器电路，将仿真结果与实验结果进行对比分析，说明实验电路存在哪些不足，需要怎样改进。

（4）详细分析在滤波器电路设计过程中遇到的问题，总结并分享电路设计经验。

12.1.2　注意事项

（1）搭接实验电路前，应先切断电源，对电路进行合理的布局。布局布线应遵循"走线最短"原则。带电作业容易损坏电子元器件并引起电路故障。

（2）搭接实验电路时，应尽量坚持少用导线、用短导线，盲目使用导线会引入不必要的寄生参量，使实际设计出来的滤波器参数发生偏离，并增加电路出错的概率。

（3）实验前，应仔细查阅相关集成运算放大器的产品数据手册，充分了解所选用集成运算放大器的技术参数指标和局限性。

（4）搭接五阶滤波器电路时可能会出现较大的误差，注意观察并分析导致误差的原因。

12.2　设 计 任 务

（1）用一片 LM324 设计一个截止频率 F_0=1kHz 的巴特沃斯型萨伦·基二阶低通滤波器。

（2）用一片 LM324 设计一个截止频率 F_0=1kHz 的 0.5dB 切比雪夫型萨伦·基二阶低通滤波器。注意观测通带纹波，测量并记录峰值频率。

（3）用一片 LM324 设计一个截止频率 F_0=1kHz 的 0.5dB 切比雪夫型萨伦·基五阶低通滤波器。搭建五阶滤波器时可能会出现较大的误差，注意分析产生误差的原因。

（4）用一片 LM324 设计一个 50Hz 的陷波器。

（5）参照通用有源滤波器件 UAF42 的产品数据手册，设计一个截止角频率 ω_0 = 1krad/s 的低通滤波器、高通滤波器；设计一个可自己设定带宽的带通滤波器。

12.3 模拟滤波器基本概念

在使用集成运放设计有源滤波器之前，主要采用无源器件设计模拟滤波器。随着电子元器件制造工艺的不断提高，以及集成运算放大器应用的不断推广，用集成运放和 RC 器件设计有源滤波器的方法已经被广泛采用。

有源滤波器具有不用电感、体积小、重量轻等优点。并且集成运放的开环电压增益高、输入阻抗高、输出阻抗低，因此用集成运放设计的有源滤波器还具有一定的电压放大作用和缓冲作用。

随着微电子科学技术的快速进步及电子制造工艺的不断提高，已经可以把一些电阻、电容、运算放大器集成在一个芯片上，设计成通用有源滤波器 UAF（Universal Active Filter）。这种集成芯片片内集成了设计滤波器所需的电阻、电容和运算放大器，集成度高，使用方便，只需极少的外部器件就可以设计出多种有源滤波器。

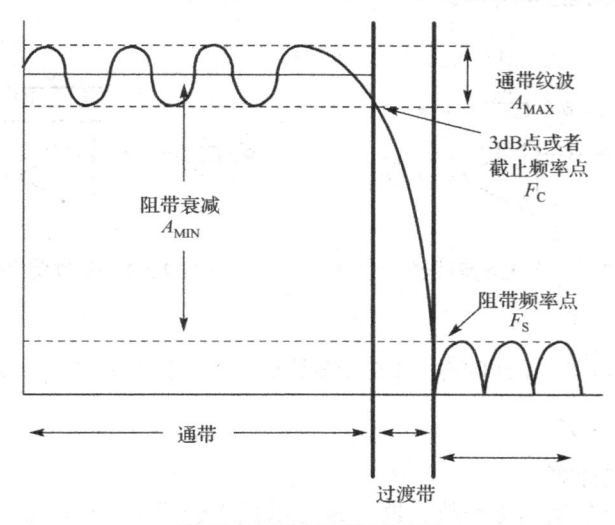

12.3.1 滤波器常用定义

滤波器常用定义如图 12.3.1 所示。

通带（Pass Band）：滤波器对通带内的频率信号成分具有单位增益或固定增益。

阻带（Stop Band）：滤波器对阻带内的频率信号成分具有衰减抑制作用。

过渡带（Transition Band）：滤波器从通带向阻带过渡的频率范围被称为过渡带。

截止频率点 F_c（Cut Off Frequency）：在巴特沃斯滤波器中，该点定义为响应曲线在通带下降 3dB 时所对应的频率点；在有纹波的滤波器中，该点定义为从通带向阻带变化的频率点。

图 12.3.1 滤波器常用定义

12.3.2 滤波器的分类

按通频带分，有源滤波器可分为：低通滤波器（LPF）、高通滤波器（HPF）、带通滤波器（BPF）和带阻滤波器（BEF）。

按通带内滤波特性区分，有源滤波器可分为：最大平坦型（巴特沃斯型）滤波器、等波纹型（切比雪夫型）滤波器、线性相移型（贝塞尔型）滤波器等。理想滤波器的幅频响应如图 12.3.2 所示。

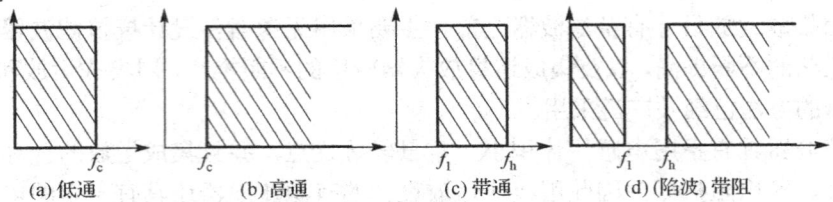

(a) 低通　　(b) 高通　　(c) 带通　　(d)(陷波) 带阻

图 12.3.2　理想滤波器的幅频响应

12.3.3　传递函数

传递函数（Transfer Function）：零初始条件下线性系统响应（输出）量的拉普拉斯变换与激励（输入）量的拉普拉斯变换之比。记作

$$W(s) = V_o(s) / V_i(s)$$

其中，$V_o(s)$、$V_i(s)$ 分别为系统响应（输出）量和激励（输入）量的拉普拉斯变换。

传递函数的概念在有源滤波器的设计应用中非常重要，传递函数能反映出有源滤波器的信号传输特性。用理想运算放大器构成有源滤波器的传递函数相对容易计算，对于没有学习过积分变换的同学，也可以运用理想运算放大器的基本概念做推导计算。

图 12.3.3 所示为低通滤波器，求其传递函数 $W(s) = V_o(s) / V_i(s)$。

第一步：做等效变换

等效变化电路如图 12.3.4 所示。

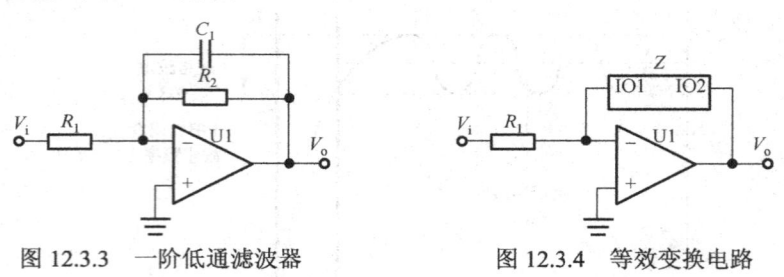

图 12.3.3　一阶低通滤波器　　图 12.3.4　等效变换电路

$$Z = R_2 // Z_{C1} = \frac{R_2 \times \dfrac{1}{j\omega C_1}}{R_2 + \dfrac{1}{j\omega C_1}}, \text{ 可令 } s = j\omega \text{（奈培频率），则 } Z \text{ 可以化简为 } Z = \frac{R_2}{C_1 R_2 s + 1}。$$

第二步：代入公式计算。

图 12.3.4 所示为一个反相比例放大器，故可以代入公式 $v_o / v_i = -Z / R_1$，得：

$$W(s) = -\frac{V_o(s)}{V_i(s)} = -\frac{Z}{R_1} = -\frac{R_2}{C_1 R_1 R_2 s + R_1}$$

上式为图 12.3.3 所示一阶低通滤波器的传递函数。

对于典型拓扑结构的模拟滤波器，可以代入公式计算其传递函数；对于任意拓扑结构的有源滤波器，可以运用理想运算放大器的基本概念推导计算其传递函数。

12.3.4 传递函数（零、极点）反映滤波器本质

表 12.3.1 列举出了标准二阶滤波器的滤波器类型、幅频特性、传递函数和零、极点位置图。从表 12.3.1 可以看出，滤波器的通带类型与其传递函数零极、点位置存在一定的对应关系。尽管这种对应关系已经很明晰，但据此来设计滤波器，不论在计算上还是在器件选择上，都存在很多不便。

表 12.3.1 标准二阶滤波器

滤波器类型	幅频特性	传递函数	零、极点位置
低通		$\dfrac{\omega_0^2}{s^2+\dfrac{\omega_0}{Q}s+\omega_0^2}$	
带通		$\dfrac{\dfrac{\omega_0}{Q}s}{s^2+\dfrac{\omega_0}{Q}s+\omega_0^2}$	
带阻		$\dfrac{s^2+\omega_z^2}{s^2+\dfrac{\omega_0}{Q}s+\omega_0^2}$	
高通		$\dfrac{s^2}{s^2+\dfrac{\omega_0}{Q}s+\omega_0^2}$	
全通		$\dfrac{\omega_0^2-\dfrac{\omega_0}{Q}s+\omega_0^2}{s^2+\dfrac{\omega_0}{Q}s+\omega_0^2}$	

从滤波器设计难度和滤波器性能等多方面因素考虑，滤波器方面的专家们已经设计出多种拓扑结构的标准滤波器，我们只需按照给出的典型滤波器设计表格和设计要求来配置元器件参数，就可以快速完成相应滤波器的设计。

12.4 滤波器的设计方法

滤波器的设计分为两个阶段：第一阶段需要确定滤波器的类型，即传递函数类型；第二阶段需要确定滤波器的电路拓扑结构。

通常，一阶滤波器用单极点电路来实现，对应传递函数中的实极点，二阶滤波器用双极点电路来实现，对应传递函数中的极点对。高阶滤波器可以用三个及以上极点的高阶电路来实现。但需要注意的是，随着电路阶数的增加，电路之间的相互影响将增大，电路元件的敏感性也随之上升。

在实际的高阶滤波器设计中，多数情况下，会采用多个一阶滤波器和二阶滤波器级联获得。无论是哪种滤波器，在前、后两级的级联过程中，务必要注意电路的阻抗匹配等电路设计问题，以确保前、后级之间不产生有害的相互影响。

下面主要介绍单极点滤波器的设计和萨伦·基滤波器的设计,对其他类型滤波器感兴趣的读者可以自己查阅相关设计参考资料。

在后面介绍的设计方程中,为描述方便,约定了下列符号的含义。

H:通带增益或谐振点增益。

F_0:截止频率或谐振频率,单位为 Hz。

ω_0:截止角频率或谐振角频率,$\omega_0 = 2\pi F_0$,单位为 rad/s。

Q:品质因数,是评价滤波器频率选择特性的一个重要指标。

α:阻尼系数,与品质因素互为倒数关系,即 $\alpha = 1/Q$。

以上概念将在后续的"信号与系统"、"自动控制原理"等专业课程中学习。

12.4.1 单极点 RC 滤波器

最简单的单极点滤波器是无源 RC 电路。但考虑到阻抗匹配,通常情况下,单极点滤波器都设计成有源的。奇数阶滤波器一般会包含一级单极点滤波器。无源单极点滤波器如表 12.4.1 所示,有源单极点滤波器如表 12.4.2 所示。

表 12.4.1 无源单极点滤波器

滤波器类型	电路拓扑结构	传递函数 V_o/V_{in}	截止频率 F_0
低通		$\dfrac{V_o(s)}{V_i(s)} = \dfrac{1}{RCs+1}$	$\dfrac{1}{2\pi RC}$
高通		$\dfrac{V_o(s)}{V_i(s)} = \dfrac{RCs}{RCs+1}$	$\dfrac{1}{2\pi RC}$

表 12.4.2 有源单极点滤波器

滤波器类型	电路拓扑结构	传递函数 V_o/V_{in}	通带增益 H	截止频率 F_0
低通		$-\dfrac{R_f}{R_{in}} \cdot \dfrac{1}{R_{in}Cs+1}$	$-\dfrac{R_f}{R_{in}}$	$\dfrac{1}{2\pi R_{in}C}$
高通		$-\dfrac{R_f}{R_{in}} \cdot \dfrac{R_{in}Cs}{R_{in}Cs+1}$	$-\dfrac{R_f}{R_{in}}$	$\dfrac{1}{2\pi R_{in}C}$

12.4.2 萨伦·基滤波电路

萨伦·基滤波电路是应用最为广泛的滤波电路。萨伦·基滤波电路能够流行的主要原因是其电路性能对运算放大器自身的性能依赖性较低。萨伦·基滤波器还有一个优点是最大电阻和最小电阻的比值及最大电容和最小电容的比值都比较小,便于设计实现。萨伦·基低通滤波器设计方程如表 12.4.3 所示。

表 12.4.3 萨伦·基低通滤波器设计方程

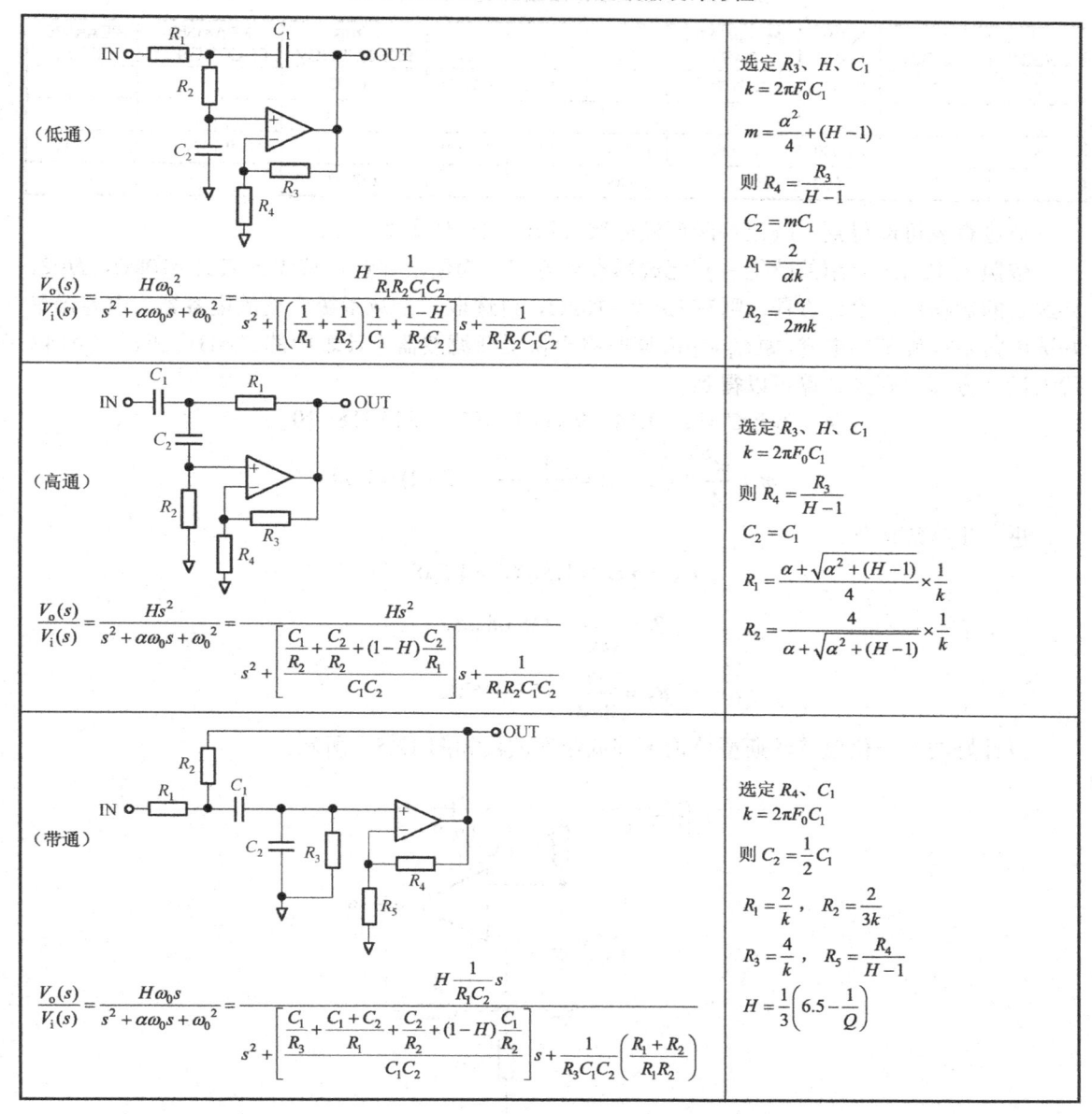

（低通）	电路图：R_1, C_1, R_2, C_2, R_3, R_4	选定 R_3、H、C_1 $k = 2\pi F_0 C_1$ $m = \dfrac{\alpha^2}{4} + (H-1)$ 则 $R_4 = \dfrac{R_3}{H-1}$ $C_2 = mC_1$ $R_1 = \dfrac{2}{\alpha k}$ $R_2 = \dfrac{\alpha}{2mk}$
$\dfrac{V_o(s)}{V_i(s)} = \dfrac{H\omega_0^2}{s^2+\alpha\omega_0 s+\omega_0^2} = \dfrac{H\dfrac{1}{R_1R_2C_1C_2}}{s^2+\left[\left(\dfrac{1}{R_1}+\dfrac{1}{R_2}\right)\dfrac{1}{C_1}+\dfrac{1-H}{R_2C_2}\right]s+\dfrac{1}{R_1R_2C_1C_2}}$		
（高通）	电路图：C_1, R_1, C_2, R_2, R_3, R_4	选定 R_3、H、C_1 $k = 2\pi F_0 C_1$ 则 $R_4 = \dfrac{R_3}{H-1}$ $C_2 = C_1$ $R_1 = \dfrac{\alpha+\sqrt{\alpha^2+(H-1)}}{4}\times\dfrac{1}{k}$ $R_2 = \dfrac{4}{\alpha+\sqrt{\alpha^2+(H-1)}}\times\dfrac{1}{k}$
$\dfrac{V_o(s)}{V_i(s)} = \dfrac{Hs^2}{s^2+\alpha\omega_0 s+\omega_0^2} = \dfrac{Hs^2}{s^2+\left[\dfrac{\dfrac{C_1}{R_2}+\dfrac{C_2}{R_2}+(1-H)\dfrac{C_2}{R_1}}{C_1C_2}\right]s+\dfrac{1}{R_1R_2C_1C_2}}$		
（带通）	电路图：R_2, R_1, C_1, C_2, R_3, R_4, R_5	选定 R_4、C_1 $k = 2\pi F_0 C_1$ 则 $C_2 = \dfrac{1}{2}C_1$ $R_1 = \dfrac{2}{k}$，$R_2 = \dfrac{2}{3k}$ $R_3 = \dfrac{4}{k}$，$R_5 = \dfrac{R_4}{H-1}$ $H = \dfrac{1}{3}\left(6.5-\dfrac{1}{Q}\right)$
$\dfrac{V_o(s)}{V_i(s)} = \dfrac{H\omega_0 s}{s^2+\alpha\omega_0 s+\omega_0^2} = \dfrac{H\dfrac{1}{R_1C_2}s}{s^2+\left[\dfrac{\dfrac{C_1}{R_3}+\dfrac{C_1+C_2}{R_1}+\dfrac{C_2}{R_2}+(1-H)\dfrac{C_1}{R_2}}{C_1C_2}\right]s+\dfrac{1}{R_3C_1C_2}\left(\dfrac{R_1+R_2}{R_1R_2}\right)}$		

萨伦·基滤波电路的频率特性与品质因数 Q 不相关，但对增益参数非常敏感。尽管萨伦·基滤波电路应用十分广泛，但它有一个比较严重的缺点，较难克服，即元器件取值的改变同时影响 F_0 和 Q 值，滤波器调节相对困难。

12.5 设计举例（以二阶低通萨伦·基滤波器为例）

12.5.1 最大平坦型（巴特沃斯型）滤波器设计

步骤 1：查阅巴特沃斯滤波器设计表。

表 12.5.1 巴特沃斯滤波器设计表（节选）

OREDR	SECTION	REAL PART	IMAGINARY PART	F_0	α	Q	–3dB FREQUENCY	PEAKING FREQUENCY	PEAKING LEVEL
2	1	0.7071	0.7071	1.0000	1.4142	0.7071	1.0000		
3	1	0.5000	0.8660	1.0000	1.0000	1.0000		0.7071	1.2493
	2	1.0000		1.0000			1.0000		

通过查表可以得到二阶巴特沃斯低通滤波器的归一化参数。

依照表 12.4.3 介绍的萨伦·基滤波器设计方程，为便于计算，首先选取 R_3=10kΩ，H=2。将选定的数据代入设计方程，则有 R_4=R_3=10kΩ，再选取一个数量级合适的电容器，电容器最好选用常用标称值的电容，如 C_1=1μF，同时将巴特沃斯滤波器设计表中的 F_0=1Hz 和 α=1.4142 代入设计方程，则经计算可以得到：

$$k = 2\pi F_0 C_1 = 2 \times 3.14159 \times 1 \times 1 \times 10^{-6} = 6.28318 \times 10^{-6}$$

$$m = \frac{\alpha^2}{4} + (H-1) = \frac{1.4142^2}{4} + (2-1) \approx 1.50$$

进一步计算可得：

$$C_2 = mC_1 = 1.5 \times C^1 = 1.5\mu F$$

$$R_1 = \frac{2}{\alpha k} = 225.081 k\Omega$$

$$R_2 = \frac{\alpha}{2mk} = 75.026 k\Omega$$

设计好的归一化巴特沃斯型萨伦·基低通滤波器如图 12.5.1 所示。

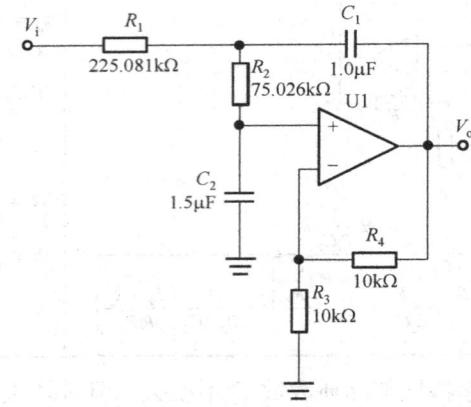

图 12.5.1 归一化巴特沃斯型萨伦·基低通滤波器电路图

通过 Multisim 仿真上面的电路图，得到以下结果，如图 12.5.2 所示。

由图 12.5.2 可知，设计参数基本符合预期的设计指标要求。

步骤 2：反归一化参数计算。

例如，要求设计截止频率 F_0=1kHz 的巴特沃斯型萨伦·基低通滤波器。

通过观察设计方程发现，α=1.4142 不变，只有截止频率 F_0 一个参数发生了改变，因此只需要将电容值除以 1000 就可以满足设计要求。设计好的截止频率为 1kHz 的巴特沃斯型萨伦·基低通滤波器如图 12.5.3 所示。

第 12 章 模拟滤波器设计

通带内的点	x1	0.4013919/Hz	y1	39.4806
截止频率点	x2	0.9982153/Hz	y2	28.3227

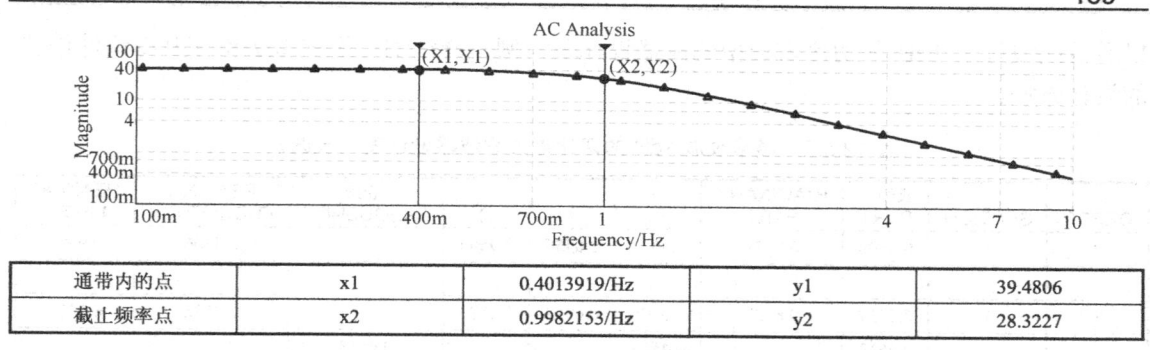

图 12.5.2　归一化巴特沃斯型萨伦·基低通滤波器仿真电路幅频特性曲线

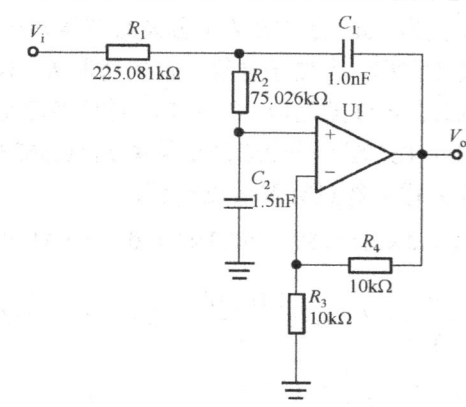

图 12.5.3　反归一化（$F_0=1\text{kHz}$）巴特沃斯型萨伦·基低通滤波器电路图

通过 Multisim 仿真上面的电路图，得到以下结果，如图 12.5.10 所示。

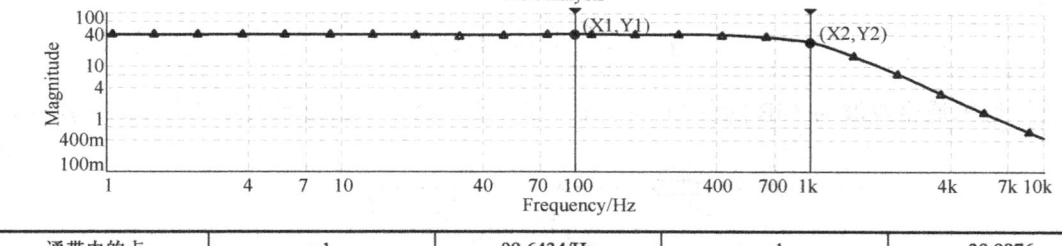

通带内的点	x1	99.6434/Hz	y1	39.9976
截止频率点	x2	1.0018/kHz	y2	28.3227

图 12.5.4　反归一化巴特沃斯型萨伦·基低通滤波器仿真电路幅频特性曲线

由图 12.5.4 可知，反归一化的电路设计参数基本符合预期的设计指标要求。

总之，对于巴特沃斯型萨伦·基低通滤波器而言，归一化与反归一化仅与截止频率 F_0 有关，可以直接将预期的截止频率 F_0 和归一化表中的 α 代入设计方程，先任意给定电阻 R_3 和电容 C_1，然后按照设计要求给定增益值 H，从而可以算出其他各参数值，最后将各参数值修约至最接近元器件的标称值完成设计。因电容标称值较少，为了方便器件参数的修约，在选定电容时，最好能选用有标称值的电容器。

12.5.2　等波纹型（切比雪夫型）滤波器设计

与最大平坦型（巴特沃斯型）滤波器设计相类似，先找到切比雪夫滤波器设计表。下面以通带纹波等于 1dB 的切比雪夫型滤波器设计表为例，介绍切比雪夫型萨伦·基低通滤波器的设计方法。

表 12.5.2　通带纹波 1dB 的切比雪夫滤波器设计表（节选）

OREDR	SECTION	REAL PART	IMAGINARY PART	F_0	α	Q	–3dB FREQUENCY	PEAKING FREQUENCY	PEAKING LEVEL
2	1	0.4508	0.7351	0.8623	1.0456	0.9564		0.5806	0.9995
3	1	0.2257	0.8822	0.9106	0.4957	2.0173		0.8528	6.3708
	2	0.4513		0.4513			0.4513		

通过查表可以得到通带纹波为 1dB 的二阶切比雪夫滤波器归一化参数。依照表 12.4.3 介绍的萨伦·基低通滤波器的设计方程，为便于计算，首先选取 R_3=10kΩ，H=2。将选定的数据代入设计方程则有 R_4=R_3=10kΩ。再任意选取 C_1=1nF，同时将切比雪夫滤波器设计表中的截止频率 F_0=0.8623Hz 进行反归一化处理，设计成截止频率 F_0=0.8623kHz 的滤波器，α=1.0456 不变，将选定的数据代入设计方程，经过计算可以得到：

$$k = 2\pi F_0 C_1 = 2 \times 3.14159 \times 862.3 \times 1 \times 10^{-9} = 5.4180 \times 10^{-6}$$

$$m = \frac{\alpha^2}{4} + (H-1) = \frac{1.0456^2}{4} + (2-1) \approx 1.2733$$

进一步计算可得：

$$C_2 = mC_1 = 1.5 \times C_1 = 1.2733\text{nF}$$

$$R_1 = \frac{2}{\alpha k} = 353.042\text{kΩ}$$

$$R_2 = \frac{\alpha}{2mk} = 75.782\text{kΩ}$$

设计好的通带纹波为 1dB 的反归一化切比雪夫型萨伦·基低通滤波器如图 12.5.5 所示。

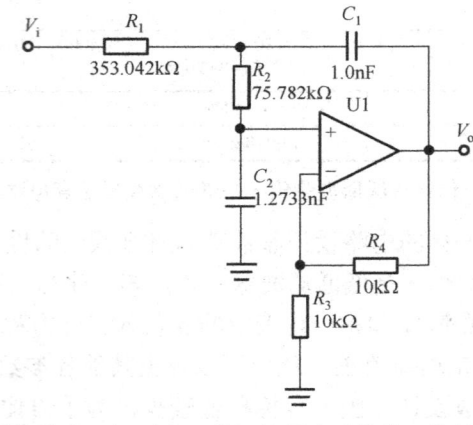

图 12.5.5　通带纹波为 1dB 反归一化切比雪夫型萨伦·基低通滤波器电路图

通过 Multisim 仿真上面的电路，可以得到以下结果，如图 12.5.6 所示。

在图 12.5.6 中，x1 坐标值为峰值频率，近似等于归一化表中峰值频率的 1000 倍，由图 12.5.6 可知，反归一化的电路设计参数基本符合预期的设计指标要求。

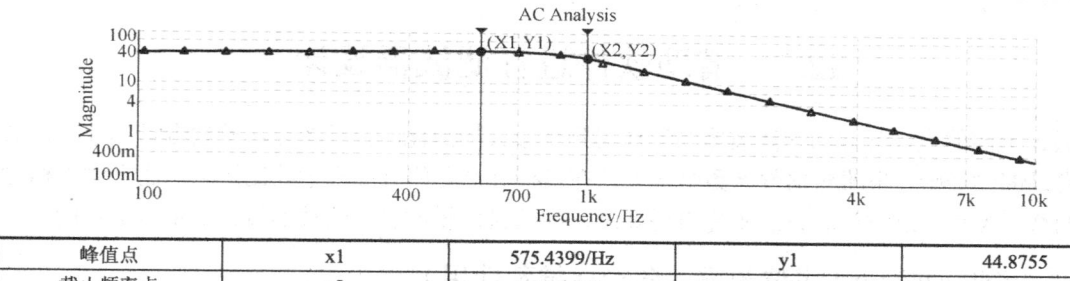

第 12 章 模拟滤波器设计

峰值点	x1	575.4399/Hz	y1	44.8755
截止频率点	x2	1.0018/kHz	y2	31.6411

图 12.5.6　反归一化切比雪夫型萨伦·基低通滤波器仿真电路幅频特性曲线

12.5.3　高阶滤波器设计

高阶滤波器可由多个一阶滤波器和二阶滤波器级联得到。在传统滤波器设计表中，同样可以查找到高阶滤波器归一化参数。如要求设计截止频率 F_0=1kHz，通带纹波为 0.5dB 的五阶切比雪夫滤波器，则应首先找到通带纹波为 0.5dB 的切比雪夫滤波器设计表，如表 12.5.3 所示，然后在设计表中找到五阶滤波器的归一化设计参数。

表 12.5.3　通带纹波为 0.5dB 的切比雪夫滤波器设计表（节选）

OREDR	SECTION	REAL PART	IMAGINARY PART	F_0	α	Q	−3dB FREQUENCY	PEAKING FREQUENCY	PEAKING LEVEL
2	1	0.5129	0.7225	1.2314	1.1577	0.8638		0.7072	0.5002
3	1	0.2683	0.8753	1.0688	0.5861	1.7061		0.9727	5.0301
	2	0.5366		0.6265			0.6265		
4	1	0.3872	0.3850	0.5969	1.4182	0.7051	0.5951		
	2	0.1605	0.9297	1.0313	0.3402	2.9391		1.0010	0.4918
5	1	0.2767	0.5902	0.6905	0.8490	1.1779		0.5522	2.2849
	2	0.1057	0.9550	1.0178	0.2200	4.5451		1.0054	13.2037
	3	0.3420		0.3623			0.3623		

在表 12.5.3 中，五阶滤波器是由两个二阶萨伦·基滤波器和一个有源单极点滤波器构成的。反归一化后，其截止频率分别为 690.5Hz、1017.8Hz、362.3Hz。其中有源单极点滤波器没有 α 和 Q 参数，直接用有源单极点滤波器设计方程进行计算即可；二阶萨伦·基滤波器可以参照 12.5.2 节介绍的等波纹型（切比雪夫型）滤波器的设计方法进行设计即可。

12.6　状态变量滤波器

状态变量滤波器又称多态变量滤波器，是用专用状态变量滤波器设计集成芯片实现的。随着集成芯片设计工艺的不断提高，状态变量滤波器是以使用更多电子元器件为代价，提供了更高精准度的滤波器设计实现方案。

在状态变量滤波器设计中，滤波器的三个主要参数：增益 H、品质因数 Q、截止角频率 ω_0，相互独立，调节时互不影响。并且使用状态变量器件设计滤波器时，可以分别从不同的位置同时实现低通、高通和带通滤波器。如果使用外接运放对滤波器的输出进行合理的加减，还可以实现陷波等其他滤波功能。

12.7 借助软件进行滤波器设计

通过上面的查表计算法，滤波器的设计得到了极大的简化，但是在元器件的合理选取上，如果没有足够的经验，很难将器件参数全部设计在最接近标称值且最合适的比例上，而且对于相对复杂的截止频率，这种计算方法不免有些烦琐，因而借助软件进行滤波器设计是很有必要的。

12.7.1 Filter Wizard 滤波器设计向导（推荐使用）

Filter Wizard 滤波器设计向导是 ADI 公司旗下的在线有源滤波设计软件，其网页链接如下：http://www.analog.com/designtools/zh/filterwizard/#/type，初始界面如图 12.7.1 所示。

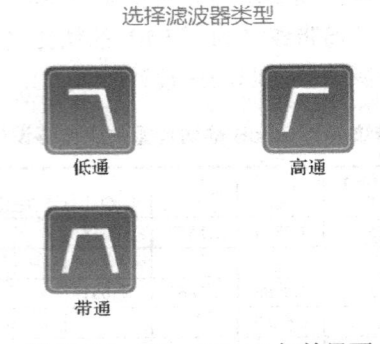

图 12.7.1 Filter Wizard 初始界面

步骤 1：选择滤波器类型后，单击"加载设计"。
步骤 2：进行滤波器参数配置（以带通滤波器为例），如图 12.7.2 所示。

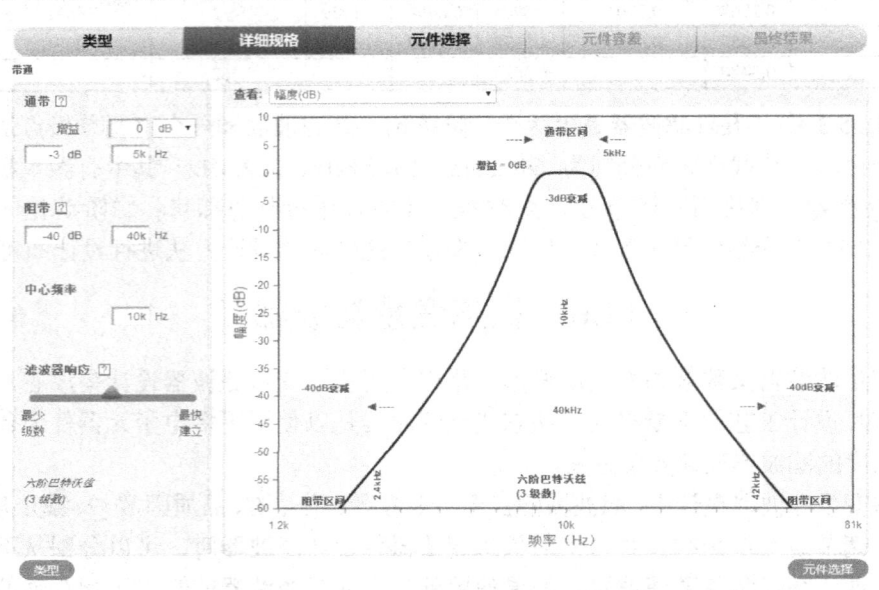

图 12.7.2 Filter Wizard 滤波器参数配置界面

第 12 章 模拟滤波器设计

步骤 3：单击"元件选择"进行元件配置，用户可以自主选择 ADI 公司的产品，或者由软件自动推荐其产品，配置完毕后单击"元件容差"。

步骤 4：调整元件容差，生成电路。

步骤 5：单击"最终结果"完成设计，如图 12.7.3 所示。

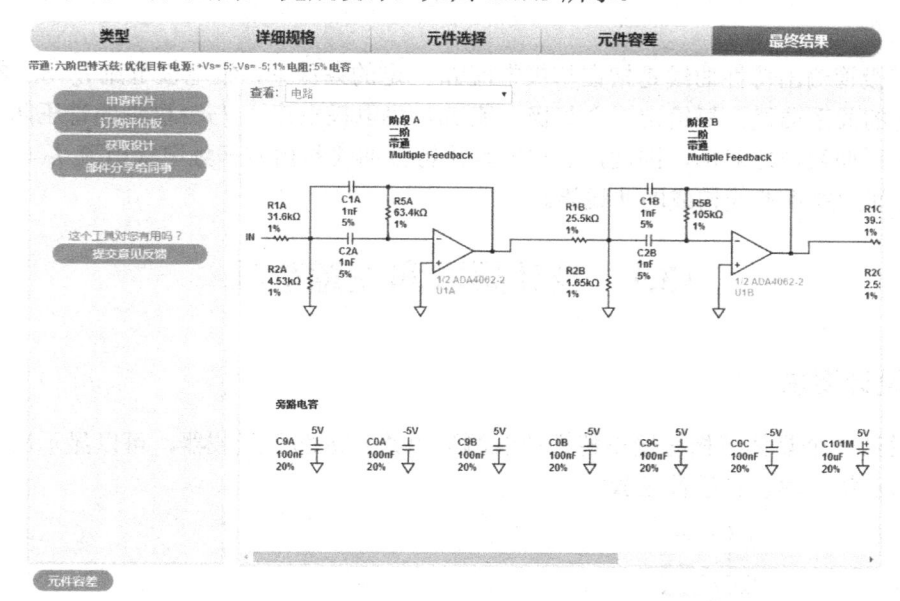

图 12.7.3　Filter Wizard 滤波器设计最终结果界面

12.7.2　FILTERPRO

FILTERPRO 是 TI 公司旗下的在线有源滤波器设计软件，其网页链接如下：http://www.ti.com.cn/tool/cn/filterpro?keyMatch=filterpro&tisearch=Search-CN，具体操作流程与 Filter Wizard 相似，本书不再赘述。

12.8　有源器件（运放）的局限性

在有源滤波器电路中，有源器件运算放大器的性能对整个滤波器的性能影响较大。在前面设计分析萨伦·基滤波器和状态变量滤波器等电路拓扑结构时，一直把有源器件运算放大器视为理想器件。

理想运算放大器具有以下特性：

（1）无限开环增益；

（2）无限输入阻抗；

（3）零输出阻抗。

对于理想运算放大器，通常认为其器件参数不随频率变化，但实际使用的运算放大器并非如此，尽管随着微电子学的高速发展及制造工艺技术的不断进步，设计生产出来的运算放大器性能有很大提高，但实际中仍无法实现完美的理想运算放大器模型。

对于实际中使用的运算放大器，其最大的局限性在于其增益随频率变化，所有运算放大器的带宽都是有限的，这主要受制造运算放大器材料的物理特性限制。

第13章 晶体三极管输出特性曲线测试系统设计

晶体三极管输出特性曲线是指在基极电流 I_B 一定的条件下，集电极电流 I_C 与三极管管压降 V_{CE} 之间的关系曲线。每给定一个基极电流 I_B，集电极电流 I_C 与三极管的管压降 V_{CE} 之间就有一条关系曲线与之对应，因此，三极管输出特性曲线是由若干集电极电流 I_C 与三极管管压降 V_{CE} 之间的关系曲线构成的曲线族。

13.1 设计要求和注意事项

13.1.1 设计要求

（1）设计一个晶体三极管输出特性曲线测试电路，借助于示波器，可以显示出图 13.1.1 所示的晶体三极管输出特性曲线族。

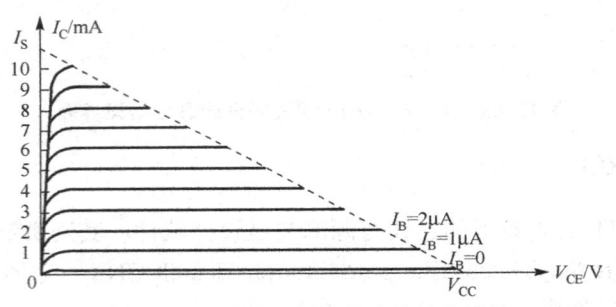

图 13.1.1 晶体三极管输出特性曲线族

（2）根据设计指标和设计要求，详细分析各单元电路的设计过程，逐级设计各单元电路，画出单元电路原理图，分析主要元器件的选择依据。

（3）设计各单元电路的实现、调试、测试方案和实验数据记录表格，完成单元电路测试，分析各单元电路测试数据和输入、输出波形是否满足设计要求。

（4）根据前面的设计分析，画出系统设计框图或系统设计流程图。

（5）根据系统设计框图逐级级联各单元电路，每增加一级电路，必须先测试并检验级联后的电路是否满足设计要求。如果级联后的电路可以满足设计要求，方可继续级联下一级电路；如果级联后的电路不能满足设计要求，则必须先定位问题所在点，完成纠错后方可继续级联下一级电路。否则，一旦系统电路出现故障，将很难排查。

（6）设计系统电路的测试方案和实验数据记录表格，测试系统电路的实验数据和输入、输出波形，详细分析系统电路的测试数据和输入、输出波形是否满足设计要求。

（7）用电路仿真设计软件（如 Multisim 等）仿真晶体三极管输出特性曲线测试系统，将仿真结果与实验结果进行对比分析，找出实验电路的不足，提出改进方案。

（8）详细分析在电路设计过程中遇到的问题，总结并分享电路设计经验。

13.1.2 注意事项

（1）搭接实验电路前，应先切断电源，对系统电路进行合理的布局。布局布线应遵循"走线最短"原则。通常应按信号的传递顺序逐级进行布局布线。带电作业容易损坏电子元器件并引起电路故障。

（2）搭接实验电路时，应尽量坚持少用导线、用短导线，盲目使用导线会引入不必要的寄生参量，导致实际设计出来的电路参数发生偏离，并增加电路出错概率。

（3）设计实验电路前，应仔细查阅所选元器件产品数据手册，明确产品数据手册上各参数的测试条件，并根据生产厂家在产品数据手册上提供的应用实例设计实验电路。

（4）电路仿真软件 Multisim 存在瑕疵。例如，在用集成运算放大器设计放大电路时，放大电路的输出电压不受电源电压限制，在增大反馈电阻的过程中，放大电路的输出电压会随着反馈电阻的增大而不断升高，甚至会超过电源电压。

13.2 设计指标

（1）设计一个至少可以显示 16 条曲线的晶体三极管输出特性曲线测试系统。
（2）矩形波同步控制信号的占空比应小于 5%。
（3）在晶体三极管输出特性曲线族中，相邻两条曲线的间隔相等。
（4）同时显示 16 条输出特性曲线时，视觉上无闪烁感。

13.3 系统框图

图 13.4.1 所示为晶体三极管输出特性曲线测试系统框图。

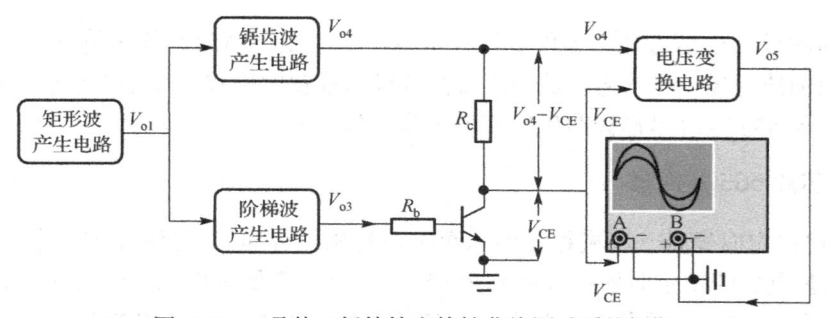

图 13.3.1　晶体三极管输出特性曲线测试系统框图

13.4 设计分析

给晶体三极管的基极提供一个固定不变的偏置电流 I_B，同时给集电极提供一个连续可变的扫描电压 V_{o4}。将晶体三极管的管压降 V_{CE} 送至示波器的 X 输入端；同时将集电极电流 I_C 的变化规律用集电极采样电阻 R_c 转换成电压的变化量送至示波器的 Y 输入端。用示波器的 XY 显示模式可以观察到一条晶体三极管输出特性曲线。

在显示一条输出特性曲线的基础上，按照固定电压间隔给晶体三极管的基极提供一系列增量相同的基极偏置电压；按照前面介绍的测试方法，同时给晶体三极管的集电极电阻 R_c 提供一个同频率变化的扫描电压 V_{o4}。将晶体三极管的管压降 V_{CE} 送至示波器的 X 输入端；将采样电阻 R_c 两端压降的变化量送至示波器的 Y 输入端。用示波器的 XY 显示模式可以观察到一族晶体三极管输出特性曲线。

为保证在示波器的屏幕上可以清晰完整地观察到晶体三极管输出特性曲线族，加在晶体三极管基极的偏置电流 I_B 和加在集电极的锯齿波扫描电压必须同步，即同频率、同相位，如图 13.4.1 所示，因此系统需要一个矩形波同步控制信号。

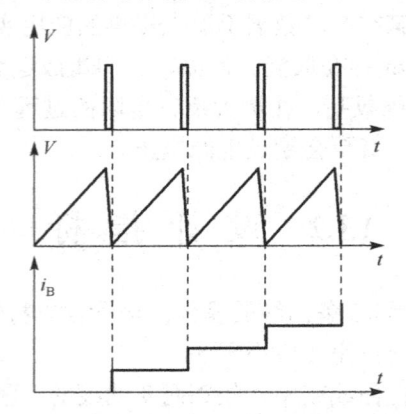

图 13.4.1　晶体三极管输出特性曲线测试系统输入信号波形

根据设计指标要求，在示波器的屏幕上应至少显示 16 条输出特性曲线，且视觉上无闪烁感。因此，在确定矩形波同步控制信号的频率时，必须考虑人眼的视觉暂留时间。

13.4.1　矩形波产生电路

根据前面的设计分析可知，为保证系统可以产生完整、清晰地输出特性曲线族，系统电路需要一个矩形波同步控制信号，以保证加在基极的偏置电压和加在集电极的扫描电压同步。本实验推荐使用 555 定时器设计产生矩形波同步控制信号。

1. 集成芯片 555 定时器

集成芯片 555 定时器是一种模拟功能和数字功能相结合的集成器件。通常情况下，用双极型（TTL）工艺制成的单定时器芯片被称为 555；用互补金属氧化物（CMOS）工艺制作的单定时器芯片被称为 7555。另外还有与之相对应的双定时器芯片 556 和 7556。

集成芯片 555 定时器价格低廉，性能稳定可靠，只需外接少量电阻、电容，就可以实现多谐振荡器、单稳态触发器和施密特触发器等电路。

图 13.4.2 所示为单定时器芯片 555 引脚封装图和内部电路结构图。

在图 13.4.2 中，单定时器芯片 555 的内部有两个比较器 Comp1 和 Comp2。两个比较器的输出状态可以控制芯片内部放电管是否可以用于放电。

当引脚 1 接参考地，引脚 8 接电源电压，引脚 5 对地接一个 0.01μF 的滤波电容时，芯片内部两个比较器 Comp1 和 Comp2 的基准电压不受外部电压控制，两个比较器的门限电压是由芯片内部三个电阻 R 对电源电压 V_{CC} 进行分压得到。其中，比较器 Comp1 反相输入端的门限电压等于 $2/3V_{CC}$，比较器 Comp2 同相输入端的门限电压等于 $1/3V_{CC}$。

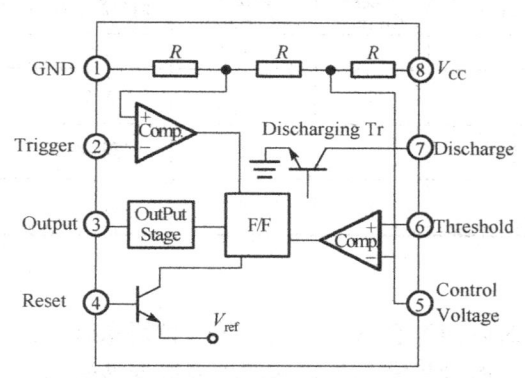

图 13.4.2　单定时器芯片 555 引脚封装图和内部电路结构图

表 13.4.1 所示为单定时器芯片 555 的引脚定义和引脚功能描述表。

表 13.4.1　单定时器芯片 555 引脚定义和引脚功能描述表

引脚名称	引脚标号	I/O 状态	引脚描述
GND	1	-	外接参考地端
TRI	2	I	低触发端，接内部比较器 Comp2 的反相输入端
OUT	3	O	输出端
RST	4	I	清零端，RST=0 时，OUT=0。不用时，RST 应接高电平
CON	5	-	内部比较器基准电压控制引脚
THR	6	I	高触发端，接内部比较器 Comp1 的同相输入端
DIS	7	I	放电端，与芯片内部放电管集电极相连
V_{CC}	8	-	外接正电源端

注：当引脚 5（CON）外接电压时，可以改变芯片内部两个比较器 Comp1 和 Comp2 的比较门限电压。当引脚 5 不外接电压时，CON 输出电压等于 $2/3V_{CC}$。为削弱电路噪声对芯片内部比较门限电压的影响，引脚 5 不外接电压时，应接一个 $0.01\mu F$ 的滤波电容到地。

表 13.4.2 所示为单定时器芯片 555 的工作状态和功能描述表。

表 13.4.2　单定时器芯片 555 工作状态和功能描述表

4 脚清零端 RST	6 脚高出发端 THR	2 脚低出发端 TRI	比较器 Comp1	比较器 Comp2	内部放电管	输出端 OUT	功能描述
0	×	×	×	×	导通	0	复位清"0"
1	$>\frac{2}{3}V_{CC}$	$>\frac{1}{3}V_{CC}$	0	1	导通	0	清"0"
1	$<\frac{2}{3}V_{CC}$	$>\frac{1}{3}V_{CC}$	1	1	原状态	×	保持原状态
1	$<\frac{2}{3}V_{CC}$	$<\frac{1}{3}V_{CC}$	1	0	截止	1	置"1"
1	$>\frac{2}{3}V_{CC}$	$<\frac{1}{3}V_{CC}$	1	0	截止	1	置"1"

当外部引脚 6（THR）和外部引脚 2（TRI）接在一起时，表 13.4.2 所示单定时器芯片 555 功能状态描述表可以简化成表 13.4.3。

表 13.4.3 集成单定时器芯片 555 功能状态表（TH=$\overline{TR}$）

4 脚清零端 RST	THR=$\overline{TRT}$=V_I	比较器 Comp1	比较器 Comp2	内部放电管	3 脚输出端 OUT	功能描述
0	×	×	×	导通	0	复位清"0"
1	$>\dfrac{2}{3}V_{CC}$	0	1	导通	0	清"0"
1	$\dfrac{1}{3}V_{CC}<V_I<\dfrac{2}{3}V_{CC}$	1	1	原状态	原状态	保持原状态
1	$<\dfrac{1}{3}V_{CC}$	1	0	截止	1	置"1"

2．电路设计

多谐振荡器正常工作时有两种暂态。当处于某一种暂态时，经过一段时间后，会通过触发自动翻转为另一种暂态，两种暂态相互转换即构成矩形波输出。因此，用单定时器集成芯片 555 设计的多谐振荡器可以用于产生矩形波信号。

图 13.4.3 所示为用单定时器集成芯片 NE555 设计的矩形波产生电路。

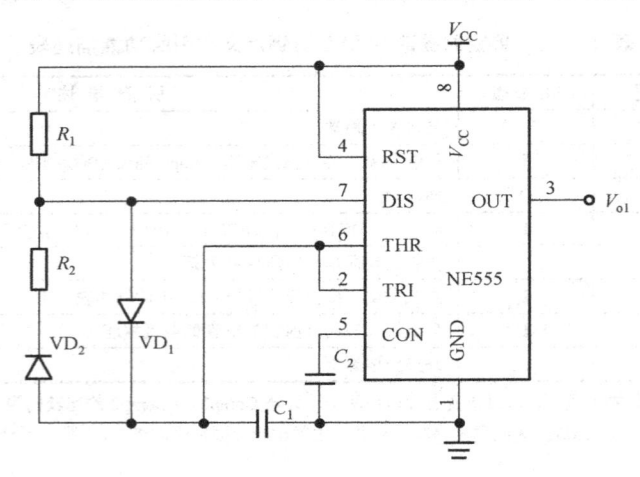

图 13.4.3 矩形波产生电路

在图 13.4.3 所示的电路中，上电的瞬间，外部引脚 2 和 6 上的电压 $V_I<\dfrac{1}{3}V_{CC}$，输出引脚 3 输出电压 V_{o1} 为高电平，芯片内部的放电管截止。电源电压 V_{CC} 通过电阻 R_1、二极管 VD_1 对电容 C_1 进行充电。充电时间 t_1 为：

$$t_1 = R_1 C_1 \ln 2 = 0.7 R_1 C_1$$

当电容 C_1 上的电压上升到 $\dfrac{2}{3}V_{CC}$ 时，即外部引脚 2 和 6 上的电压 $V_I \geqslant \dfrac{2}{3}V_{CC}$ 时，输出引脚 3 上的电压 V_{o1} 变为低电平，芯片内部的放电管导通。存储在电容 C_1 两端的电荷经过二极管 VD_2、电阻 R_2，经过输入引脚 7 和芯片内部的放电管进行放电。放电时间 t_2 为：

$$t_2 = R_2 C_1 \ln 2 = 0.7 R_2 C_1$$

因此，图 13.4.3 中输出矩形波 V_{o1} 的周期 T 为：

第 13 章　晶体三极管输出特性曲线测试系统设计

$$T = t_1 + t_2 = (R_1 + R_2)C_1 \ln 2 = 0.7(R_1 + R_2)C_1$$

矩形波的频率 f 为：

$$f = \frac{1}{T} = \frac{1}{0.7(R_1 + R_2)C_1} = \frac{1.43}{(R_1 + R_2)C_1}$$

占空比 α 为：

$$\alpha = \frac{t_1}{t_2} = \frac{R_1}{R_2}$$

由以上分析可知，通过改变 R_1 和 R_2 的电阻值，可以调节矩形波的输出频率和占空比。用集成芯片 555 设计矩形波产生电路时，在刚开始时起振时，输出矩形波会有一小段不稳定状态输出，经过一小段时间后，振荡输出的矩形波会自动趋于稳定。

3．电路测试

根据设计指标要求计算，矩形波同步控制信号的频率。

根据矩形波同步控制信号的频率和占空比要求，计算图 13.4.3 电路中各元器件的参数。依据元器件标称值列表选取元器件参数值，将所选元器件标称值标注在电路原理图上。

搭接实验电路，设计实验数据记录表格和测试方案，测试图 13.4.3 实验电路中输出矩形波的周期、频率和占空比等参数。将实验数据和输出波形记录在实验数据表格中。根据设计分析，验证所测实验数据和输出波形是否满足设计要求。

13.4.2　阶梯波产生电路

在晶体三极管输出特性曲线测试系统中，可以用梯形波给三极管的基极提供按阶梯规律变化的偏置电压。设计要求至少显示 16 条输出特性曲线，因此阶梯波应至少有 16 个台阶。为保证 16 条输出特性曲线间隔相等，阶梯波相邻台阶高度（电势差）应相等。

本实验推荐使用 74LS161 设计阶梯波产生电路。

1．计数器 74LS161

集成芯片 74LS161 是一种高速 4 位二进制模 16 同步计数器，计数频率高。

图 13.4.4 所示为 74LS161 的引脚封装图。

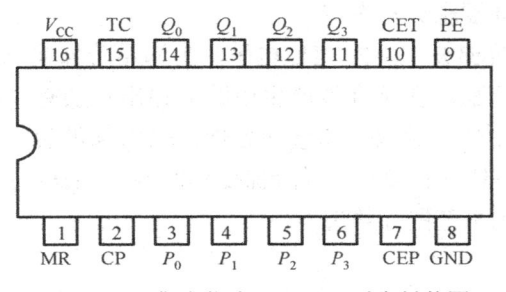

图 13.4.4　集成芯片 74LS161 引脚封装图

表 13.4.4 所示为 74LS161 的引脚功能描述表。

表 13.4.5 所示为 74LS161 各引脚状态及其对应功能描述表。

表 13.4.4 集成芯片 74LS161 引脚功能描述表

引脚名称	引脚标号	I/O 状态	引脚描述
$\overline{MR}$	1	I	异步主复位引脚，低电平有效
CP	2	I	时钟输入，上升沿有效
$P_0 \sim P_3$	3、4、5、6	I	信号输入端
CEP	7	I	允许计数输入端
GND	8		参考地
$\overline{PE}$	9	I	允许并行装载输入端，低电平有效
CET	10	I	允许计数溢出引脚 TC 有效引脚
$Q_0 \sim Q_3$	14、13、12、11	O	并行信号输出端
TC	15	O	计数溢出标志引脚
V_{CC}	16		正电源电压端

表 13.4.5 74LS161 各引脚状态及其对应功能描述表

输入						输出		功能描述
$\overline{MR}$	CP	CEP	CET	$\overline{PE}$	P_n	Q_n	TC	
L	×	×	×	×	×	L	L	复位清 "0"
H	↑	×	×	1	1	L	L	并行装载
H	↑	×	×	1	h	H	(1)	
H	↑	h	h	h	×	计数	(1)	允许计数
H	×	l	×	h	×	q_n	(1)	锁存（保持原状态不变）
H	×	×	l	h	×	q_n	L	

注：◇ 当 CET=H，且计数器为 HHHH 时，TC 输出高电平。
　　◇ H：高电平。
　　◇ h：时钟信号 CP 从低到高跳变前，满足高电平的电压。
　　◇ L：低电平。
　　◇ l：时钟信号 CP 从低到高跳变前，满足低电平时的电压。
　　◇ q：时钟信号 CP 从低到高跳变前，输出引脚状态。
　　◇ ×：任意状态。
　　◇ ↑：时钟信号 CP 从低到高变化时，上跳沿有效。

2. 电路设计

图 13.4.5 所示为用 74LS161 设计的输出端接有倒 T 形电阻网络的阶梯波产生电路。其中 $R_1 \sim R_8$ 的电阻值应根据设计要求计算选取。

图 13.4.5 电路输出的阶梯波 V_{o2} 是 TTL 电平。为满足阶梯波产生电路与后级电路的电压动态范围匹配和输入阻抗匹配，在阶梯波产生电路的输出端加有一级同相比例放大电路。同相比例放大器对阶梯波输出信号做放大和缓冲处理，输出满足后级电路设计要求的阶梯波信号 V_{o3}。阶梯波用于给待测晶体三极管提供阶梯变化的基极偏置电压。因此，R_9、R_{10} 的电阻值应根据输出电压信号的动态范围计算选取。

3. 电路测试

根据设计分析计算图 13.4.5 所示电路中各元器件的参数值。依据元器件标称值列表选取元器件参数值，将所选元器件标称值标注在电路原理图上。

搭接实验电路，设计实验数据记录表格和电路测试方案，测试阶梯波输出信号的阶数、阶梯高度、频率、最低台阶电压、最高台阶电压等参数。将实验数据和输出波形记录在数据表格中。根据设计分析验证所测实验数据和输出波形是否满足设计要求。

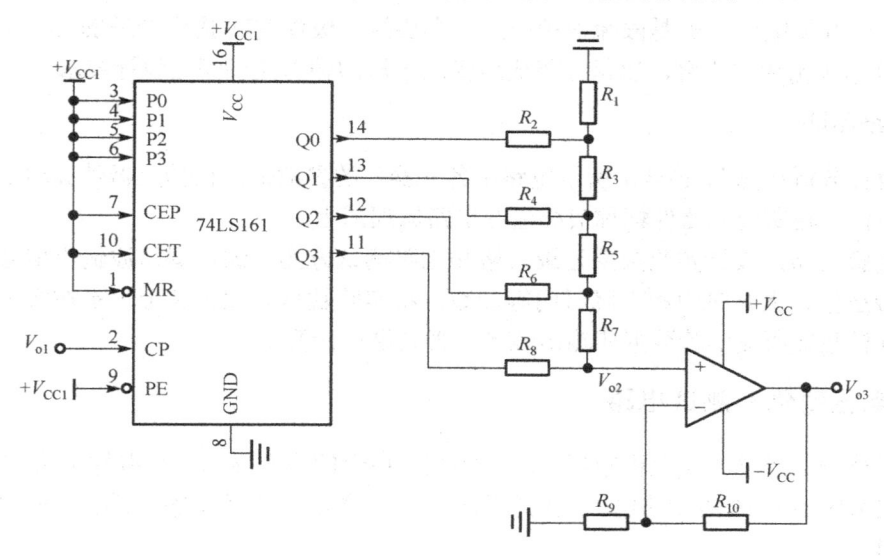

图 13.4.5 阶梯波产生电路

13.4.3 锯齿波产生电路

三极管输出特性曲线测试系统可以用锯齿波给待测晶体三极管的集电极电阻提供线性变化的扫描电压。为保证在示波器上可以显示出清晰完整的晶体三极管输出特性曲线，扫描电压的起始位置应从零开始。因此，如果锯齿波产生电路输出波形不是以"0"电平为起始电压，应给锯齿波叠加一个直流电压，通过改变直流叠加电压值的大小，可以控制三极管输出特性曲线起始显示位置。如果叠加后的锯齿波起始电位为正值，则三极管最低管压降大于零，在示波器上所显示的输出特性曲线会缺少起始部分。

将三极管的管压降 V_{CE} 作为自变量送到示波器 X 输入端。

1．电路设计

图 13.4.6 所示为用集成运算放大器设计的锯齿波产生电路。

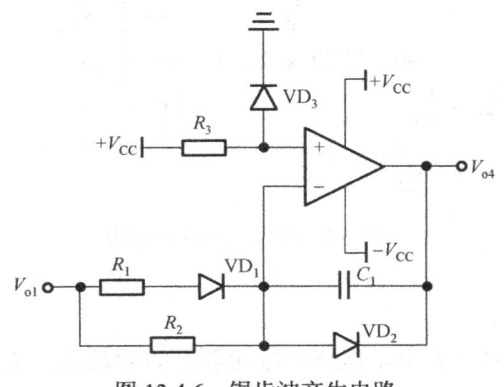

图 13.4.6 锯齿波产生电路

当矩形波输入信号 V_{o1} 为高电平时,通过电阻 R_1、二极管 VD_1 对电容 C_1 进行充电;当矩形波输入信号 V_{o1} 为低电平时,电容 C_1 上的电荷通过电阻 R_2 进行放电。二极管 VD_3 可以为锯齿波提供直流叠加电压。R_3 是限流保护电阻,主要给二极管 VD_3 提供合适的工作电流。二极管 VD_2 是静态平衡用二极管,以保证集成运算放大器的输入失调满足设计要求。

2. 电路测试

根据设计分析计算图 13.4.6 所示电路中各元器件的参数值。依据元器件标称值列表选取元器件参数值,将所选元器件标称值标注在电路原理图上。

搭接实验电路,设计实验数据记录表格和电路测试方案。测试锯齿波输出信号的频率、最大值、最小值、上升时间和下降时间等参数,将实验数据和输出波形记录在数据表格中。根据设计分析验证所测实验数据和输出波形是否满足设计要求。

13.4.4 电压变化及测试电路

为获得待测三极管的集电极电流,应在待测三极管的集电极加一个取样电阻 R_c,将集电极电流变化量转换成 R_c 两端的电压变化量取出,直接送至示波器 Y 输出端,用于显示输出特性曲线波形。

1. 电路设计

图 13.4.7 所示为电流电压变换电路。图中 R_c 是取样电阻。该电阻两端的压降随集电极电流变化,即取样电阻 R_c 上的压降为:

$$V_{RC} = I_C \cdot R_c = V_{o4} - V_{CE} = V_{o5}$$

当电阻 $R_1 = R_2 = R_3 = R_4$ 时,

$$V_{o5} = V_{o4} - V_{CE} = V_{RC}$$

式中,V_{RC} 是集电极电阻 R_c 两端的压降;V_{CE} 是待测三极管的管压降。将图 13.4.6 所示电路中的锯齿波扫描电压送至示波器的 Y 输入端。

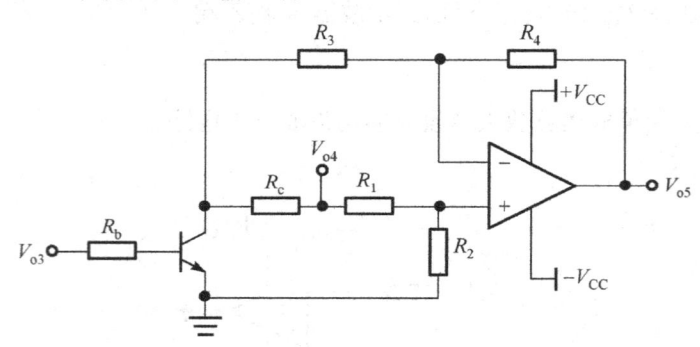

图 13.4.7 电流电压变换电路

2. 电路测试

根据设计分析计算图 13.4.7 所示电路中各元器件的参数值。依据元器件标称值列表选取元器件参数值,将所选元器件标称值标注在电路原理图上。

搭接实验电路，设计实验数据记录表格和电路测试方案。用示波器的 XY 显示模式观察待测晶体三极管的输出特性曲线族。测试并验证所测实验数据和输出波形是否满足设计要求。

13.4.5 晶体三极管输出特性曲线系统电路原理图

图 13.4.8 所示为晶体三极管输出特性曲线测试系统电路原理图。

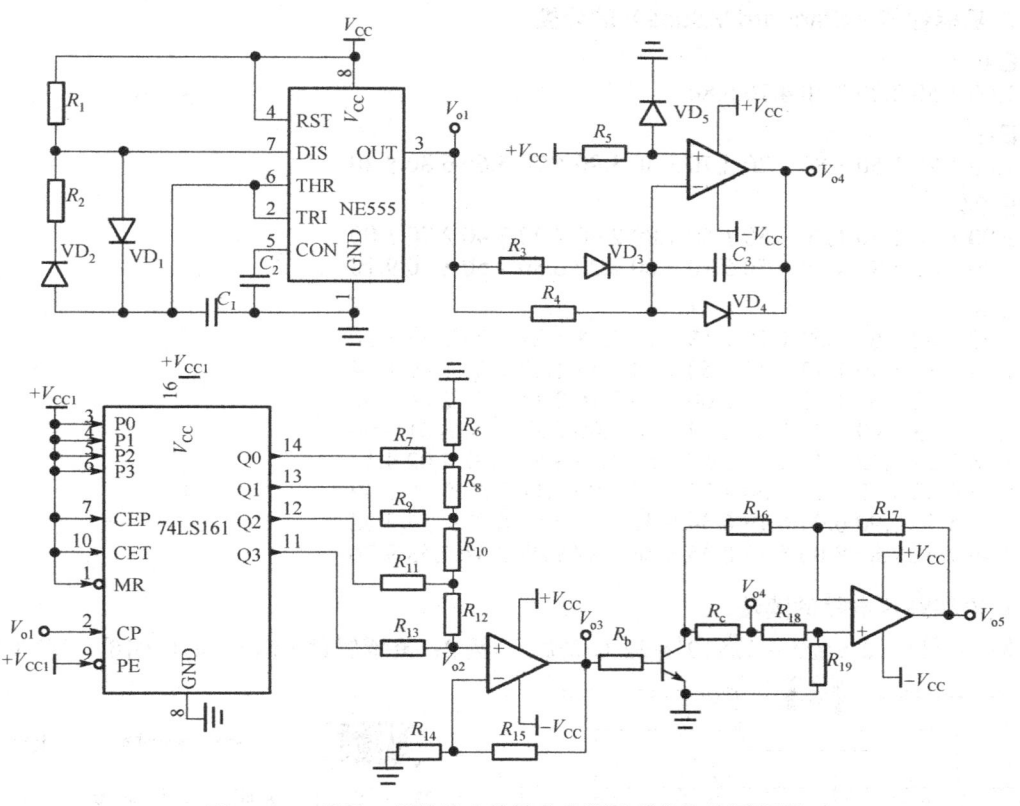

图 13.4.8 晶体三极管输出特性曲线测试系统电路原理图

附录 A 电阻标称值和允许偏差

电阻标称值（Standard Values）的分类

E-6
1.00 1.50 2.20 3.30 4.70 6.80

E-12
1.00 1.20 1.50 1.80 2.20 2.70 3.30 3.90 4.70 5.60 6.80 8.20

E-24
1.00 1.10 1.20 1.30 1.50 1.60 1.80 2.00 2.20 2.40 2.70 3.00
3.30 3.60 3.90 4.30 4.70 5.10 5.60 6.20 6.80 7.50 8.20 9.10

E-96
1.00 1.02 1.05 1.07 1.10 1.13 1.15 1.18 1.21 1.24 1.27 1.30
1.33 1.37 1.40 1.43 1.47 1.50 1.54 1.58 1.62 1.65 1.69 1.74
1.78 1.82 1.87 1.91 1.96 2.00 2.05 2.10 2.15 2.21 2.26 2.32
2.37 2.43 2.49 2.55 2.61 2.67 2.74 2.80 2.87 2.94 3.01 3.09
3.16 3.24 3.32 3.40 3.48 3.57 3.65 3.74 3.83 3.92 4.02 4.12
4.22 4.32 4.42 4.53 4.64 4.75 4.87 4.99 5.11 5.23 5.36 5.49
5.62 5.76 5.90 6.04 6.19 6.34 6.49 6.65 6.81 6.98 7.15 7.32
7.50 7.68 7.87 8.06 8.25 8.45 8.66 8.87 9.09 9.31 9.53 9.76

直插和贴片电阻的读法

例 1：红红黑（金）= 22×10^0 = 22（±5%）

例 2：黄紫黑黄（棕）= 470×10^4 = 4M7（±1%）

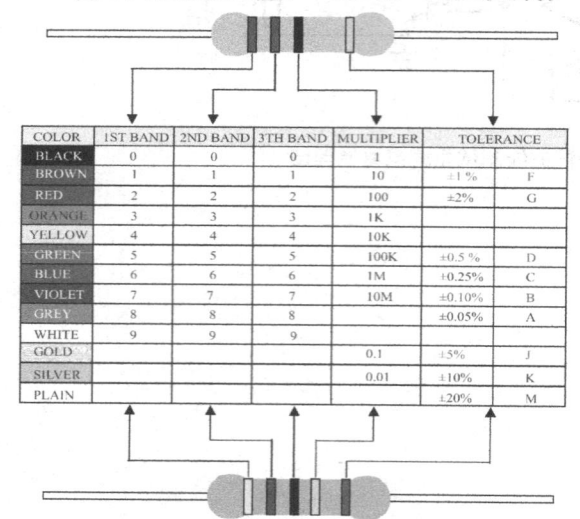

COLOR	1ST BAND	2ND BAND	3TH BAND	MULTIPLIER	TOLERANCE	
BLACK	0	0	0	1		
BROWN	1	1	1	10	±1%	F
RED	2	2	2	100	±2%	G
ORANGE	3	3	3	1K		
YELLOW	4	4	4	10K		
GREEN	5	5	5	100K	±0.5%	D
BLUE	6	6	6	1M	±0.25%	C
VIOLET	7	7	7	10M	±0.10%	B
GREY	8	8	8		±0.05%	A
WHITE	9	9	9			
GOLD				0.1	±5%	J
SILVER				0.01	±10%	K
PLAIN					±20%	M

E-24 系列：采用三位数字表示，前两位表示电阻值有效数字，第三位表示乘以 10 的次方数。

103 → 10kΩ

1003 → 100kΩ

E-96 系列：采用四位数字表示，前三位表示电阻值有效数字，第四位表示乘以 10 的次方数。

电阻允许偏差（Tolerance）

M	K	J	H	G	F	D	C	B	A
±20%	±10%	±5%	±3%	±2%	±1%	±0.5%	±0.25%	±0.1%	±0.05%

附录 B 陶瓷电容器和钽电容器

外形与封装

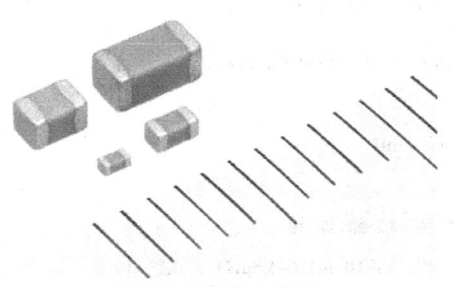

多层片式陶瓷电容器
MultiLayer Chip Ceramic Capacitor
（标称值：E-24 系列）

固体电解质钽电容器
Solid Tantalum Electrolytic Capacitor
（标称值：E-6 系列）

正极标识

读 数

注意：贴片电容表面无任何标识，不能读数！

封装采用英制（英寸）表示
（适用无极性的电阻、电容）

封装代码	英制/英寸	公制/mm
0402	0.04×0.02	1.00×0.50
0603	0.06×0.03	1.60×0.80
0805	0.08×0.05	2.00×1.25
1206	0.12×0.06	3.20×1.60

读 数

例 1：107/16V	例 2：C105
$107 = 10 \times 10^7 \text{pF} = 100\mu\text{F}$	$105 = 10 \times 10^5 \text{pF} = 1\mu\text{F}$
16V 表示额定电压 16V	C 代表额定电压 16V

封装采用公制（mm）表示
（适用有极性的钽电容）

封装代码	英制/英寸	公制/mm
3216	0.12×0.06	3.20×1.60
3528	0.14×0.11	3.50×2.80
6.32	0.23×0.12	6.00×3.20
7343	0.29×0.17	7.30×4.30

额定电压

电压/V	4	6.3	10	16	20	25	35	50
代码	0G	0J	1A	1C	1D	1E	1V	1H

允许偏差

M	K	J	H	G	F	D	C	B	A
±20%	±10%	±5%	±3%	±2%	±1%	±0.5%	±0.25%	±0.1%	±0.05%

附录 C 电 感

电感（Inductance of an Ideal Inductor）是闭合回路的一种属性，当线圈中通过电流时，在线圈中形成磁场感应，感应磁场又会产生感应电流来抵制通过线圈中的电流，这种电流与线圈的相互作用关系称为电的感抗，也就是电感，单位是"亨利（H）"。

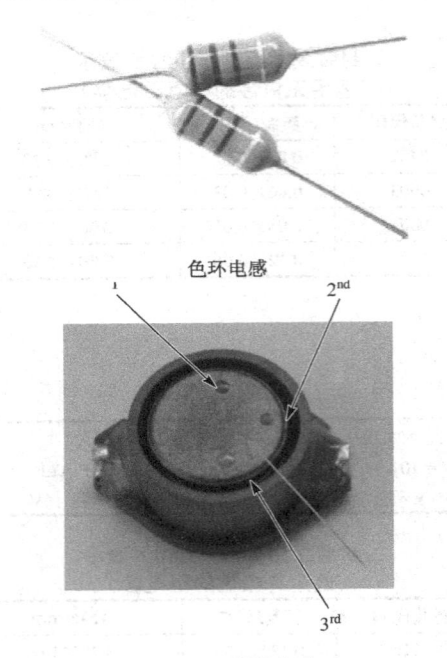

读法：参考色环电阻的读法。

单位：nH

颜色：棕 绿 红 银

读数：$15×10^2$ nH（=1.5μH），误差±10%

色环电感

按左图所示方向放置电感，顺时针依次读数。

单位：nH

颜色：红 红 橙

读数：$22×10^3$ nH（=22μH）

色标电感

单位：μH

$101 = 10×10^1 = 100μH$

$100 = 10×10^0 = 10μH$

$5R0 = 5×10^0 = 5μH$

$220 = 22×10^0 = 22μH$

$3R_3 = 3.3×10^0 = 3.3μH$

功率电感

颜色和数值对应关系

颜色	黑	棕	红	橙	黄	绿	蓝	紫	灰	白	金	银
数值	0	1	2	3	4	5	6	7	8	9	±5%	±10%

附录 D 二极管和三极管

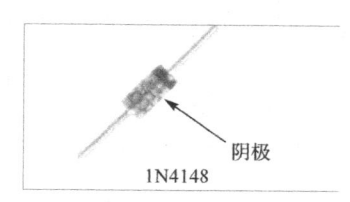

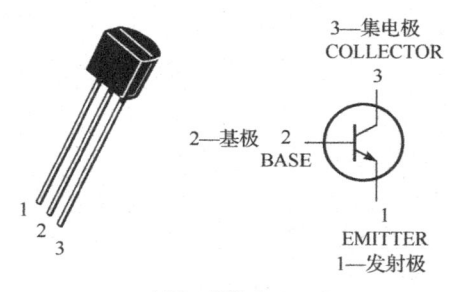

通用二极管

型号	正向电流 I_F	正向压降 V_F	反向耐压 V_R
1N4148	0.2A	1V	100V
1N4007	1A	1.1V	1000V
1N5401	3A	1.2V	100V

肖特基快恢复二极管

型号	正向电流 I_F	正向压降 V_F	反向耐压 V_R
1N5819	1A	0.6V	40V
1N5822	3A	0.525V	40V

贴片封装二极管表面标识与型号对应关系

标识	型号
M7	1N4007
SS14	1N5819

常用 NPN 三极管：9013、9014、5551、8050

常用 PNP 三极管：9012、9015、5401、8550

贴片封装三极管表面标识与型号的对应关系

型号	8050	8550	9013	9012
标识	Y1 或 J3Y	Y2 或 2TY	J3	2T

参 考 文 献

[1] 康华光. 电子技术基础——模拟部分[M]（第5版）. 北京：高等教育出版社，2006.
[2] 赵广林. 常用电子元器件识别/检测/选用一读通[M]. 北京：电子工业出版社，2007.
[3] 谢礼莹. 模拟电路实验技术（上册）[M]. 重庆：重庆大学出版社，2005.
[4] 李震梅，房永刚. 电子技术实验与课程设计[M]. 北京：机械工业出版社，2011.
[5] 陈军. 电子技术基础实验（上）模拟电子电路[M]. 南京：东南大学出版社，2011.
[6] 武玉升，高婷婷. 电子技术设计与制作[M]. 北京：中国电力出版社，2011.
[7] 王久和，李春云，苏进. 电工电子实验教程[M]. 北京：电子工业出版社，2008.
[8] 唐颖，李大军，李明明. 电路与模拟电子技术实验指导书[M]. 北京：北京大学出版社，2012.
[9] 李景宏，马学文. 电子技术实验教程[M]. 沈阳：东北大学出版社，2004.
[10] 陈瑜，陈英，李春梅，孙可伟. 电子技术应用实验教程[M]. 成都：电子科技大学出版社，2011.
[11] 董鹏中，张化勋，马玉静. 电子技术实验与课程设计[M]. 北京：清华大学出版社，2012.
[12] 张淑芬，王彩杰，周日强，赵全科. 模拟电子电路设计性实验指导书[M]. 大连：大连理工大学，2000.
[13] Walt Jung（美）等编著. 张乐锋，张鼎等译. 运算放大器应用技术手册[M]. 北京：人民邮电出版社，2009.

反侵权盗版声明

电子工业出版社依法对本作品享有专有出版权。任何未经权利人书面许可，复制、销售或通过信息网络传播本作品的行为；歪曲、篡改、剽窃本作品的行为，均违反《中华人民共和国著作权法》，其行为人应承担相应的民事责任和行政责任，构成犯罪的，将被依法追究刑事责任。

为了维护市场秩序，保护权利人的合法权益，我社将依法查处和打击侵权盗版的单位和个人。欢迎社会各界人士积极举报侵权盗版行为，本社将奖励举报有功人员，并保证举报人的信息不被泄露。

举报电话：（010）88254396；（010）88258888
传　　真：（010）88254397
E-mail：dbqq@phei.com.cn
通信地址：北京市海淀区万寿路173信箱
　　　　　电子工业出版社总编办公室
邮　　编：100036